氨基酸水溶性肥料

慕康国　祁　瑞　张　强　等 编著

U0306578

中国农业科学技术出版社

图书在版编目（CIP）数据

氨基酸水溶性肥料／慕康国等编著 . —北京：中国农业科学技术出版社，2021. 5（2024.2重印）
ISBN 978-7-5116-5165-5

Ⅰ . ①氨… Ⅱ . ①慕… Ⅲ . ①氨基酸-水溶性-肥料 Ⅳ . ①S143. 6

中国版本图书馆 CIP 数据核字（2021）第 026066 号

责任编辑　张国锋
责任校对　李向荣
责任印制　姜义伟　王思文

出 版 者　中国农业科学技术出版社
　　　　　北京市中关村南大街 12 号　邮编：100081
电　　话　（010）82106625（编辑室）　（010）82109702（发行部）
　　　　　（010）82109709（读者服务部）
传　　真　（010）82106625
网　　址　http://www.CASTP.cn
经 销 者　各地新华书店
印 刷 者　北京建宏印刷有限公司
开　　本　710mm×1 000mm　1/16
印　　张　14.75
字　　数　296 千字
版　　次　2021 年 5 月第 1 版　2024 年 2 月第 6 次印刷
定　　价　78.00 元

《氨基酸水溶性肥料》
编著人员

主 编 著 慕康国 祁 瑞 张 强 陈 清

编著人员（按姓氏汉语拼音顺序排列）：

常瑞雪 中国农业大学

陈 清 中国农业大学

丁佳慧 中国农业大学

慕康国 中国农业大学

祁 瑞 上海化工研究院有限公司

齐庆振 青岛真维农生物科技有限公司

王晨霞 中国农业大学

袁程鹏 中国农业大学

张 强 金正大生态工程集团股份有限公司

张德龙 北京嘉沃农业科学研究所

左元梅 中国农业大学

前　言

近年来，随着水肥一体化技术的不断普及应用、传统化肥产能过剩和农产品生产提质增效的需求，农资市场对水溶性肥料等新型肥料需求不断扩大，推动了我国水溶性肥料产业的快速发展。水溶性肥料产业的发展也为化肥减施、资源节约和环境友好的新型农业奠定了很好的基础。当前，水溶性肥料的功能正朝着多元化的方向发展，除了按照合理配方提供的养分外，通过混配生物刺激素等功能活性物质，大多数液体水溶性肥料产品具有改土、促根、抗逆、促生、提质和增效等功能，极大程度上改善了土壤和作物的健康，与近根滴灌或叶面喷施等水肥一体化技术一起施用，将能够进一步提升肥料施用效率，省时省力，节约成本。

生产液体水溶性肥料的主要原料有很多种，目前氨基酸是农资市场中使用量最大的一种原料，其原料主要来自农业、渔业和食品加工企业的副产品，氨基酸母液中含有多数氨基酸。作为一种有机氮源，氨基酸可以为植物代谢过程提供氮素，参与植物各种生理过程。将氨基酸施入土壤中，提高土壤微生物的活性，改善根区土壤健康状况；氨基酸对一些微量元素具有螯合作用，形成一种可降解的微量元素肥料，具有良好的化学稳定性、较高的生物刺激效应。开发氨基酸水溶性肥料还为含氨基酸的有机废弃物资源化、增值化利用提供了有效途径。

我们参与了"十三五"国家重点研发计划项目中的课题五"功能性水溶肥的研制"（课题编号：2016YFD0200405）的研究，通过金正大集团研究院和"养分资源开发与综合利用"国家重点实验室的协助，在氨基酸水溶性肥料方面开展了近十年的研究，深感目前市场上关于氨基酸水溶性肥料的技术比较零散，不利于相关技术人员进行产品开发和应用。因此，本书在总结有关研究工作成果的基础上，通过收集文献资料，以氨基酸来源、生物功能等为基础，从生产水溶性肥料所用到的氨基酸原料特点、来源分析、原料生产工艺、氨基酸的生理作用及功能、氨基酸的药肥作用、氨基酸水溶肥的生产工艺和标准，以及在农业上的应用和实例等进行详细介绍，以期为相关产品研发、产品施用和技术推广提供一些参考。

本书共十五章。第一章主要介绍氨基酸水溶肥的概念；第二章至第五章主要介绍氨基酸原料的来源、原料生产工艺等；第六章至第九章主要介绍氨基酸及氨基酸衍生物产品的作用、制备工艺等；第十章至第十二章是关于氨基酸水溶肥的制备工艺、水溶肥稳定性标准和检测等；第十三章至第十五章是关于氨基酸水溶肥在农业中的应用、实例及氨基酸水溶性肥料的发展趋势。

　　肥料产业技术的发展一直走在理论研究的前面。鉴于我们的能力、知识结构的差异和对肥料产业的把握水平有限，本书难免有遗漏和不足之处，敬请各位同行、专家以及广大农业技术人员和种植大户的农民朋友们予以批评指正。

编　者

2020 年 5 月

目　　录

第一章 氨基酸水溶性肥料的概念

第一节 发展氨基酸水溶性肥料的意义

一、水溶肥的发展

水溶性肥料（Water Soluble Fertilizer，简称 WSF），是一种可以完全溶于水的多元复合肥料，它能迅速地溶解于水中，更容易被作物吸收，而且其吸收利用率相对较高。更为关键的是，它可以应用于喷滴灌等设施农业，实现水肥一体化，达到省水省肥省工的目的。

与传统的过磷酸钙、造粒复合肥等品种相比，水溶性肥料具有明显的优势。其主要特点是用量少，使用方便，使用成本低，作物吸收快，营养成分利用率极高。水溶性肥料的概念有广义和狭义之分，广义的概念是指完全、迅速溶于水的大量元素单质水溶性肥料（如尿素、氯化钾等）、水溶性复合肥料（磷酸一铵、磷酸二铵、硝酸钾、磷酸二氢钾等）、农业行业标准规定的水溶性肥料（《大量元素水溶肥料 NY/T 1107—2020》《中量元素水溶肥料 NY 2266—2012》《微量元素水溶肥料 NY 1428—2010》《氨基酸水溶肥料 NY 1429—2010》《含腐植酸水溶肥料 NY 1106—2010》）和一些水溶性液体（复合）微生物肥料等；狭义的概念仅指农业行业标准规定的水溶性肥料产品和一些专门的水溶性液体（复合）微生物肥料等产品，其特征是配方针对性强、复合化程度高、具有生物或者非生物（改土促根、抗逆促生、抑菌提质等）特殊性功能的液体或固体水溶性肥料，属于专门应用于灌溉施肥（滴灌、喷灌、微喷灌等）和叶面施肥的高端产品，对原料选择和生产工艺等方面要求较高。

近年来，随着水肥一体化技术的广泛应用，传统化肥产能过剩和市场对新型肥料需求旺盛等共同作用的影响，我国水溶性肥料产业发展迅速。2015 年农业部下发了《到 2020 年化肥使用量零增长行动方案》的指导性文件，肥料行业正在向着资源节约、环境友好的目标发展，也进一步奠定了水溶性肥料在未来化肥产业发展的地位。水溶性肥料产业的发展为推进精准施肥、调整化肥施用结构、改进施肥方式等减肥增效措施提供了重要的支持。

据中国化肥信息中心统计数据显示，2016年我国水溶肥企业登记超过3 000家，特种肥料产品达到11 000种，水溶性肥料产量为350万t，同比增长10%。我国登记在册的水溶肥种类中功能性水溶肥（氨基酸类、腐植酸类和有机类）占总登记数的接近一半（图1-1）。当前水溶肥的功能正朝着多元化的方向发展，已经不限于营养型的肥料，以生物刺激素作为功能活性物质的混配产品越来越多。在肥料产品中添加生物刺激素类物质，在改土促根的同时，可以有效改善根区环境、提高肥料利用效率等。将生物刺激素类物质与近根滴灌或叶面喷施的水溶性肥料相结合，配合水肥一体化技术施用，能够提升肥料施用效率的同时，实现抗逆、抑病和改土促根效果，省时省力，节约成本。

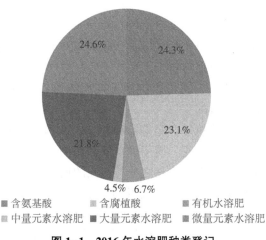

图1-1 2016年水溶肥种类登记

数据来源：中国化肥信息中心

二、生物刺激素

欧洲生物刺激素行业委员会（EBIC）认为生物刺激素是包含功能性物质或/和微生物及其次生代谢产物的一类物质，可增加作物养分吸收、增强养分利用效率和作物抗逆性、提高农作物质量等。生物刺激素可以在作物自种子萌发到植物成熟的整个过程中发挥作用，如改良新陈代谢的效率从而提高作物产量和品质，增强对非生物胁迫的抗逆性和自我修复能力，提高水肥利用效率，优化土壤理化性状和微生物种群。EBIC特别强调除了产品中的营养成分之外，生物刺激素与化肥的作用机理完全不同。

北美生物刺激素联盟将生物刺激素定义为应用到植物、种子、土壤或其他生长基质中，可以提高植物吸收和利用养分的能力，同时有利于植物自身生长的，包括微生物在内的一些功能性物质。

水溶性肥料通过添加生物活性物质类增效载体，改善肥效和提升肥料的性能与功能，受到发达国家关注。意大利帕多瓦大学、德国霍恩海姆大学等利用天然矿物或植物源材料开发了氨基酸类、腐植酸、海藻提取物、微生物类物质等肥料增效剂/载体，与复混肥料或水溶肥料复配可改善根区环境、增强作物抗逆、活化土壤养分，作物增产 5%~40%，肥料利用率提高 5~25 个百分点，并逐渐深入研究生物刺激素对作物激素、抗逆基因的调控和表达等，欧美均成立了"生物刺激素联盟"。生物刺激素的提质增效、抗逆促生作用，促进了增效剂/载体技术在肥料改性增效中的应用，在欧洲的推广应用面积已经达到 300 万 hm^2 以上。著名的几家肥料公司，例如意大利瓦拉格罗、荷兰易普润、美国优马等，都在加大肥料增效载体的研究，通过分子转化、生物发酵、微碳技术等先进技术提取生物刺激素。

生物刺激素由于其特定的促生抗病功能，在农业上有着巨大的应用价值，水溶肥的功能性正是由于活性物质来体现的。生物刺激素分类标准不一，当前最常用的分类方式见表 1-1，微生物及其代谢产物由于其抗病、促生、抗逆效果突出，也被列为生物刺激素。

表 1-1　生物刺激素种类

种类	定义
腐植酸类	动植物遗骸，经过微生物的分解和转化，以及地球化学的一系列过程造成和积累起来的一类有机物质
氨基酸类	游离氨基酸、多肽、聚胺类、甜菜碱等，主要来源于动物、植物和微生物的工业化水解副产物、作物残渣、动物胶原和上皮组织，也可化学合成
甲壳素和壳聚糖衍生物	广泛存在于所有的海洋和陆生生态系统中，是昆虫和甲壳类动物外骨骼、真菌类细胞壁的组成物质
海藻提取物	来源于褐微藻类、红微藻类、绿微藻等藻类，主要成分为多糖类（海藻酸盐、海带多糖、角叉蔡胶）、固醇类、含氮化合物（如甜菜碱、荷尔蒙）
复杂有机材料	主要包括一些复合型有机高分子材料，可来源于自然提纯和工业合成
有益化学元素	非营养元素（有益元素），如 Al、Co、Na、Se 和 Si 作为无机盐
无机盐类	亚磷酸盐、磷酸盐、碳酸氢盐、硫酸盐、硝酸盐，来源于传统无机化学过程、地质矿藏提取物
抗蒸腾剂	在植物表面和植物器官内产生物理作用，调控叶面上气孔的打开和水蒸气的扩散

第二节　氨基酸水溶肥的概念与产品标准

一、氨基酸水溶肥的概念

　　氨基酸水溶肥是以游离的氨基酸为增效成分或功能载体，添加适量的中量元素和微量元素制成，经水溶解或稀释，用于灌溉施肥、叶面施肥、无土栽培、浸种蘸根等用途的液体或固体水溶性肥料。氨基酸水溶肥中，最重要的部分无疑是氨基酸组分。

　　氨基酸是羧酸碳原子上的氢原子被氨基取代后的化合物，与羟基酸类似，氨基酸可按照氨基连在碳链上的不同位置而分为 α-、β-、γ-⋯ω-氨基酸。但经蛋白质水解后得到的氨基酸都是 α-氨基酸，而且仅有二十几种。氨基酸分子中含有氨基和羧基两种官能团，其结构如图 1-2 所示，是构成生物大分子的蛋白质的基本单位，是含有碱性氨基和酸性羧基的有机化合物。氨基连在 α-碳上的为 α-氨基酸。组成蛋白质的氨基酸大部分为 α-氨基酸。

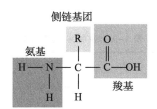

图 1-2　氨基酸结构

二、氨基酸在农业中的应用

　　氨基酸是目前农资市场中使用量最大的一种生物刺激素。其衍生的氨基酸水溶肥种类丰富，占总量的 24.3%（图 1-1），可以作为一种有机氮源为植物代谢过程提供氮素，作为结构性分子用于合成蛋白质大分子，另外可以作为功能性分子参与植物各种生理过程。

1. 氨基酸提高土壤微生物的活动能力

　　目前高强度连作模式和化肥盲目投入，导致土壤氮磷大量累积而引起土壤退化。氨基酸施用到土壤中，可以增加土壤微生物的活力，从而可改善土壤物理化学特性。特别是土壤微生物的增加可以提高土壤中有机物质的降解速度，将有机物质转化为植物可吸收利用的矿物质。有人对植物对氨基酸的吸收持否定态度，在短期研究中的确发现植物与土壤微生物竞争氨基酸的过程中处于明显劣势，只能利用 0.9%～4.0% 的外源氨基酸态氮，最多达 12%。但是也有研究给出了合理的解释，土壤中氨基酸有巨大潜在的流通量，植物根系具有周转慢、寿命长、持氮期长等特点，可使植物在与微生物的长期竞争中获取数量可观的氮素。

2. 氨基酸对金属元素的螯合作用

氨基酸中含有多个可以与中心金属离子生成配位键的基团，例如羟基和羧基。氨基酸是近年来国内外发展较快的第三代金属螯合剂，具有良好的化学稳定性、较高的生物学效应、溶解性较高、易吸收、抗干扰、无刺激、无毒害等特点，利于在农业中的应用。甘氨酸、半胱氨酸、组氨酸、蛋氨酸、色氨酸等可以螯合铜、锌、铁、硒离子，施用到土壤中能促进植物对中微量元素的吸收。也可以配制氨基酸金属螯合肥，作为叶面肥施用。

3. 氨基酸的生理调控作用

谷氨酸在植物氮吸收的过程中首先被吸收，通过氨基酸转氨酶的活性可以获得一系列的氨基酸，在植物中有着不同生理调控作用。氨基酸施用于作物的根部，可以抑制主根的生长，刺激侧根的生长。同时也刺激根尖根毛的生长，这种效应能够提高根系对营养元素的吸收与利用。

氨基酸可以合成激素，参与植物的生理调控。含有吲哚基的色氨酸可以用于植物生长素的前体物质。谷氨酸、半胱氨酸、苯丙氨酸和甘氨酸在大豆植株中扮演着信号氨基酸的作用，很少的剂量即可增加大豆抗氧化酶的活性。氨基酸可以通过植物激素作用来刺激硝酸合成酶，刺激碳氮代谢，增加氮同化。

氨基酸还能够增强植物对生物和非生物胁迫的防御作用，刺激作物生长，诱导植物防御反应，提高作物对各种非生物胁迫（包括盐害、干旱、低温和氧化条件）的耐性。在盐胁迫下，植物体内脯氨酸含量会增加，脯氨酸的积累已经成了盐胁迫的一个普遍特征。

不同的氨基酸对作物的生理功能不同（表1-2），但是氨基酸之间又有协同性，相互依存，缺乏其中一种会导致其他氨基酸的代谢过程受阻，因此在挑选氨基酸肥料的时候一定要注意，尽量挑选组分完全的产品，也就是说这个肥料最好是含有 18 种氨基酸。

表1-2　氨基酸作用分类

作用	氨基酸及其衍生物
促进叶绿素的生成	丙氨酸、精氨酸、谷氨酸、赖氨酸
促进植物内源激素的生成	精氨酸合成细胞分裂素和多胺，甲硫氨酸合成乙烯和多胺，色氨酸含吲哚乙基
促进根系发育	精氨酸、亮氨酸、甲硫氨酸

(续表)

作用	氨基酸及其衍生物
促进种子发芽和幼苗生长	天冬氨酸
促进开花结果	精氨酸、谷氨酸、赖氨酸、甲硫氨酸、脯氨酸
改善果实风味	组氨酸、亮氨酸、异亮氨酸、缬氨酸
植物色素的合成	苯丙氨酸、酪氨酸
植物类黄酮和木质素合成	苯丙氨酸
促进叶面营养物质吸收	谷氨酸
减少重金属吸收	天冬氨酸、半胱氨酸
提高对盐的耐受性	天冬氨酸
增强耐旱性	赖氨酸、脯氨酸
提高植物细胞抗氧化能力	天冬氨酸、缬氨酸、甘氨酸、脯氨酸
提高对多种逆境的抵抗力	精氨酸、缬氨酸、半胱氨酸

三、氨基酸水溶肥的优点

氨基酸独特的生物刺激效果与土壤改良效果受到市场的欢迎，以下总结了目前市场上氨基酸水溶肥的主要优点。

1. 解除药害

氨基酸水溶肥中所含的生物酶、多肽对残留农药有氧化还原作用，通过脱氧、脱卤、脱烷基，使农药母体完全转化为无毒物质。

2. 增产保质

氨基酸水溶肥富含独特生物活性因子，施用后显著提高作物光合作用，促进作物生长，显著提高作物产量，改善果实品质，提高营养物质含量。

3. 均衡营养

氨基酸水溶肥富含作物所需的氨基酸、微量元素、有益菌等多种营养成分，且铁、铜、硼、锰、锌、钼等微量元素以螯合态存在，吸收利用率高，营养均衡，配方科学合理，能满足作物在不同时期对营养的需求。

4. 保根明显

生物活性肽对作物根系具有较强的促进生长作用，促使幼苗发根快，次生根多，根量增加，使作物吸收水分和养分的能力增强，植株健壮。

5. 增强抗性

大量的有益微生物在作物根系形成有效的保护层，同时分泌抗性物质，增强作物的抗逆性。所含的微生物对土壤有害菌有一定的抑制和杀灭作用，有效抗重茬。

6. 抑制盐碱

有益微生物代谢产物有机酸、多肽、酶等活性成分可以与土壤中的盐碱相结合，生成有益于作物的营养成分，降低盐碱度，更有利于作物生长。

四、氨基酸水溶肥产品的特点

1. 水不溶物含量低

水不溶物含量是水溶性肥料区别于普通颗粒复混肥料和传统单质肥料的一个关键性指标，农业行业标准规定水溶性肥料产品的水不溶物含量<5%或50g/L，其检测方法是用孔径为 50~70μm 的 1 号坩埚进行分离测定。随着水肥一体化的推广应用，尤其是滴灌施肥的推广，对水溶性肥料中的水不溶物要求更加严格，2013 年化工部出台了水溶性肥料新标准，将固、液态水溶性肥料的水不溶物比例由农业行业标准的 5% 降到 0.5%。滥用水溶性不达标产品会堵塞施肥设备的滴头而破坏滴灌、喷灌等微灌施肥设备，导致无法实现灌溉施肥的功能。

2. 速溶性和高浓度

固体水溶性肥料的溶解速率影响施肥效率，为了提高施肥效率，防止滴灌灌水器发生堵塞，要求水溶性肥料溶解迅速。水溶性肥料的速溶性与产品原料和生产工艺有关。在速溶性方面，目前行业上普遍关注硫酸钾，其溶解性特点决定了在施用过程中不能与其他肥料混合，否则其溶解速率会迅速下降。水溶性肥料的高浓度特点主要是为了满足节水灌溉过程中每次很短的灌溉施肥时间内需要提供足够的作物养分的需求。

3. 复合化程度高，养分形态多样，种类完全

水溶性肥料中养分形态会对水溶性和施用效果产生影响。近年来，水溶性较好的聚磷酸盐越来越多地用于水溶肥生产，其溶解性和吸收效果较好，对于钙镁等中量元素也能避免形成沉淀。由于不同作物对硝态氮、铵态氮的偏好不同，在进行作物专用肥配方设计时要充分考虑，因此市场上出现的尿素硝铵溶液也成为新的水溶性肥料产品。

4. 功能多样化，针对性强

通过水肥一体化的管道系统将水溶性肥料施用到作物根区，为作物根区的微生态调控，挖掘作物生物学潜力提供了条件。因此，采用向水溶性肥料中添加一些植物源、动物源或矿物源等功能性活性物质，可以实现提高作物抵抗逆境和吸收养分的能力，改良土壤微生态环境，使之适合作物生长且有利于养分的保持与供应。

5. 产品生产与施用技术一体化特征明显

与常规复合肥相比，水溶性肥料在产品配方设计、生产工艺、原料选择、市场、营销策略与农化服务等方面均有差异。当前我国农业生产中普遍存在的作物复种指数高、长期连作、过量水肥与盲目施肥等问题，造成作物根系发育不良、土传病害严重，大量养分被淋洗或通过生物或化学方式转化为不可被植物直接利用的养分形态，长此以往必然会导致土壤酸化、盐渍化与土壤生物学障碍等问题，进而加剧作物根系生长环境的恶化，进一步降低根系对养分的吸收能力，最终影响作物的生长发育。虽然施用有机肥可以减少连作和土传病害的危害，缓解土壤酸化，刺激土壤微生物活性，但无法从根本上实现根区调控的功能。

随着水肥一体化技术的普及，根区施肥调控被赋予了更多的功能，通过施肥调控，进行改土促根，改善根区环境，提高肥料利用效率，辅助有机肥作为基肥施用，可以更好地改良土壤，提高植物对养分的吸收和利用；这种改土促根、提高土壤和植物抗病性、改良作物生理生化特点的功能性物质就是来源于各类生物刺激素物质，同时也起到补充有机物质为土壤微生物提供碳氮等底物，改善理化条件和微生物种群多样性，进而提高养分周转和供应能力。生物刺激素除了可以改善根区土壤环境外，还可以通过叶面施用增加植物抗逆性和抵御非生物因素的胁迫，调节和改善植物体内水分，促进营养物质的吸收和运转。

五、氨基酸水溶肥的分类

氨基酸水溶肥的分类多种多样，按照产品形态可以分为氨基酸液体水溶肥和氨基酸固体水溶肥，按照登记标准可以分为氨基酸中量元素水溶肥和氨基酸微量元素水溶肥。

氨基酸的分类方式更加丰富，根据氨基酸的旋光性不同，可以分为L-氨基酸和D-氨基酸，根据氨基酸的来源不同，又可以分为动物源氨基酸、植物源氨基酸以及微生物源氨基酸。

（一）按照产品形态分类

目前根据氨基酸登记标准，氨基酸水溶性肥料分为固体氨基酸水溶肥和液体氨基酸水溶肥。固体氨基酸水溶肥的形态主要有粉剂或粒剂，一般要求水分含量低于4.0%。

固体氨基酸水溶肥一般采用掺混或干燥的方法。掺混法是将粉体的氨基酸原料与养分原料直接掺混或造粒。干燥法一般是将氨基酸液体水溶肥通过干燥富集之后制备成粉体或造粒，干燥方式主要包括喷雾干燥和冷冻干燥两种方式。固体氨基酸水溶肥含水量低，体积相对更小，更加适宜长时间的储存和长距离的运输。但是粉体水溶肥常会出现吸潮结块、长时间热环境贮存容易发生胀气、包装材料易被腐蚀以及施用不方便等问题。

液体氨基酸水溶肥包括清液型和悬浮型，两者形态相似，都为水剂产品。清液肥料澄清透明，不含杂质，养分含量较低，一般采用作物所需的关键中微量养分，适用于各种灌溉系统。悬浮型肥料是一种高浓缩的液体肥料，养分并没有全部溶解于液相中，主要是借助悬浮助剂（常见的有凹凸棒土、膨润土、高岭土等）和表面活性剂的作用，使养分粒子悬浮在一个胶体体系中，其基础养分原料有水溶的，也有完全不水溶的（如氧化铁、氧化镁等）。一般悬浮肥只可用于喷灌系统，或在整地时作基肥使用，而不能用于滴灌系统，否则会造成堵塞。世界少数企业利用高分子聚合物，生产悬浮全水溶性肥料，可以用于滴灌系统。例如：以色列夫沃施公司（KFOFS）、英国欧麦思公司、德国康普公司（COMPO）生产的该类产品即用性强，无需搅拌即可溶解，更便于直接灌溉施用。

液体肥料虽然不利于运输，但水基肥由于其即用性，无需搅拌即可溶解，是人工、灌溉设备施肥的首选肥料，水基肥的显著优点主要表现在以下几个方面。

1. 不伤根苗

水基肥施用后易均匀分布于土壤中，不像固体肥料施肥形成局部集中养分浓度高而烧伤根苗。

2. 生产环境洁净

水基肥生产主要是溶解和聚合过程，不存在粉尘、烟雾、废水、废渣的排放问题。

3. 质量一致性

水基肥溶液中的任意一滴都含有完全一致的各种相同成分。这个特性对微量元素的添加非常有利；固体颗粒肥料通常很难将大量元素与微量元素混合均匀。

4. 质量检测简单易行

水基肥质量高度均一，通常测其比重和 pH 值即可监测产品质量，且比重和酸碱度是非常容易测定的。

5. 使用方便，利用率高

可以喷灌、滴灌或人工浇灌，可与杀虫剂、杀菌剂、除草剂混用并能混合均匀；使用便捷，费用省，见效快。水基肥的利用率高达 90% 以上，固体肥料的利用率一般仅为 30%~40%。

6. 开发功能肥料

液体肥料中方便加入原药、植物生长调节物质、稀土元素或微生物，容易开发多功能肥料。

7. 不存在吸湿和结块问题

容易添加一些易潮解的物料，如在水基肥内很方便添加腐植酸、氨基酸、螯合态微量元素等，而这些物料在固体肥料中很难添加。

液体肥料是当今世界化肥工业发展的趋势，目前，美国每年消耗的液体肥料占化肥消费总量的68%以上；以色列的田间几乎全部用液体肥（保守估计80%~90%）；澳大利亚、法国、德国、西班牙、罗马尼亚等都是大量应用液体肥料的国家。

（二）按照养分标准分类

根据2010年中华人民共和国农业行业标准（NY 1429—2010），含氨基酸水溶肥料有两种产品登记类型，按照添加中量、微量营养元素类型将含氨基酸水溶肥料分为中量元素型和微量元素型。标准中要求含氨基酸水溶肥料中的游离氨基酸含量不低于10%（固体产品）或100 g/L（液体产品），水不溶物含量不高于5%（固体产品）或50 g/L（液体产品）。按照1：250倍稀释的产品pH值在3.0~9.0。

中量元素型氨基酸水溶肥的中量元素含量指钙镁元素含量的总和。产品中应该至少包含其中的一种中量元素，且中量元素含量之和不低于3%或30 g/L，含量不低于0.1%或1 g/L的单一元素均应该计入中量元素含量中。含氨基酸水溶肥料微量元素型产品的微量元素含量指铜、铁、锰、锌、硼、钼元素含量之和。产品中应该至少包含一种微量元素，且微量元素含量之和不低于2%或20 g/L，含量不低于0.05%的单一微量元素均应该计入微量元素的含量中。钼元素含量不高于0.5%或5 g/L。

虽然当前含氨基酸水溶肥的行业登记标准只有两种，但目前的氨基酸水溶肥产品并不限于此，氨基酸作为活性添加成分或功能物质的肥料产品比较多。例如有机水溶肥尚无国家标准，只有企业标准，氨基酸作为有机添加物质或与其他有机物质相结合的产品也较多。另外根据国家行业标准，大量元素水溶肥、微量元素水溶肥以及中量元素水溶肥，氨基酸常常也作为肥料增效剂应用。

氨基酸中含有多个可以与中心金属离子生成配位键的基团，例如羟基或羧基。因此氨基酸是近年来国内外发展较快的第三代金属螯合剂。氨基酸作为中微量元素的螯合剂，近年来也受到市场的欢迎，因为氨基酸金属螯合肥具有良好的化学稳定性、较高的生物学效应、溶解性较高、易吸收、抗干扰、无刺激、无毒害等特点，利于在农业中的利用。同时氨基酸作为有机氮源，施用到土壤中，可以增加土壤微生物的活力，提高土壤中有机物质的矿化速率；氨基酸对植物具有生理调控的作用，氨基酸可以抑制主根的生长，刺激侧根及根尖根毛的生长。

氨基酸都具有一定的螯合性能，其中甘氨酸（图1-3）、半胱氨酸、组氨酸、蛋氨酸（图1-4）、色氨酸等可以螯合铜、锌、铁、硒离子，施用到土壤中能促进植物对中微量元素的吸收。也可以配制氨基酸金属螯合肥，作为叶面肥施用，能够快速补充养分。当前不仅有单体氨基酸螯合肥产品，其复合氨基酸的螯合产品也受到广泛关注。

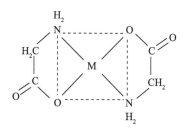

图1-3　甘氨酸金属螯合物

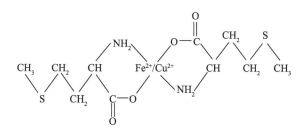

图1-4　蛋氨酸金属螯合物

（三）按照氨基酸来源分类

蛋白质分为植物性蛋白、动物性蛋白和菌体蛋白，蛋白质经过分解成氨基酸。根据不同的来源，可以分为植物源氨基酸、动物源氨基酸和微生物源氨基酸。在氨基酸发酵工艺中一些微生物通过自身代谢也能获得氨基酸，这类氨基酸也被称为微生物源氨基酸。植物源氨基酸一般来源于豆粕、米糠、麦麸、玉米加工副产物等；动物源氨基酸一般为禽类羽毛、动物毛发、蚕蛹、屠宰场废弃物（动物血液、皮骨、内脏等）、鱼类产品加工废弃物等；微生物源氨基酸主要来源于各类氨基酸发酵工艺，当前20种氨基酸均能通过微生物发酵生产，利用细菌、放线菌和真菌的代谢途径或微生物代谢酶来获取氨基酸，例如当前发酵工艺应用最广的味精厂谷氨酸菌发酵液。

长时间以来，人们争论三种来源氨基酸的优劣，实际上无论哪种来源的氨基酸并没有绝对的好坏之分，对于人体来说对五谷杂粮、鱼、肉要均衡饮食才能身体健康，主要原因是不同的食物中的氨基酸组成比例不同，20种基本的氨基酸靠某一种食物不可能涵盖全面或均衡，不同的氨基酸对人体都有各自的作用。对于植物也是一样，不同来源的氨基酸组成比例不同，对植物的生理功能和效果表现是有差异的。如需要提高作物的抗逆性，含脯氨酸、甘氨酸较高的动物皮骨来源的氨基酸是最佳的选择，如要增加植物的木质化、控梢、增加花青素，含苯丙氨酸较高的动物血液来源的氨基酸是较好的选择，如要使叶色浓绿、促长，含谷氨酸较高的小麦、玉米等植物性氨基酸或味精厂的谷氨酸发酵尾液原料的效果突出。不同来源的氨基酸只有针对其自身特性，才能更好地发挥作用。

（四）按照氨基酸的旋光性分类

根据氨基酸的旋光性的不同，氨基酸被分为L-氨基酸（左旋氨基酸）和D-氨基酸（右旋氨基酸），两者互为镜像，恰似人的左右手氨基酸的左旋与右旋（图1-5）。动植物只能利用L-型氨基酸（左旋氨基酸），而D-型氨基酸只能被某些细菌和真菌所利用，不能被动植物体所利用。即只有左旋氨基酸才具有动植物生物活性，才能被动植物所吸收利用。拟南芥可利用 *Rhodotorula gracilis*（红酵母）的氧化酶将D-氨基酸分解成酮酸然后合成L-氨基酸。

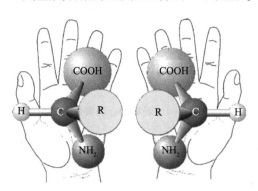

图1-5　左旋氨基酸与右旋氨基酸示意

六、氨基酸水溶性肥料产品标准

农业行业标准规定了水溶性肥料种类包括了添加腐植酸、氨基酸等生物刺激素物质，形成的氨基酸类水溶性肥料和腐植酸类水溶性肥料；而形态上可以有固态、液态与悬浮态等；复配性强，能与农药杀菌剂、杀虫剂等配合施用。根据登记标准的要求，除了含有氨基酸和腐植酸等生物刺激素类物质外，还含有不同配比的大、中、微量养分，可以为作物提供营养。

水溶性肥料可有针对性地提供和补充作物营养，改善作物的生长情况，因此在登记标准方面存在着大量元素型、中量元素型及微量元素型水溶性肥料。功能性水溶性肥料是无机营养元素（两种或两种以上）和生物活性物质或其他有益物质混配而成，肥料产品具有既能为作物提供养分，又能改土促根、调节作物生长发育等特点。功能性水溶性肥料因其添加的功能性活性物质不同，其所具有的功能也不同。但总体上来说，由于加入了生物活性物质和其他有益成分，其对作物的生长具有良好的调节作用，具有促进根系发育，优化根系结构；改善土壤物理、化学和生物性能；提高土壤水分与养分资源利用效率；提高作物抗盐、抗旱、抗寒等抗逆性；改善作物品质，提高作物产量等作用。

（1）含氨基酸水溶肥料行业标准（表1-3）

表1-3　含氨基酸水溶肥料（NY 1429—2010）

中量元素型		微量元素型	
指标	含量	指标	含量
游离氨基酸	≥10.0%　≥100 g/L	游离氨基酸	≥10.0%　≥100 g/L
中量元素	≥3.0%　≥30 g/L	微量元素	≥2.0%　≥20 g/L
水不溶物	≤5.0%　≤50g/L	水不溶物	≤5.0%　≤50g/L
pH 值	3.0~9.0　3.0~9.0	pH 值	3.0~9.0　3.0~9.0
水分	≤4.0%　—	水分	≤4.0%　—
中量元素至少包含钙镁中一种，单一含量不低于0.1%或1 g/L		至少包含铜铁锰锌铜钼中一种微量元素，单一含量不低于0.05%或0.5 g/L，钼不高于0.5%或5 g/L	

（2）含氨基酸水溶肥料（中量元素型）——粉剂（表1-4）

表1-4　含氨基酸水溶肥料（中量元素型）

项目	指标
游离氨基酸含量（%）	≥10.0
中量元素（%）	≥3.0
水不溶物含量（%）	≤5.0
pH 值（1∶250 倍稀释）	3.0~9.0
水分（H_2O）（%）	≤4.0
中量元素含量指钙、镁元素含量之和，产品至少应当包含一种中量元素，含量不低于0.1%的单一中量元素均应当计入中量元素含量中	

（3）含氨基酸水溶肥料（微量元素型）——粉剂（表1-5）

表1-5 含氨基酸水溶肥料（微量元素型）

项目	指标
游离氨基酸（%）	≥10.0
微量元素（%）	≥2.0
水不溶物含量（%）	≤5.0
pH值（1∶250倍稀释）	3.0~9.0
水分（H_2O）（%）	≤4.0

微量元素含量指铜、铁、锰、锌、硼、钼元素含量之和，产品至少应当包含一种微量元素，含量不低于0.05%的单一微量元素均应当计入微量元素含量中。钼元素含量不高于0.5%

（4）含氨基酸水溶肥料（中量元素型）——水剂（表1-6）

表1-6 含氨基酸水溶肥料（中量元素型）

项目	指标
游离氨基酸含量（g/L）	≥100
中量元素（g/L）	≥30
水不溶物含量（g/L）	≤50
pH值（1∶250倍稀释）	3.0~9.0

中量元素含量指钙、镁元素含量之和，产品至少应当包含一种中量元素，含量不低于1 g/L的单一中量元素均应当计入中量元素含量中

（5）含氨基酸水溶肥料（微量元素型）——水剂（表1-7）

表1-7 含氨基酸水溶肥料（微量元素型）

项目	指标
游离氨基酸（%）	≥100
微量元素（%）	≥20
水不溶物含量（%）	≤50
pH值（1∶250倍稀释）	3.0~9.0

微量元素含量指铜、铁、锰、锌、硼、钼元素含量之和，产品至少应当包含一种微量元素，含量不低于0.5 g/L的单一微量元素均应当计入微量元素含量中。钼元素含量不高于5 g/L

第三节　氨基酸的原料与制备工艺

目前氨基酸已经是市场上使用量最大的一类生物刺激素，其能够提高根系微

生物的活性、螯合中微量元素、活化微域养分以及生理调控，氨基酸的改土促生功能受到市场的欢迎。成本是制约氨基酸肥料化应用的重要影响因素，我国由于食品深加工能力不足而导致废弃蛋白资源数量巨大，因其蛋白废弃物来源广泛而在农业领域具有很大的利用潜力。

氨基酸的制造从 1820 年水解蛋白质开始，1850 年用化学法合成了氨基酸，直至 1957 年日本用发酵法成功生产谷氨酸，同时也推动了世界氨基酸工业的发展。目前，氨基酸的生产方法分为两大类、合成法和水解法。合成法可以分为生物合成法（又称生物发酵法）和化学合成法。化学合成法是通过有机合成反应来制备氨基酸，工艺复杂，当前应用不多；生物发酵法是通过微生物自身的代谢发酵生成氨基酸。水解法分为化学水解法和酶解法，水解法往往是利用酸、碱或蛋白酶将蛋白质催化水解，从而回收氨基酸。以上两大类又细分为化学水解法、合成法、发酵法和酶解法。在这四种方法中，由于发酵法和酶解法具有经济可行和生态优势，在氨基酸生产中应用最为广泛（表 1-8）。发酵技术的进步和微生物生产菌株的改良使得氨基酸可以工业化大规模生产。赖氨酸是首选的动物饲料添加剂，赖氨酸的主要生产公司为日本味之素公司、美国 ADM 公司、韩国 Cheil-Jedang 公司、德国 BASF 和 Degussa 公司。我国已经成为氨基酸原料生产大国，其中谷氨酸年产量和年销量居世界首位，胱氨酸和半胱氨酸产量和销量也居世界首位，赖氨酸生产居世界前列。但存在生产效益差、菌种产酸率低，高质量、高价值的氨基酸少的缺点，与国际先进水平有较大差距，临床用氨基酸大多数依赖进口。

表 1-8　主要氨基酸的生产方法

氨基酸种类	生产方法	氨基酸种类	生产方法
L-缬氨酸	发酵法、合成法	甘氨酸	合成法
L-亮氨酸	化学水解法、发酵法	D,L-丙氨酸	合成法
L-异亮氨酸	发酵法	L-丙氨酸	发酵法、酶法
L-苏氨酸	发酵法	L-丝氨酸	发酵法
D,L-蛋氨酸	合成法	L-谷氨酸	发酵法
L-蛋氨酸	合成法、酶解法	L-谷氨酰胺	发酵法
L-苯丙氨酸	合成法、酶解法	L-脯氨酸	发酵法
L-赖氨酸	发酵法、酶解法	L-羟脯氨酸	化学水解法
L-精氨酸	发酵法、酶解法	L-鸟氨酸	发酵法
L-天冬氨酸	发酵法	L-瓜氨酸	发酵法
L-半胱氨酸	化学水解法	L-酪氨酸	化学水解法

氨基酸的制备工艺影响氨基酸肥料化中的应用成本以及氨基酸水解产物中的组分。当前的主要工艺可以分为三类：化学水解法、酶解法和微生物发酵法，当然也有一些市场中推广应用不多的工艺，例如膨化法和近临界水解工艺。工艺有差异，水解产物组分、性状也各有差别，对作物的促生效果也不尽相同。

工艺的选择应该充分考虑到原料自身的特点。羽毛类的蛋白废弃物主要以羽毛角蛋白为主，由于角蛋白含有较多的胱氨酸（含量14%~15%），故二硫键含量特别多，一个个纤维束由二硫键和氢键作交联（图1-6），化学性质特别稳定，具有较高的机械强度。粉碎的羽毛和猪毛，在15~20磅/英寸²（1磅/英寸²=6.895kPa）蒸气压力下加热处理1 h，其消化率可提高到70%~80%，胱氨酸含量则减少5%~6%。资源非常丰富，它必须经高温、高压、酸、碱或酶处理，变成短肽或游离氨基酸，才能被畜禽利用。酶解法无法满足工艺的要求，决定了羽毛水解工艺选择反应更为激烈的酸解法水解。酶解法及微生物发酵法反应温和，植物源类的蛋白废弃物如豆粕、玉米渣以及屠宰场废弃物中的纤维素和油脂含量较高，在盐酸和高温的作用下，废弃物中的油脂被水解为脂肪酸与甘油，甘油中的羟基被盐酸中的氯取代变为3-单氯-1,2-丙二醇，即生成了致癌物质氯丙醇（图1-7）。

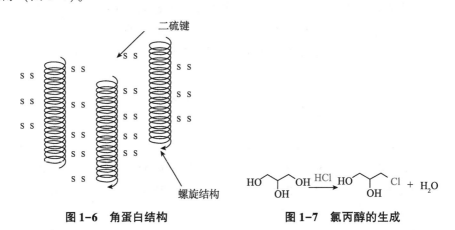

图1-6　角蛋白结构　　　　　图1-7　氯丙醇的生成

酸或碱需要在高温高压条件下使蛋白质变性，然后进一步催化使多肽完全水解。酶水解一般条件相对温和，往往部分水解成多肽或短肽。当前氨基酸工艺各有优缺点（表1-9），其产物特点也各有不同。酸解法中营养价值较高的色氨酸和羟基氨基酸（苏氨酸、络氨酸）被分解破坏，与含醛基的化合物（如糖）生成腐殖质，水解液呈黑色，通常氯离子或者钠离子含量高，水解液呈弱酸性。碱解法的水解产物色氨酸和酪氨酸含量较高，一般水解液清亮；水解过程中受氧化而分子重排，碱水解产物的破坏而产生大量氮气，对氨基酸有消旋作用，如精氨酸水解形成鸟氨酸或者尿素，进一步分解产生氨；半胱氨酸和胱氨酸在碱作用下，产生硫化物，在有碳水化合物情况下容易变成黑褐色而影响产品光泽。酶解法的产物中氨基酸种类保留比较全面，植物可吸收的左旋氨基酸得到保护，寡肽含量较高，有害物质少。微生物发酵法的产物含复合氨基酸种类较少，产生的氨基酸单一，种类跟菌种的选择有关，产物中含有多种酶类、糖类（低聚糖、果糖等）、核酸、胡敏酸和菌种。

表1-9　氨基酸制备工艺特点

制备工艺	优点	缺点	技术控制
酸解法	1. 工艺简单，成本低，适合大规模工厂化生产 2. 水解迅速而彻底，氨基酸回收率高 3. 水解物都是L-氨基酸，无旋光异构体产生	1. 营养价值较高的色氨酸与含醛基化合物生成腐黑质 2. 含羟基的丝氨酸、苏氨酸、络氨酸部分被破坏 3. 产生大量的酸性废弃物，水解物的灰分含量高	严格控制反应时间、温度和压力条件，一般使用20%盐酸和50%硫酸
碱解法	1. 工艺简单，成本低 2. 色氨酸不被破坏 3. 水解液清亮	1. 丝氨酸、苏氨酸、赖氨酸、胱氨酸等大部分被破坏 2. 产物都发生旋光异构体作用，都是D-氨基酸 3. 精氨酸脱氨损失	20% NaOH 或 Na_2CO_3，也有用 15% $Ba(OH)_2$，需要控制反应时间、压力温度、调节等电点
酶解法	1. 条件温和，水解效率高，仅需少量酶 2. 酶的专一性，导致需要多种酶的协同作用，成本较高 3. L-氨基酸得以保护，有害物质含量较少	1. 工艺复杂，水解不够彻底，氨基酸回收率低 2. 氨基酸种类保留丰富，可利用定向分子剪切技术获得特定分子量的寡肽 3. 不同底物，需要的酶的种类不同，工艺无法统一	需控制温度、pH 值等条件，常用枯草杆菌的中性或碱性蛋白酶、曲霉菌的霉蛋白酶、动物的胃蛋白酶、木瓜酶
微生物发酵法	利用微生物特定的代谢途径获得的氨基酸纯度高	工艺复杂，生产条件较苛刻，生产成本较高	控制培养基的养分含量、适宜的温度和pH值等条件，基因工程选育菌种：谷氨酸棒杆菌、乳糖发酵短杆菌、黄色短杆菌、大肠杆菌

第二章　氨基酸原料的来源分析

氨基酸是含有氨基和羧基的一类有机化合物，是组成蛋白质的基本单位，具有络合能力，能与金属络合形成相对稳定的配合物，是制备医药、保健品和多种动物饲料添加剂和氨基酸类肥料的重要原料之一。而目前我国有大量的蛋白废弃物未被充分利用（表2-1），利用蛋白废弃物生产氨基酸肥料是变废为宝的途径之一。氨基酸肥料统指能够提供各种氨基酸类营养物质的肥料。它通常由富含蛋白质的动、植物下脚料，如皮革、毛发、蹄甲和豆饼等有机物，通过水解或发酵将蛋白质水解成氨基酸，经适当的处理后加入适量的植物营养元素配制而成，是一种新型的功能性肥料。

市场上常见的作为生物刺激素的氨基酸大多是多种氨基酸和多肽的混合物，也称蛋白质水解产物的混合物，是从一些工业、农业废弃物（如作物残茬、动物皮毛、羽毛、血液等）的蛋白质中提取出来的，因此市场上蛋白质、多肽和氨基酸产品中游离氨基酸的含量不同。

表 2-1　蛋白质来源

蛋白分类	废弃物种类	粗蛋白含量（干重）（%）	废弃资源现状
植物源蛋白	菜籽饼粕	35~45	约400万 t/年
	大豆饼粕	42~46	2019年，大豆消费量超过1亿 t，大豆出粕率88%
	棉籽粕	44	约300万 t/年
	玉米黄粉	60	玉米淀粉和酒精的副产物，年产量较大
	玉米胚芽	20	
	米糠麸皮	12~15	麸皮糠壳废弃物占稻米质量的6%~8%
动物源蛋白	鱼肉粉	60	总量超4 855万 t，占全球总量的40%，原料利用率30%，低于发达国家70%的水平
	肉骨粉	40~50	
	动物毛发、羽毛	80~90	病死猪、禽类，肉类加工行业边角料为40%~55%
	血粉	84.7	

蛋白分类	废弃物种类	粗蛋白含量 （干重）（%）	废弃资源现状
微生物 蛋白	废酵母等发酵菌	50	啤酒、味精、酱油、酿酒等食品加工行业
	抗生素菌渣	30~50	200 万~300 万 t/年
	藻类	40~50	淡水藻和海藻类资源丰富，例如滇池每年打捞的藻类超过 5 000 t（干基）

第一节　植物源蛋白质

存在于植物中的蛋白质为植物源蛋白质，通过植物源蛋白质水解或者提取后的氨基酸产品被称为植物源氨基酸。植物源蛋白质种类丰富且总量巨大，粮食加工副产物，如各类豆粕、饼粕、糟粕中含量较为丰富，可以作为提取低成本的植物源氨基酸。

一、豆粕

大豆饼粕是大豆取油后的副产品，是重要的氨基酸来源。豆粕生产的基本工序为：大豆→去杂→破碎（一颗大豆碎成 4~6 瓣）→软化→轧胚→烘干→浸出→脱溶→成品豆粕。通常将用压榨法取油后的副产品称为大豆饼；将用浸提法或经预压后再浸提取油后的副产品称为大豆粕。在豆粕的加工工艺中，温度控制是最重要的环节，温度过高或过低都会影响豆粕中蛋白质的含量，并直接导致豆粕的质量好坏和使用效果。根据烘烤过程中是否搀杂大豆种皮，豆粕还可分为带皮豆粕和去皮豆粕，主要区别是蛋白质水平不同。大豆饼粕蛋白质含量达 42%~46%，是赖氨酸、色氨酸、甘氨酸和胆碱的良好来源。其中，含赖氨酸 2.5%~3.0%，色氨酸 0.6%~0.7%，蛋氨酸 0.5%~0.7%，胱氨酸 0.5%~0.8%；胡萝卜素较少，仅 0.2~0.4 mg/kg，流胺素、核黄素均为 3~6 mg/kg，烟酸 15~30 mg/kg，胆碱 2 200~2 800 mg/kg。

2019 年我国的大豆消费量超过 1 亿 t，约有 60%供食用，大豆的出饼粕率为 88%。豆粕的主要用途是饲料生产，大约 85%用于家禽和猪的饲养。目前，一些豆粕开始通过发酵或者水解制备氨基酸类生物刺激素或者氨基酸水溶肥的原料。

二、棉籽饼粕

我国是世界第一产棉大国，年产棉籽 750 万 t 以上，用以制油的棉籽约 500

万 t，每年可获得约 300 万 t 棉籽饼。目前我国棉籽粕的利用率只有 30% 左右，大部分按传统习惯投入大田作肥料，利用效率极低。棉籽粕主要是以棉籽为原料，使用预榨浸出或者直接浸出法去油后所得产品。棉籽饼以棉籽为原料经脱壳、去绒或部分脱壳、再取油后的副产品。棉籽饼粕蛋白含量一般为 35% 左右，其蛋白质的氨基酸组成丰富。

棉籽粕来源广泛，价格低廉，除了蛋白质含量高外，还富含维生素 E、硫胺素及 B 族维生素，磷含量 1% 左右。只要具有水解蛋白质和分离蛋白质水解液的设备，就可以进行氨基酸生产，因而它是获得天然氨基酸的重要原料。棉籽粕水解后可得到 17 种氨基酸，其中赖氨酸含量为 1.97%，而精氨酸含量高达 4.65%。棉籽蛋白再经酸性水解，水解液以活性炭层析→等电点沉淀→离子交换树脂层析工艺分离，可以得到苯丙氨酸、酪氨酸、谷氨酸、组氨酸、精氨溶、天冬氨酸、脯氨酸。

三、菜籽饼粕

油菜籽是我国主要油料作物之一，近几年我国菜籽产量一直高居世界之首。1996 年年产菜籽 920.1 万 t，1997 年年产 957.8 万 t，占世界年总产量的 30% 左右。菜籽榨油后的饼粕约占菜籽总量的 55%，因而，我国每年有 500 万 t 左右废弃的饼粕。菜籽饼粕可分为白菜型菜籽饼和芥菜型菜籽饼，是一种高蛋白原料。菜籽饼粕中含有 35%~45% 的蛋白质，且菜籽蛋白质为全价蛋白质，其中的氨基酸组成较平衡，蛋氨酸、胱氨酸含量尤为高于其他植物蛋白。含硫氨基酸、蛋氨酸、赖氨酸含量较高，但低于豆粕；精氨酸含量低。此外，菜籽粕的烟酸和胆碱含量高，胡萝卜素、维生素 D 等含量低；所含矿物质中钙、磷、硒、锰含量高，但其中所含的磷 60%~70% 属植酸磷，利用率低。菜籽蛋白营养价值等于或优于动物和其他植物蛋白，是优质的植物蛋白资源。由于菜籽饼中含有硫甙葡萄糖苷、异硫氰酸酯、恶唑烷硫酮、植酸等有害成分，不宜食用或饲用，长期以来无法得到良好的利用。菜籽饼粕更加适合作为农用氨基酸的原料，美国、加拿大、英国等国家的科学家对菜籽蛋白资源的开发利用进行了大量的研究，菜籽饼粕开发农用氨基酸能够带来巨大的社会效益和经济效益。我国虽然菜籽产量很大，高居世界首位，但对菜籽饼的进一步加工利用的研究很少，到目前为止，我国对菜籽饼产氨基酸的研究报道很多，但以菜籽饼粕为原料生产氨基酸的研究还很少。菜籽饼粕中含有高质量的优质蛋白，以它作为生产农用氨基酸的原料质优价廉。

四、花生饼粕

花生是我国重要的油料作物之一，50%~60% 的花生用于榨取花生油。榨油后的副产物是花生饼粕，我国每年能产生上百万吨的花生饼粕，其中含有大量的活性物质，但大部分花生饼粕都作为饲料原料使用，以至其利用价值过低。并且大量的花生饼粕若存放不当会污染环境，占用大量土地，还会使其产生黄曲霉素等毒素，危害甚重。

花生饼粕含有丰富的活性成分——黄酮类、氨基酸、蛋白质、鞣质、糖类、三萜或甾体类化合物等，花生饼粕中镁、钾、钙、铁、钠和锌含量较高，是很好的矿质营养源。蛋白质含量约为42.5%、脂肪6%、碳水化合物25%，并含维生素E及钙、磷、铁等多种矿物质。

花生蛋白的加工，是把花生先榨油，然后从榨过油的饼粒中来获取蛋白质。方法是把花生仁除去各种杂质，脱去红衣，榨油时温度控制在90℃以下，以减缓蛋白质的变性。制油后将饼粕直接破碎磨成细粉，过60目孔筛制备成花生蛋白粉，从而提升品质及贮藏稳定性。花生饼粕中蛋白质和多糖的含量较高，所以具有很高的商业利用价值。目前我国对花生粕的利用还处于初级阶段，多作为饲料应用，由于高温压榨后蛋白质变性严重，不适合作为饲料应用。花生粕作为植物源蛋白质可以开发成复合氨基酸产品，作为功能肥料拓宽了花生粕的综合利用途径。

五、玉米蛋白粉

玉米蛋白粉也被称为玉米麸质粉，湿磨法生产玉米淀粉的副产物，是玉米经过浸泡后分离粗淀粉乳，得到蛋白质水，再经过浓缩、脱水分离、干燥，最后得到的蛋白粉产品。它是一种高蛋白的废弃资源，随着玉米深加工技术的不断发展和玉米蛋白粉生产规模的不断扩大，其已经被广泛应用于农业种养环节中。

玉米蛋白粉的主要成分为玉米蛋白，还含有少量的淀粉和纤维素，在生产中常常被称为玉米麸质粉，一般的玉米蛋白粉中还含有较多的颗粒和少量的淀粉，颜色为橙黄色，具有炒豆和花生的味道。比较纯正的蛋白粉中的颗粒和淀粉的含量很低，颜色则为金黄色且味道为豆香味。玉米蛋白粉含有大量的不可溶蛋白，不可溶蛋白容易与大分子有机物和微量元素结合，不易被作物吸收利用，所以需要进一步水解成多肽和氨基酸，从而提高作物的吸收利用效率。玉米蛋白粉含有丰富的L-谷氨酸、L-亮氨酸、玉米醇溶蛋白、玉米黄色素、玉米蛋白活性肽、淀粉、多糖以及丰富的木质纤维素等。

玉米黄粉和玉米胚芽是玉米淀粉加工厂生产淀粉或酒精后的主要副产物，富含蛋白质、脂肪和碳水化合物，具有较高的年产量，产出量较大。玉米黄粉含有约60%的蛋白质，主要由醇溶蛋白和谷蛋白组成，其中玉米醇溶蛋白不溶于水，但可溶于体积分数60%~95%的乙醇水溶液中。玉米胚芽含有20%以上的蛋白质和40%以上的油脂，是优质的蛋白质资源，其氨基酸的种类较为齐全，而且氨基酸含量比较平衡。

第二节　常见动物源蛋白质

一、鱼蛋白

我国水域辽阔，水产资源丰富。我国每年的水产品总量约为6 000万t，水产品消费量居世界第一，但水产品利用率只有30%，远低于发达国家的70%。水产品在加工过程中会产生大量的废弃物，例如鱼头、鱼骨、鱼鳞、鱼鳍、鱼皮以及低值鱼等，这类废弃物中含有丰富的蛋白质，蛋白质含量高达30%~60%。鱼蛋白的氨基酸含量较完全，蛋白质营养价值较高，赖氨酸含量是谷物类的5倍以上，并且含有丰富的矿物质，钙、磷的含量很高，且比例适宜，所有磷都是可利用磷。此外，鱼粉中碘、锌、铁、硒的含量也很高，对作物具有良好的促生效果。

市面上的鱼蛋白原料从3 000~10 000元不等，从低值的金枪鱼、杂鱼、虾、蟹等海洋鱼类和水产资源提取，到采用深海的带鱼、三文鱼、鳕鱼提取，鱼蛋白水解液富含可溶性鱼蛋白和不饱和脂肪酸等。鱼蛋白营养丰富，一般采用酶解工艺提取鱼蛋白，水解产物一般2 000 Da以下，更利于作物直接的吸收利用。作物可吸收的左旋氨基酸在更加温和条件下提取而得以保护，有利于发挥更大的功效。鱼蛋白水解液中含有丰富的小肽、短链多肽、18种高活性左旋游离氨基酸、不饱和脂肪酸。寡肽、多肽也是植物体内的内源激素，参与植物生长、发育及抗逆等许多生命过程，在植物发育过程中起到重要的作用，可提高作物的抗高温、抗旱、抗低温等逆境抵抗力。

二、肉骨粉

肉骨粉是由屠宰场边角料、病死猪、卫生检验不合格的肉畜屠体和内脏等经高温、高压处理后脱脂干燥制成，其营养价值决定于所用原料。肉骨粉中赖氨酸含量丰富，此外还含有丰富的钙、磷和B族维生素。肉骨粉是一种最重要的动物蛋白产品，蛋白质含量随原料的不同差异较大，平均为40%~50%，某些含骨量高的肉骨粉只有35%左右。粗蛋白质主要来自磷脂（脑磷脂、卵磷脂等）、无机氮（尿素、肌酸等）、角质蛋白（角、蹄、毛等）、结缔组织蛋白（胶原、骨胶等）、肌肉组织蛋白等。通常肉粉、肉骨粉中的结缔组织蛋白较多，其氨基酸主要为脯氨酸、羟脯氨酸和甘氨酸。维生素B_{12}含量高，其他如烟酸、胆碱含量也较高。肉骨粉粗灰分为 26%~40%、钙 7%~10%、磷 3.8%~5.0%，含有丰富的钙、磷元素，微量元素锰、铁、锌的含量也较高。

三、血粉

血粉中蛋白质含量很高，畜禽血液中含有多种营养和生物活性物质，如蛋白质、氨基酸、各种酶类、维生素、激素、矿物质、糖类和脂类。畜禽血液中营养物质不仅种类齐全，而且有些营养物质的含量很丰富，粗蛋白含量为 84.7%，超过所有动物源蛋白质原料，其中，赖氨酸、亮氨酸、缬氨酸、苯丙氨酸含量很高，含铁量为鱼蛋白水解液的 13 倍。用氢氧化钠水解猪血，最佳水解工艺条件下，复合氨基酸回收率超过 38%。

四、角蛋白

大量角蛋白以脊椎动物的皮肤、毛发、羽茎、蹄、角、爪等结构蛋白存在于自然界中。角蛋白是一种含硫的、无色的、纤维状的不溶性的动物蛋白，是外胚层细胞的硬性结构蛋白。基细胞在由生长层移向表层成为角质化细胞的过程中，不断分泌角蛋白，且其含量逐渐增加。它按成分和结构可分为 α-角蛋白和 β-角蛋白，α-角蛋白富含半胱氨酸残基，二级结构几乎都呈 α-螺旋，而且在二级结构间形成大量的二硫键，且有很好的伸缩性能；β-角蛋白富含小侧链甘氨酸、丙氨酸和丝氨酸残基，二级结构几乎都呈 β-平行折叠片层结构，主要存在于爬虫类动物中，天然存在的蚕丝和蜘蛛丝中的丝心蛋白为此类角蛋白。

动物毛发和禽类羽毛主要由角蛋白质构成，羽毛角质蛋白的氨基酸大部分为疏水性氨基酸，疏水性氨基酸分布在角质蛋白的外周，少量亲水性氨基酸及基团包容于肽键及蛋白质骨架的内部，肽链之间形成许多二硫键，呈索状结构，性质极其稳定，在水、盐酸及稀盐酸溶液中完全不溶解，所以称为不溶性蛋白。粗蛋白含量在 80% 以上，含有丰富的赖氨酸、蛋氨酸、苏氨酸、色氨酸、组氨酸、甘氨酸、胱氨酸等 18 种氨基酸。目前使用的加工方法主要有以下几种：高压加热水解法、化学处理法、酶处理法、发酵法。羽毛蛋白水解液可以作为复合氨基酸肥料原料，有着良好的农业利用价值。

第三节　微生物蛋白质

微生物蛋白主要是指利用酵母、细菌、真菌和某些低等藻类微生物，在适宜基质和条件下进行培养时所获得的菌体蛋白。单细胞蛋白营养丰富，蛋白质含量相当高，如细菌含蛋白质 50%~80%，酵母菌含蛋白质 50%~60%，藻类含蛋白质 40%~50%，具有较高的生物活性。另外，还含有多种维生素、碳水化合物、脂类、矿物质、丰富的酶类以及生物活性物质，如辅酶 A 和辅酶 Q、谷胱甘肽、麦角固醇等。赖氨酸、蛋氨酸和色氨酸含量较多，高于植物源蛋白质。

一、废啤酒酵母

废啤酒酵母是啤酒工业的副产物，在啤酒生产过程中，经主发酵和后发酵的酿造工艺之后大量产生。从理论上讲，每生产 1 t 啤酒，就可以产生 1~1.5 kg 干的啤酒酵母。每年可产生废啤酒酵母 5 万 t。啤酒酵母属于真菌类，含有丰富的蛋白质、核酸、维生素和矿物质，同时废酵母细胞中还含有完整的生物酶系及多种生物活性物质，因此废酵母也是提取多种生物药物和功能成分的宝贵资源。我国对废酵母的利用还不是很充分，大多数被排入废水系统作为污水处理，造成了资源的极大浪费。

啤酒酵母含有 50%左右的蛋白质，酵母中含有 6%~8%的 RNA，是生产核酸和核苷酸药物的良好原料。酵母细胞的细胞壁中含有 25%~35%的酵母多糖，主要为葡聚糖和甘露聚糖。葡聚糖属于结构多糖，位于细胞壁的最内层，占细胞壁干重的 30%~60%，与原生质体膜相连。它的主要生理功能是维持细胞壁的机械结构，保持细胞正常的生理形态。啤酒酵母中的维生素和矿物质含量丰富，富含维生素 B_1、B_2、B_6、B_{12}，而且多以磷酸酯形式存在。啤酒酵母中还含有麦甾醇、烟酸、叶酸、泛酸、肌醇等。啤酒酵母中还含有磷、铁、钙、钠、钾、镁等矿物质。此外，酵母细胞中还含有丰富的酶系和生理活性物质，如辅酶 A、辅酶 Q、辅酶 I、细胞色素 C、凝血质、谷胱甘肽等。目前，利用废啤酒酵母提取具有生物活性的功能物质也已逐渐成为研究的热点。

二、食用营养酵母

食用营养酵母是一种可食用的、营养丰富的单细胞微生物，是一种无酶活力、干燥的死酵母，既不需要提取，也不需要附加物。将酵母泥回收，经过清洗、脱苦、干燥工艺即可得到低水分含量的干酵母粉末。酵母中的蛋白质在蛋白酶酶解作用下，可以降解为具有生物活性的短肽类。利用废啤酒酵母制备的短肽很好地保留了啤酒酵母原有的营养和功能成分，可作为多肽或氨基酸类肥料，其工艺流程为：收集啤酒酵母→挤压喷爆→调浆→酶解破壁→二次调浆→酶解蛋白→浓缩→干燥→粉碎→酵母蛋白肽。

酵母细胞中的蛋白质经自源酶或外加蛋白酶的作用彻底水解，即可制得氨基酸。为了能更有效地提高氨基酸的得率，就必须先将蛋白质从酵母细胞中分离出来，然后进一步通过发酵水解或者酶解制备成氨基酸。菌体蛋白的提取首先需要使蛋白质从细胞内释放，进入水相变为可溶性物质的过程，即蛋白质的溶出。现在国内外从细胞中提取蛋白质的技术手段主要有：物理法、化学法以及其耦合法。物理法是通过外界的机械作用或加热等手段产生较高能量作用于微生物的细胞结构，破坏微生物细胞壁与细胞膜，促使细胞内有机物质释放。物理法主要包括超声处理、热解处理、微波处理等方法。一些化学反应能够破坏细胞结构，使细胞内蛋白质释放溶出，是蛋白质溶出的主要方法之一，目前常用的化学试剂有酸、碱与氧化剂。耦合法是物理化学联合处理法，具备提取效果更加理想、更加优良的优点。近年来，耦合技术逐渐成为国内蛋白质提取工艺研究的热门，并取得了巨大的进展。

溶胞液进一步加工制备复合氨基酸，也可以进一步分离纯化可分别制备单一氨基酸，通过活性炭层析→冷冻等电点沉淀→离子交换树脂层析工艺，分离得到苯丙氨酸、酪氨酸、谷氨酸、组氨酸、赖氨酸、精氨酸 6 种单一氨基酸。

三、藻类

海藻是海洋生态系统不可分割的组成部分，它们包括宏观的、多细胞的海洋生物藻类，通常栖息在沿海地区合适地层的海洋。海藻种类约有 9 000 种，根据其特点，可大致分为棕藻、红藻、绿藻。棕色海藻数量位居第二，其中泡叶藻研究最多，其他棕色藻类，如海藻类、海带藻类、马尾藻在农业生产中被用作生物肥料。海藻中含有丰富的蛋白质、多糖、甜菜碱、固醇类物质，蛋白质含量高达 40% ~ 50%。海藻水解液在植物上的应用具有良好的经济效益，能够刺激种子萌发、提高作物产量，提高对生物的抵抗力而非生物胁迫，延长储藏期。海藻水解液与金属离子结合在土壤中形成高分子量的复合物，可起到保持土壤水分、改善团粒结构的作用。

第三章　采用发酵工艺生产氨基酸原料

第一节　氨基酸发酵工艺的发展与现状

一、氨基酸发酵工艺的发展历程

氨基酸的制造是从 1820 年水解蛋白质开始的，1850 年在实验室内用化学法也合成了氨基酸。1866 年德国 Ritthausen 博士用硫酸水解小麦面筋，分离了一种酸性氨基酸，由于原料来源于谷类作物，由此命名为谷氨酸。1908 年，日本味之素食品公司创始人池田菊苗博士从海带浸泡液中提取出了谷氨酸钠，揭开了氨基酸工业化生产的序幕，开始以植物蛋白（小麦面筋、豆粕）为原料通过盐酸水解生产谷氨酸。

20 世纪 40 年代，美国农业农村部研究所在培养荧光杆菌时，发现了培养基中的 α-酮戊二酸的累积，并进行以酶解法和化学法将 α-酮戊二酸转化成 L-谷氨酸的研究。日本的研究人员对此积极开展研究，并筛选出对糖的转化率达到 50%~60% 的 α-酮戊二酸生产菌。1956 年，日本协和发酵公司选育出能将碳水化合物转化为 L-谷氨酸的谷氨酸棒状杆菌，正式工业化发酵生产味精，并推动了各种氨基酸发酵的研究和生产。

二、氨基酸发酵产业现状

许多种氨基酸均可利用微生物发酵法进行生产，使氨基酸产量大幅度增加，其生产成本大大降低，据统计全球发酵氨基酸产量已超过 400 万 t，其中应用于食品工业的氨基酸占总量的 60% 左右，主要用于增加食品营养、提高食品风味、防止食品变质以及消除食品异味等方面。在氨基酸产品中，谷氨酸、赖氨酸、苏氨酸、蛋氨酸、苯丙氨酸等的产量较高，其中谷氨酸年产量占氨基酸总量的 70% 以上。

氨基酸的主要生产国家有日本、中国、美国、德国、法国、印尼、泰国、韩国及越南等。从氨基酸研究开发的角度来看，日本仍是氨基酸的重要研发基地之一，其氨基酸生产品种较齐全，世界市场的占有率为 35%。近年来，由于日本国内原料价格高，"三废"处理费用大，较多的日本企业向外发展，如日本味之素公司先后在美国、意大利、泰国、巴西、中国合资生产赖氨酸，目前该公司赖氨酸产量居世界首位。美国利用基因重组技术，在氨基酸高产菌选育方面居于世界前列，美国 ADM 公司在天冬氨酸、L-苯丙氨酸、赖氨酸、苏氨酸、色氨酸的生产上具有较强竞争优势，世界市场的占有率较高。虽然我国氨基酸生产起步较晚，但在生产规模和技术水平方面的起点都比较高，至 2010 年国内氨基酸总产量已超过 300 万 t，其中谷氨酸的产量达 220 万 t，占世界产量的 70%以上，居世界第一。2010 年，我国赖氨酸及赖氨酸盐产量达 70 多万 t，居世界第二；苏氨酸产量达 10 万 t，居世界前列。同时，苯丙氨酸、脯氨酸、异亮氨酸、缬氨酸等小品种氨基酸也得到较好的发展。

三、氨基酸发酵产业出现的问题

我国氨基酸产业现拥有近百家企业，已成为氨基酸产品的"世界工厂"，在国际上占有举足轻重的地位。但是，与国外先进水平相比，我国氨基酸产业仍存在产品结构不合理、主要生产技术指标低于日本等先进国家、生产成本较高等问题。

1. 创新品种少，产品研发能力弱

我国拥有自主知识产权的新型氨基酸产品相对较少，新产品产业化能力较弱。

2. 资源能源消耗大，环境污染问题比较突出

我国氨基酸产业对资源和环境依赖性较大，主要原因在于原料利用率不高，废弃物排放量较大，资源综合利用深度不够和副产品附加值较低，节能和环保的形势严峻。

3. 生产水平相对落后

我国部分氨基酸企业的生产规模较小，装备相对落后，工艺技术与国际先进水平仍有一定差距，关键技术仍需要突破。

目前，氨基酸主要用于食品补充剂、饲料添加剂、临床营养制剂、氨基酸药物以及农业生物刺激素等，国内外氨基酸产业除了积极发展已产业化生产氨基酸的新技术，还积极进行氨基酸深层次加工及新产品开发。利用现代生物技术构建工程菌，已成为当今的育种趋势，据统计，包括谷氨酸在内的 6 种氨基酸生产已应用重组 DNA 技术改造过的菌种。随着世界人口的增长和生活水平的不断提高，世界各国对肉类食品的需求量极大，因而除了作为调味剂的味精，作为饲料添加剂所用的 L-赖氨酸盐、L-苏氨酸、L-蛋氨酸、L-色氨酸等，仍将保持很大的市场需求。近年来，世界药用氨基酸的年增长率在 10%以上，且药用氨基酸中热

点品种很多，发展药用氨基酸已成为氨基酸工业的一个热点。氨基酸及其衍生物是合成手性药物的重要原料，如 D-苯甘氨酸和 D-对羟基苯甘氨酸是制备羟氨苄青霉素、头孢羟氨苄等内酰胺类半合成抗生素的主要原料，市场对手性药物的需求促进了药用氨基酸的增长。例如，20 世纪 90 年代以前，氨基酸主要被作为营养性输液原料，占药用氨基酸的 80%左右；1998 年作为合成药物中间体的氨基酸原料用量首次超过营养性输液所用的氨基酸原料。另外，氨基酸的应用领域正在向化工、化妆品方面拓展，例如，聚合氨基酸系列产品是具有生物降解性的生物材料，在绿色化学产品中已崭露头角，已应用于缝合线、人工皮肤、药物与基因治疗的载体等方面。聚合氨基酸系列产品的研究是生物化学、药物化学、高分子材料学等多个学科交叉的热点，其生产将成为 21 世纪氨基酸工业的重要发展方向。

第二节　发酵法的影响因素

氨基酸是构成蛋白质的基本单位，是人体及动物的重要营养物质，氨基酸产品广泛应用于食品、饲料、医药、化学、农业等领域。以前氨基酸主要是用酸水解蛋白质来制得，现在氨基酸生产方法有发酵法、提取法、合成法、酶法等，其中最主要的是发酵法生产，用发酵法生产的氨基酸已有 20 多种。商品氨基酸的制备多采用铵中和，喷雾干燥；基于环境保护的角度，随着微生物发酵技术的进步，通过酶解，尤其是微生物发酵，制备氨基酸还是相当有优势的。

氨基酸的制造是从 1820 年水解蛋白质开始的，20 世纪 60 年代，在近代代谢理论研究的基础上，迅速兴起了氨基酸发酵与核苷酸发酵产业，它们使工业微生物发酵进入了一个称之为"代谢控制发酵"的新阶段，即运用生物化学知识和微生物遗传学技术，对微生物的代谢进行"人工管理"，使之积累特定的代谢物。

微生物细胞有高度适应环境的能力，在多变的环境条件中，微生物机体通过变异以及代谢调节来适应环境以求得生存。变异涉及遗传物质的改变，而代谢调节是在 DNA 结构不发生改变的基础上，通过改变酶的活性或酶合成的速度来进行的。这种调节的结果，不仅使微生物能适应各种环境变化，而且使细胞的生命活动达到最经济有效的水平，物质运转和能量运转都恰到好处。细胞缺乏能量时，产能物质的分解代谢就加速；能量充足时，这类代谢就减弱。当细胞内某种物质缺乏时，就会进行并加速这种物质的合成；反之在某种物质富足的情况下，则会减慢或停止这种物质的合成，把代谢引向其他物质的合成。这样精细的代谢运转，都是细胞进行代谢调节的结果。

微生物对代谢进行精细调节的结果，使分解代谢和合成代谢都恰好适度，这对工业发酵显然有不利的一面。工业发酵要求某种代谢物的大量积累，希望原料以最大的转化率形成产品。如果这种产物在细胞内的浓度是受到调节的，那么，要使它大量积累，就必须采取种种措施突破微生物的调节，也就是对微生物的代谢进行某些"人工控制"，使本来不应当过量合成的代谢物能大量生产。这些措施有的仅局限于对酶活性的控制，而更多的要涉及细胞的遗传物质。无论是发生在遗传的或非遗传的水平上，总的目的是控制代谢物质的产生和积累。

　　一般非必需氨基酸的生物合成，以及人体必需氨基酸在植物和微生物中的合成，都有氨基化作用和转氨作用等共同途径。所需的氨主要由蛋白质及氨基酸分解提供，大多数的微生物和植物也可利用铵盐和硝酸盐作氮源。所需的α-酮酸主要来自中心代谢途径：糖酵解、三羧酸循环和己糖单磷酸途径。不同生物合成氨基酸的能力有所不同，不同氨基酸生物合成途径也不同，图3-1所示为氨基酸主要合成路线。

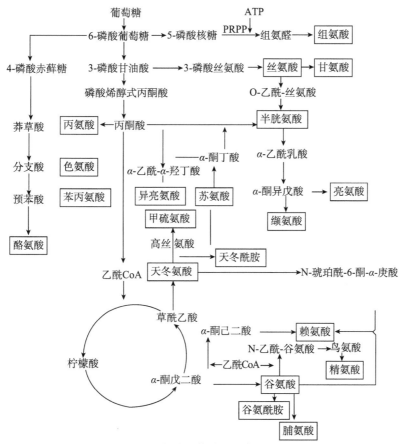

图3-1　各种氨基酸生物合成途径

微生物在培养时都能产生氨基酸，主要用于细胞生长所必需的蛋白质合成。因此，氨基酸发酵工业就是利用微生物的生长和代谢活动生产各种氨基酸的现代工业。氨基酸发酵是典型的代调控制发酵，由微生物发酵所产生的产物——氨基酸，是微生物的中间代谢产物，它的积累是建立于对微生物正常代谢的抑制，也就是说，氨基酸发酵的关键，取决于其控制机制是否能够被解除、能否打破微生物正常的代谢调节，人为地控制微生物的代谢。氨基酸发酵的成功把代谢控制发酵技术引入微生物工业，使微生物工业能够在 DNA 分子水平上改变、控制微生物的代谢，使有用产物大量生成、积累。

一、发酵法工艺菌种的选择

随着微生物遗传学和生物化学的发展，氨基酸发酵工业引进了人工诱变育种和代谢控制发酵的新技术。至今大部分氨基酸可通过发酵法进行生产，选育出许多人工诱变的突变菌株，包括赖氨酸、鸟氨酸、缬氨酸、丙氨酸、丝氨酸、苯丙氨酸、酪氨酸、异亮氨酸、甘氨酸、瓜氨酸、脯氨酸、苏氨酸、色氨酸等发酵菌株，并逐渐开始进行工业化生产（表 3-1）。

表 3-1　不同氨基酸发酵菌种及产量

氨基酸种类	可优先选择的菌种	产量（g/L）
谷氨酸	谷氨酸棒杆菌、北京棒杆菌、钝齿棒杆菌、黄色短杆菌等	130~170
赖氨酸	谷氨酸棒杆菌、北京棒杆菌、黄色短杆菌、乳糖发酵短杆菌、短芽孢杆菌、黏质赛氏杆菌	120~150
苏氨酸	黄色短杆菌、谷氨酸棒杆菌、黏质赛氏杆菌、北京棒杆菌或大肠杆菌等	70
蛋氨酸	谷氨酸棒杆菌、黄色短杆菌等	15
丝氨酸	谷氨酸棒杆菌、嗜甘氨酸棒杆菌、基因工程菌等	30
鸟氨酸	谷氨酸棒杆菌、黄色短杆菌、枯草芽孢杆菌等	32
瓜氨酸	谷氨酸棒杆菌、黄色短杆菌、枯草芽孢杆菌等	40
精氨酸	谷氨酸棒杆菌、黄色短杆菌、黏质沙雷伯氏杆菌、钝齿棒杆菌等	50~70
苯丙氨酸	谷氨酸棒杆菌、枯草芽孢杆菌、大肠杆菌、黄色短杆菌、乳糖发酵短杆菌等变异株	25~40
酪氨酸	谷氨酸棒杆菌、枯草芽孢杆菌或大肠杆菌、产气克雷伯氏菌的重组株、草剩欧文氏菌等	25~30
色氨酸	谷氨酸棒杆菌、黄色短杆菌、枯草芽孢杆菌等	30~40
组氨酸	谷氨酸棒杆菌、黄色短杆菌、黏质赛氏杆菌（组氨酸酶）等	30~40

（续表）

氨基酸种类	可优先选择的菌种	产量（g/L）
亮氨酸	黄色短杆菌、黏质赛氏杆菌、谷氨酸棒杆菌	30
异亮氨酸	黄色短杆菌、乳糖发酵短杆菌	30~35
缬氨酸	北京棒杆菌、乳糖发酵短杆菌等谷氨酸产生菌及某些产气杆菌	55~60
脯氨酸	谷氨酸棒杆菌、黄色短杆菌、黏质赛氏杆菌等	60~70
丙氨酸	胶状棒杆菌、假单胞菌或谷氨酸产生菌	40~100
谷氨酰胺	谷氨酸棒杆菌、黄色短杆菌、乳糖发酵短杆菌、嗜氨小杆菌等	60~70
天冬氨酸	黄色短杆菌、大肠杆菌、嗜热脂肪芽孢杆菌等	40
半胱氨酸	球形芽孢杆菌等	4~5

代谢控制发酵技术以动态生物化学和微生物遗传学为基础，通过人工诱变获取适合生产某种产物的突变株，此突变株在人工控制的条件下培养，能够选择性地生产目标产品。当前20种氨基酸均能通过微生物发酵生产，利用细菌、放线菌和真菌的代谢途径或微生物代谢酶来获取氨基酸。氨基酸纯度较高且质量较优。但是一种菌种只能生产一种或两种氨基酸，导致产物中复合氨基酸种类较少，产物中还含有多种酶类、糖类（低聚糖、果糖等）、核酸、胡敏酸、菌种及其代谢产物。工艺较复杂，生产条件较苛刻，生产成本较高。微生物发酵法的关键技术是要筛选出高效生产菌，也有通过代谢工程育种技术对氨基酸生产菌进行基因改造，主要分为正向代谢工程、反向代谢工程和进化代谢工程3种类型。

在选育某种氨基酸产生菌时，为了减少育种的盲目性，应当将遗传理论研究和育种实践相结合。研究目的氨基酸生物合成机制、遗传控制和代谢调节与关键酶，采用不同的出发菌种，其选育途径也有所不同。

二、培养基

发酵培养基的成分与配比是决定氨基酸产生菌生长、代谢的主要因素，与氨基酸的得率、转化率以及提取收率的关系也很密切，因此，培养基的配比合适与否对氨基酸的生产至关重要。

1. 碳源

氨基酸发酵中可采用淀粉水解糖、糖蜜、醋酸、乙醇、烷烃等多种碳源。可根据微生物菌种的性质、所生产的氨基酸种类和所采用的发酵工艺、操作方法，因地制宜地选择合适的碳源。目前普遍采用的是淀粉水解糖液或糖蜜。

2. 氮源

氨基酸发酵过程中，氮源除供给菌体生长与氨基酸合成所需要的氮外，还能用来调节发酵液的 pH 值。常选用铵盐、尿素、氨水等无机氮源，并补加精制棉籽饼或麸质粉、豆饼水解液等有机氮源。

3. 无机盐

发酵中通常需要加入包括硫、磷、钙、镁、锌等无机盐类。磷酸盐浓度对于氨基酸发酵的影响极为重要。而镁、钾等离子是许多酶的激活剂，在菌体的生长和产物的代谢过程中有重要的作用。

4. 生长因子

生物素能影响细胞膜的通透性和代谢途径，其浓度与微生物菌体的生长和氨基酸的合成关系密切，它的供给对氨基酸的发酵培养有重要的作用。氨基酸发酵一般以玉米浆、麸皮水解液、甘蔗糖蜜或甜菜糖蜜作为生物素的来源。

三、氨基酸发酵条件控制

1. 温度对氨基酸发酵的影响

氨基酸发酵的最适温度因菌种性质及所生产的氨基酸种类不同而异。从发酵动力学来看，氨基酸发酵一般属于 Gaden 氏分类的 II 型，菌体生长达一定程度后再开始产生氨基酸，因此菌体生长最适温度和氨基酸合成的最适温度是不同的。例如，谷氨酸发酵，菌体生长最适温度为 30 ~ 32 ℃。菌体生长阶段温度过高，则菌体易衰老，pH 值高、糖耗慢、周期长、酸产量低，如遇这种情况，除维持最适生长温度外，还需适当减少风量，并采取少量多次加入尿素等措施，以促进菌体生长。在发酵中后期，菌体生长已基本停止，需要维持最适宜的产酸温度，以利于谷氨酸的合成。

2. pH 值对氨基酸发酵的影响及其控制

pH 值对氨基酸发酵的影响和其他发酵一样，主要是影响酶的活性和菌的代谢。例如谷氨酸发酵，在中性和微碱性条件下（pH 值 7.0~8.0）积累谷氨酸，在酸性条件下（pH 值 5.0~5.8），则易形成谷氨酰胺和 N-乙酰谷氨酰胺。发酵前期 pH 值偏高对菌体生长不利，糖耗慢，发酵周期延长；反之，pH 值偏低，菌体生长旺盛，糖耗快，不利于谷氨酸的合成。但是，前期 pH 值偏高（pH 值 7.5~8.0）对抑制杂菌有利，故控制发酵前期的 pH 值以 7.5 左右为宜。由于谷氨酸脱氢酶的最适 pH 值为 7.0~7.2，氨基酸转移酶的最适 pH 值为 7.2~7.4。因此应控制发酵中后期的 pH 值为 7.2 左右，生产上控制 pH 值的方法一般有两种：一种是加入尿素，一种是加入氨水。国内普遍采用前一种方法。加入尿素的数量和时间主要根据 pH 值变化、菌体生长、糖耗情况和发酵阶段等因素决定。例如，当菌体生长和糖耗均缓慢时，要少量多次地添加尿素，避免 pH 值过高而影响菌体生长；菌体生长和糖耗均快时，加入尿素可多些，使 pH 值适当高些，以抑制生长；发酵后期，残糖很少，接近放罐时，应尽量少加或不加尿素，以免造成浪费和增加氨基酸提取的难度。一般少量多次地加尿素，可以使 pH 值稳定，对发酵有利。加入氨水，因氨水作用快，对 pH 值的影响大，故应连续加入。

3. 氧对氨基酸发酵的影响及其控制

各种不同氨基酸发酵对溶解氧的要求不同，因此在发酵过程中应根据具体需氧情况确定。不同氨基酸发酵的最适供氧条件见表 3-2。

表 3-2　氨基酸发酵的最适供氧条件

氨基酸	控制 pH 值	$p_L/$（$\times 10^5 Pa$）	E^*（mv）	r_{ab}/K_rM	E_{crit}（mv）
谷氨酰胺	6.50	≤0.01	≤−150	1.0	−150
脯氨酸	7.00	≤0.01	≤−150	1.0	−150
精氨酸	7.00	≤0.01	≤−170	1.0	−170
谷氨酸	7.80	≤0.01	≤−130	1.0	−180
赖氨酸	7.00	≤0.01	≤−170	1.0	−170
苏氨酸	7.00	≤0.01	≤−170	1.0	−170
异亮氨酸	7.00	≤0.01	≤−180	1.0	−180
亮氨酸	6.25	0	−210	0.85	−180
缬氨酸	6.50	0	−240	0.60	−180
苯丙氨酸	7.25	0	−250	0.55	−180

* $E=-0.033+0.039 \lg p_L$。

4. 泡沫的控制

由于发酵过程中会产生大量的泡沫，通常采用豆油、玉米油等天然油脂或环氧丙烯环氧乙烯聚醚类化学合成消泡剂进行消泡。应尽量控制其用量和加入方式，否则会影响菌体的代谢。

四、氨基酸分离纯化

氨基酸的分离和纯化是氨基酸工业生产中的一个重要组成部分，它决定着氨基酸产品的质量、安全性及得率和成本。通过发酵法生产氨基酸，所得发酵液是极其复杂的多相体系，含有微生物菌体细胞、代谢产物、未消耗的培养基等，有时杂质氨基酸具有与目的氨基酸非常相似的化学结构和理化性质。因此，要通过一些技术从发酵液中提取高纯度的氨基酸。氨基酸的分离纯化包括对氨基酸发酵液进行预处理、菌体分离、初步纯化及高度纯化等步骤。初步纯化及以前的各步操作，处理的体积较大，其重点在于分离和浓缩，称为分离（提取）；以后各步均为精细的分离操作，其重点在于纯化，称为纯化（精制）。

一般工艺流程如下：发酵液→预处理（加热、调 pH 值、絮凝等）→菌体分离（离心分离、过滤、压滤、超滤等）→初步纯化（沉淀、吸附、离子交换、萃取等）→高度纯化（超滤、吸附、结晶、重结晶等）→成品加工。

提取也称初步分离，是利用氨基酸产物的特性，将氨基酸产物与发酵醪中其他物质进行初步分离的过程。提取可以除去与氨基酸产物性质差异较大的杂质，为后面的纯化操作创造有利条件，提取技术包括萃取、离心分离、固相析出、膜过滤、吸附等多项单元操作。

精制也称高度纯化，是去除粗提取物中与氨基酸产物的物理化学性质比较接近的杂质的过程。通常采用对产物有高度选择性的技术进行纯化，如色谱分离、结晶、层析等技术。通过精制，常能获得高纯度的目标产物。

选择提取与精制方法时主要考虑产品的类型、分子大小、溶解性、热敏性等因素，在选择和设计氨基酸产物的提取与精制工艺时，应依据以下基本原则。

（1）生产成本。由于分离过程的特性主要体现在发酵产物的特殊性、复杂性和产品要求的严格性，分离结果导致分离成本占整个生产成本的比例不一样。为了提高经济效益，产率和成本是首要考虑的因素。

（2）发酵液的组成和性质。发酵液中氨基酸产物的浓度、溶解性以及发酵液的理化性质等是影响工艺条件的重要因素。选择分离方法时，首先要考虑氨基酸产物的分配系数、相对分子质量、离子电荷性质及数量、挥发性等因素。例如，如果某些杂质在各种条件下带电荷性质与氨基酸产物相似，但相对分子质量、形状和大小与氨基酸产物差别较大，可以考虑用离心分离、膜过滤、凝胶和色谱等方法除去杂质，从而达到分离纯化的目的。

1. 提取与精制的步骤

提取与精制步骤的多少，不仅影响到产品的回收率，而且还会影响到投资和操作成本。氨基酸产物的提取与精制往往要经过多种步骤，组合提取与精制步骤时，需综合考虑回收率和生产成本，尽量采用最少步骤。

2. 各种分离与纯化方法的使用顺序

在对氨基酸产物进行分离与纯化时，要根据氨基酸产物的特点设计各个步骤的先后次序。例如，在谷氨酸生产中，如果先采用离子交换法从发酵液中吸附谷氨酸，后采用等电点法从洗脱液中提取谷氨酸，必然造成生产效率低、生产成本高的结果；如果先采用等电点法从发酵液提取谷氨酸，后采用离子交换法从等电点提取母液中吸附谷氨酸，则比较合理。

3. 产品的稳定性

由于各类产品稳定性不一样，通常需要在提取和精制过程中调节操作条件，以最大程度地减少由于热、pH 值或氧化等因素所造成的产品损失。

4. 产品的技术规范

产品的规格是用成品中各类杂质的最低存量来表示的，它是确定纯化要求的程度以及选择分离纯化过程方案的主要依据。如果对产品的纯度要求不高，只需采用简单的分离流程；如果对产品的纯度要求较高，则需采用较复杂的分离流程。例如，产品是注射类药物，不仅要除去一般杂质，而且要除去热原。热原是存在于微生物细胞壁中的能够引起抗原反应的物质，是蛋白质、脂质、脂多糖等的总称，在纯化过程中必须将它们除去，以满足注射药品规格的要求，一般采用凝胶色谱方法，在纯化过程的最后一步进行。

5. 产品的形式

最终产品的外形特征是一个重要的指标，必须与其实际应用要求一致。对于固体产品，为了有足够的保质期，必须控制其水分含量；如果是结晶产品，则要求其具备特有晶体形状和大小；如果是液体产品，则要求在分离纯化的最后一步进行浓缩，还有可能需要过滤除菌等操作。

五、菌体分离技术

在氨基酸发酵生产中，有些工艺直接从含有菌体的发酵液中提取氨基酸，有些工艺在提取之前除去发酵液中的菌体，以减小菌体对氨基酸提取的影响，有利于提高产物的收率和纯度。目前，菌体分离的方法主要有离心分离和过滤两种方法。

离心分离是利用离心力和物质的沉降系数或浮力密度的不同而进行的一项分离、浓缩或提炼操作。对于那些固体颗粒很小或者液体黏度很大的发酵醪糟，采用过滤方法进行比较困难，但采用离心分离可以得到满意的结果。离心分离可以分为离心沉降和离心过滤两种形式。

过滤法分为常规过滤法和膜过滤，传统意义上的过滤是指利用多孔性介质截留悬浮液中的固体粒子，进而使固、液分离的方式。菌体、细胞及其碎片等除了采用离心分离外，也可采用常规过滤法进行分离。过滤操作是以压力差为推动力，过滤操作中固形物被过滤介质所截留，并在介质表面形成滤饼，滤液透过滤饼的微孔和过滤介质。膜分离是利用具有一定选择性透过特性的过滤介质（膜）来进行物质分离的方法。膜分离过程实质是物质被膜透过或截留的过程，近似于筛分过程，依据滤膜孔径的大小而达到不同物理、化学性质和传递属性的物质分离的目的。

第三节　单体氨基酸发酵工艺

一、谷氨酸发酵工艺

　　谷氨酸是一种重要的氨基酸。在用微生物发酵法生产的氨基酸中，谷氨酸是生产量最大的商品氨基酸。我们吃的味精就是以谷氨酸为原料生成的谷氨酸单钠的俗称，即 L-谷氨酸的钠盐，具有强烈的鲜味。谷氨酸还可以制成对皮肤无刺激性的洗涤剂（十二烷酚基谷氨酸钠肥皂）、能保持皮肤湿润的润肤剂（焦谷氨酸钠）、质量接近天然皮革的聚谷氨酸人造革，以及人造纤维和涂料等。谷氨酸是目前氨基酸生产中产量最大的一种，同时，谷氨酸发酵生产工艺也是氨基酸发酵生产中最典型和最成熟的。谷氨酸的发酵生产主要分为以下几个关键步骤（图 3-2）。

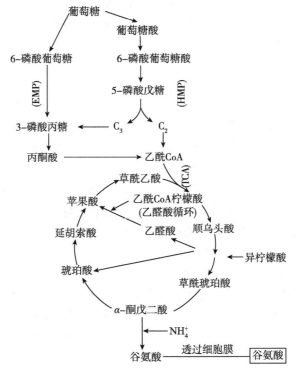

图3-2　谷氨酸生物合成途径

1. 谷氨酸发酵生产的菌种

谷氨酸发酵生产菌种主要有棒状杆菌属、短杆菌属、小杆菌属，以及节杆菌属的细菌。除节杆菌外，其他 3 个属中有许多菌种适用于糖质原料的谷氨酸发酵。这些细菌都是需氧微生物，都需要以生物素为生长因子。我国谷氨酸发酵生产所用菌种有北京棒状杆菌 AS1299、钝齿棒状杆菌 AS1542、HU7251、7338、B9 等。这些菌株的斜面培养一般采用由蛋白胨、牛肉膏、氯化钠等组分，pH 值为 7.0~7.2 的琼脂培养基，32 ℃培养 24 h，贮于冰箱中保存备用。

2. 谷氨酸发酵生产的原料制备

谷氨酸发酵生产以淀粉水解糖为原料。淀粉水解糖的制备一般有酸水解法和酶水解法两种。国内常用的是淀粉酸水解工艺，干淀粉用水调成一定浓度的淀粉乳，用盐酸调至 pH 值为 1.5 左右；然后直接用蒸汽加热，水解 25 min 左右；冷却糖化液至 80 ℃，用 NaOH 调 pH 值至 4.0~5.0，使糖化液中的蛋白质和其他胶体物质以沉淀析出。最后用粉末状活性炭脱色，在 45~60 ℃下过滤，得到淀粉水解液。

3. 菌种扩大培养

（1）一级种子培养

采用液体培养基，由葡萄糖、玉米浆、尿素、磷酸氢二钾、硫酸镁、硫酸铁及硫酸锰等组成，pH 值为 6.5~6.8；三角瓶内 32 ℃振荡培养 12 h，贮于 4 ℃冰箱中备用。

（2）二级种子培养

培养基除用水解糖代替葡萄糖外，其他与一级种子培养基相仿。种子罐内 32 ℃通气搅拌培养 7~10 h，即可移种或冷却至 10 ℃备用。

4. 谷氨酸发酵

谷氨酸的发酵多采用分批发酵方式，在发酵初期，即菌体生长的延迟期，糖基本上没有被利用，尿素分解释放出氨使 pH 值上升。这个时期的长短取决于接种量、发酵操作方法及发酵条件，一般为 2~4 h。接着进入对数生长期，代谢旺盛、糖耗快，尿素大量分解，pH 值很快上升，但随着氨被利用，pH 值又下降；溶氧浓度先急剧下降，然后维持在一定水平上；菌体浓度迅速增大，菌体形态为排列整齐的"八"字形。这个时期，通过及时加入尿素，可提供给菌体生长必需的氮源和调节培养液的 pH 值至 7.5~8.0；同时由于代谢旺盛，泡沫增加并放出大量发酵热，要进行消泡，减少泡沫，控制并维持温度在 30~32 ℃范围内。菌体生长繁殖的结果，使菌体内的生物素含量由丰富转为贫乏。这个阶段主要是菌体生长，几乎不产酸，一般为 12 h 左右。菌体生长基本停滞时转入谷氨酸合成阶段，此时菌体浓度基本不变，糖与尿素分解后产生的 α-酮戊二酸和氨，主要用来合成谷氨酸。这一阶段，必须及时加入尿素，提供谷氨酸合成所必需的氨及维持谷氨酸合成最适的 pH 值 7.2~7.4。为了促进谷氨酸的合成需加大通气量，并将发酵温度提高到谷氨酸合成最适的温度 34~37 ℃。发酵后期，菌体衰老、糖耗缓慢、残糖低，此时加入尿素的量必须相应减少。当营养物质耗尽、酸浓度不再增加时，及时放罐，发酵周期一般为 30 多个小时。

5. 防控噬菌体污染

噬菌体的污染对谷氨酸的发酵影响很大。会引起发酵延迟和谷氨酸收率下降，甚至产生溶菌与倒罐。噬菌体主要有 3 个来源：生产菌株本身携带噬菌体；工厂环境中的噬菌体污染，如通过发酵液、取样、排气、废弃液排放和洗罐废水等途径，致使噬菌体在工厂环境中增殖，随后在空气中传播，发酵设备有死角、渗漏现象；其他噬菌体变异为寄主的噬菌体。

可以通过以下表现判断噬菌体污染。在谷氨酸发酵前期 0~12 h 内发生噬菌体污染，通常会出现典型的"两高"现象：pH 值高达 8.0 以上，不回降；残糖高，耗糖停止，吸光度开始升高后下降或不变。谷氨酸产酸缓慢或不产谷氨酸，且发酵温度低，发酵液黏度大、泡沫多，颜色发灰、发红，经革兰氏染色和镜检为红色碎片。

在生产过程中要加强对噬菌体污染的防治，防治措施主要有以下几点：① 加强环境卫生，地面、墙壁应光滑，要经常用 5% 的漂白粉等喷洒地面；② 生产过程中要严格控制活菌体的排放，加强对环境中噬菌体的监测；③ 完善空气过滤系统，总过滤器、分过滤器要定期灭菌；④ 加强种子管理，确认无误后才能接种，并且要轮换使用菌种；⑤ 采用药物防治。一旦确定谷氨酸发酵液中污染噬菌体后，应立即采取挽救措施，通常是将发酵液升温至 70~80 ℃直接杀灭罐内噬菌体。

6. 谷氨酸提取

谷氨酸提取有等电点法、离子交换法、金属盐沉淀法、盐酸盐法和电渗析法，以及将上述方法结合使用的方法。国内多采用的是等电点-离子交换法。谷氨酸的等电点为 3.22，这时它的溶解度最小，所以将发酵液用盐酸调节到 pH 值为 3.22，谷氨酸就可结晶析出。晶核形成的温度一般为 25~30 ℃，为促进结晶，需加入 α型品种育晶 2 h。等电点搅拌之后静置沉降，再用离心法分离得到谷氨酸结晶。等电点法提取了发酵液中的大部分谷氨酸，剩余的谷氨酸可用离子交换法，进一步进行分离提纯和浓缩回收。谷氨酸是两性电解质，故与阳性或阴性树脂均能交换。当溶液 pH 值低于 3.2 时，谷氨酸带正电，能与阳离子树脂交换。目前国内多用国产 732 型强酸性阳离子交换树脂来提取谷氨酸，然后在 65 ℃左右，用 NaOH 溶液洗脱，pH 值为 3.0~7.0 的洗脱液再用等电点法提取（图 3-3）。

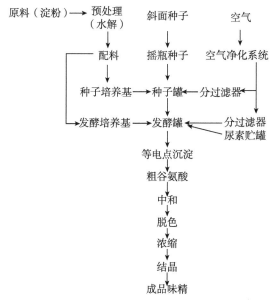

图 3-3　味精生产工艺流程

二、赖氨酸发酵工艺

1. 发酵培养基

赖氨酸产生菌几乎都是谷氨酸产生菌的各种生化标记突变株，都不能直接利用淀粉，只能利用葡萄糖、果糖、麦芽糖和蔗糖。由于 L-赖氨酸发酵需要丰富的生物素和有机氮，所以一般采用双酶法制备淀粉水解糖，所制糖液的有机氮和生物素含量丰富。氮源主要用来合成菌体成分和 L-赖氨酸。L-赖氨酸产生菌不能直接利用蛋白质，生产上常用大豆饼粉、花生饼粉和毛发水解液作为有机氮源，用量一般为 2%~5%。目前所使用的赖氨酸生产菌均为生物素缺陷型，同时也是某些营养缺陷型，如高丝氨酸、苏氨酸、甲硫氨酸等，因此必须严格控制这些生长因子的用量。

2. 赖氨酸的生产菌种

目前工业上发酵法生产赖氨酸的菌种主要为短杆菌属和棒状杆菌属，它们多以谷氨酸生产菌为出发菌株，通过人工诱变获得各种突变株。常用高丝氨酸营养缺陷型兼〔S-（2-氨乙基）-L-半胱氨酸〕AEC 抗性突变株。短杆菌属中如黄色短杆菌、乳糖发酵短杆菌，棒状杆菌中如谷氨酸棒状杆菌。

赖氨酸是天冬氨酸代谢途径中的一个末端产物，是天冬氨酸族氨基酸合成代谢中 4 个氨基酸之一。在它们合成共同途径上第一个酶是天冬氨酸激酶（AK），天冬氨酸激酶是一个变构酶。在谷氨酸棒杆菌和黄色短杆菌的 L-赖氨酸合成的第一个酶是二氢吡啶二羧酸合成酶（DDP 合成酶）。它不受末端产物 L-赖氨酸的反馈调节。因此，天冬氨酸激酶是谷氨酸棒杆菌、黄色短杆菌的 L-赖氨酸合成途径中的唯一关键酶。

基于已知细菌的赖氨酸生物合成途径和调节机制，通过 DNA 体外重组技术有目的地改造与赖氨酸代谢相关的基因，使合成赖氨酸的代谢途径增多或增强，可提高赖氨酸的生产量。如将乳糖发酵短杆菌 lysC 序列比对时发现，lysC1 有两个 2 核苷酸 G（1186）和 C（1187）的缺失，lysC1 在大肠杆菌 BL21 中的诱变表达量约为 lysC 的 1/4，其表观比酶活也较低，但对 L-苏氨酸和 L-赖氨酸协同反馈抑制不敏感。用大肠杆菌-黄色短杆菌穿梭表达载体 pDXW-8，将 lysC1 在野生型乳糖发酵短杆菌 ATCC13869 中进行诱导型表达，经摇瓶发酵积累 L-赖氨酸 7.4 g/L，在 3 L 发酵罐上得到 40 g/L 的成品。

3. 种子扩大培养

培养基的制备，其中主要成分为牛肉膏 1%、蛋白胨 1%、NaCl 0.5%、葡萄糖 0.5%、琼脂 2%，控制 pH 值 7.0~7.2。种子扩大培养分为三级，一级种子培养基为葡萄糖 2%、$(NH_4)_2SO_4$ 0.4%、K_2HPO_4 0.1%、玉米浆 1%~2%、豆饼水解液 1%~2%、$MgSO_4 \cdot 7H_2O$ 0.04%~0.05%、尿素 0.1%，pH 值控制为 7.0~7.2。二级种子培养基，以淀粉水解液代替一级种子培养基中的葡萄糖，其余成分相同。培养条件控制温度 30~32 ℃，通风量 1∶0.2 [L/（L·min）]，搅拌转速控制约 200 r/min，培养约 10 h。二级种子扩大培养的接种量为 2%~5%，种龄 12 h。三级种子扩大培养基同二级种子培养基，接种量约 10%，种龄 6~8 h。接种主要为对数生长的中后期种子。

4. 发酵工艺的控制

赖氨酸发酵时间以 16~20 h 为界，可分为生长期和合成期。生长期菌体增殖迅速，有少量的赖氨酸产生，糖和氨的消耗主要用于合成细胞物质及共给菌体的能量代谢。赖氨酸合成期菌体生长速度明显减缓，此时 L-赖氨酸大量积累，糖和氨消耗主要用于赖氨酸的合成。在生长期菌体生长最适温度为 30~32 ℃，在合成期温度一般控制 32~34 ℃。

L-赖氨酸发酵的最适 pH 值为 6.5~7.0，但在发酵过程中，有机酸等中间产物的生成会降低体系的 pH 值，一般当 pH 值降至 6.2~6.4 时，开始加入尿素和氨水来控制，添加量一般为 0.2%~0.3%。在产酸旺盛期可加大添加比例，在合成期时残糖量降低，可减少添加量，残糖量低于 2% 时，停止加入。生长期溶氧分压一般控制在 4~8 kPa，在合成期控制 2~4 kPa。

由于赖氨酸生产菌为谷氨酸产生菌的突变株，均为生物素缺陷型，培养基种需要添加生物素作为生长因子。苏氨酸、蛋氨酸是赖氨酸生产菌的生长因子，赖氨酸生产菌缺乏蛋白酶，不能分解蛋白质，只能将有机氮源水解后才能利用。大豆饼粉、花生饼粉和毛发水解液通常作为赖氨酸的发酵培养基。发酵过程中，如果培养基的苏氨酸、蛋氨酸含量丰富，就会出现只长菌，不产生赖氨酸的现象，所以菌体生长到一定时间后，转入产酸期。

5. 赖氨酸的提取与精制

赖氨酸的精提过程包括发酵液预处理、提取和精制三个阶段，因游离的 L-赖氨酸易吸附空气中的 CO_2，所以结晶比较困难，主要分为以下三步：第一步发酵液的预处理，可添加絮凝剂（如聚丙烯酰胺）使菌株絮凝沉淀，然后离心获得上清液。第二步提取赖氨酸，提取赖氨酸方法有四种，分别为沉淀法、有机溶剂抽提法、离子交换法和电渗析法。在工业上离子交换法应用较为广泛，赖氨酸为碱性氨基酸，等电点为 9.59，在 pH 值 2.0 时被强酸性阳离子交换树脂所吸附，在 pH 值 7.0~9.0 时被弱酸性阳离子交换树脂所吸附。从发酵液中提取赖氨酸选择强酸性阳离子交换树脂，它对氨基酸的交换势为：精氨酸>赖氨酸>组氨酸>苯丙氨酸>亮氨酸>蛋氨酸>缬氨酸>丙氨酸>甘氨酸>谷氨酸>丝氨酸>天冬氨酸。强酸性阳离子交换树脂的氢型对赖氨酸的吸附比铵型容易得多。但是铵型能选择性地吸附赖氨酸和其他碱性氨基酸，不吸附中性和酸型氨基酸，同时用氨水洗脱赖氨酸后，树脂不必再生。所以发酵液中提取赖氨酸均选用铵型强酸性阳离子交换树脂。第三步为赖氨酸的精制，离子交换柱的洗脱液中含有游离的赖氨酸和铵离子。需经真空浓缩蒸去氨后，再用盐酸调至赖氨酸盐酸盐的等电点 5.2，生成赖氨酸盐酸盐以含一个结晶水合物的形式析出。经离心分离后，在 50 ℃ 以上进行干燥，去除其结晶水（图 3-4）。

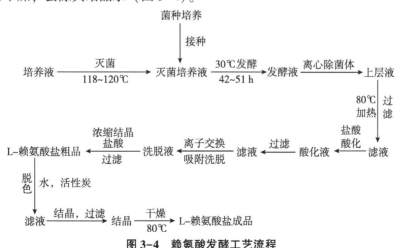

图 3-4 赖氨酸发酵工艺流程

三、其他氨基酸发酵工艺

1. 天冬氨酸族氨基酸发酵

天冬氨酸族氨基酸包括天冬氨酸、赖氨酸、苏氨酸、蛋氨酸、异亮氨酸。葡萄糖经过糖酵解途径生成丙酮酸，丙酮酸经过 CO_2 固定反应生成四碳二羧酸后，经过氨基化反应成 L-天冬氨酸，天冬氨酸在天冬氨酸激酶的催化作用下，经几步反应生成天冬氨酸半醛；天冬氨酸半醛一方面可在二氢嘧啶-2,6-二羧酸合成酶等酶的催化作用下经几步反应生成赖氨酸，另一方面可在高丝氨酸脱氢酶的催化下生成蛋氨酸，一部分高丝氨酸 O-琥珀酰高丝氨酸转琥珀酰酶等催化下经几步反应生成苏氨酸；苏氨酸在苏氨酸脱氢酶等酶的催化作用下经过几步反应成异亮氨酸。

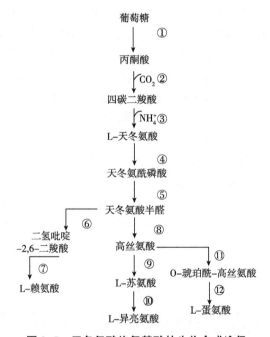

图 3-5　天冬氨酸族氨基酸的生物合成途径

① 糖酵解酶；② CO_2 固定酶；③ 转氨酶；④ 天冬氨酸激酶；⑤ 天冬氨酸半醛脱氢酶；⑥ 二氢吡啶-2, 6-二羧酸还原酶；⑦ 二氢吡啶-2,6-二羧酸合成酶；⑧ 高丝氨酸脱氢酶；⑨ 高丝氨酸激酶；⑩ 苏氨酸脱氨酶；⑪ O-琥珀酰-高丝氨酸转琥珀酰酶；⑫ 半胱氨酸脱硫化氢酶

2. 鸟氨酸、瓜氨酸和精氨酸发酵

该三类氨基酸之间可以相互转化。L-鸟氨酸和 L-瓜氨酸是精氨酸合成的前体物质，L-精氨酸生物体尿素循环中的一种重要中间代谢物质。从结构上看，鸟氨酸虽然和谷氨酸都是五碳酸，但鸟氨酸却是一羧基二氨基的氨基酸。鸟氨酸末端氨

基的氨上接上氨甲酰基，则生成瓜氨酸。瓜氨酸经过精氨琥珀酸。将瓜氨酸的酮基转换成亚氨基，则成精氨酸。精氨酸放出尿素，就转变为鸟氨酸。所以，鸟氨酸、瓜氨酸、精氨酸的生物合成可以从谷氨酸出发，逐步合成，最终产物精氨酸分解，释放尿素，又转变为鸟氨酸。该循环被称为尿素循环（图3-6）。

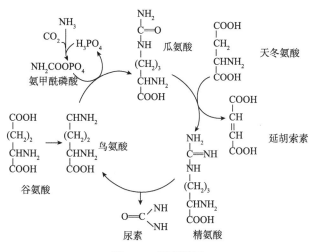

图3-6　尿素循环

3. 异亮氨酸、亮氨酸与缬氨酸发酵

该类氨基酸被称为分支链氨基酸，因为异亮氨酸、亮氨酸、缬氨酸都具有甲基侧链形成的分支结构。分支连氨基酸是合成蛋白质的基本素材，可以作为生物体能源，也可以作为生物体成分的前体物质（图3-7）。

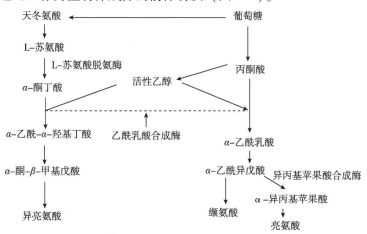

图3-7　分支链氨基酸生物合成机制

4. 色氨酸、苯丙氨酸和酪氨酸发酵

该类氨基酸分子中都含有苯环结构，所以被称为芳香族氨基酸。在结构上其直链结构都是丙氨酸。色氨酸与苯丙氨酸、酪氨酸在于色氨酸具有吲哚基，故其可以作为生长素的前体物质。苯丙氨酸和酪氨酸在结构上只有一点不同，苯丙氨酸的对位没有-OH，而酪氨酸有。该类氨基酸常用谷氨酸棒杆菌来生物合成，合成的起始物是五碳糖磷酸途径的中间产物赤藓糖-4-磷酸（E-4-P）和糖酵解过程中的中间产物磷酸烯醇式丙酮酸（PEP），二者缩合为3-脱氧-α-阿拉伯庚酮糖酸-7-磷酸（DAHP），经过三步酶促反应后生成莽草酸（SA），然后在莽草酸激酶作用下生成莽草酸-3-磷酸，再经过两步酶促反应生成分支链酸（CA）（图3-8）。

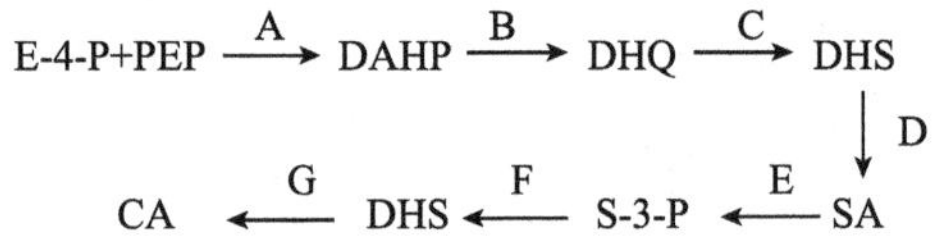

$$E\text{-}4\text{-}P+PEP \xrightarrow{A} DAHP \xrightarrow{B} DHQ \xrightarrow{C} DHS$$
$$\downarrow D$$
$$CA \xleftarrow{G} DHS \xleftarrow{F} S\text{-}3\text{-}P \xleftarrow{E} SA$$

图3-8 芳香族氨基酸生物合成共同步骤

A—3-脱氧-α-阿拉伯庚酮糖酸-7-磷酸合成酶，B—3-脱氢奎宁酸（DHG）合成酶，C—3-脱氢奎宁酸脱水酶，D—莽草酸脱氢酶，E—莽草酸激酶，F—5-烯醇式丙酮酰莽草酸（EPSP）合成酶，G—分支链合成酶

5. 丙氨酸、脯氨酸、谷氨酰胺和组氨酸发酵

发酵法生产L-丙氨酸，主要是以糖酵解生成的丙酮酸为底物通过转氨基反应或还原氨基化反应完成。酶法是以L-天冬氨酸为底物，经过L-天冬氨酸-β脱羧酶完成。

在微生物中，L-脯氨酸的生物合成是由谷氨酸经过四步反应生成，谷氨酸经过三步酶催化依次转化为γ-谷氨酰磷酸、L-谷氨酸、γ-半醛，然后合成Δ′-吡哆啉-5-羧酸，最后合成L-脯氨酸。

谷氨酰胺代谢的主流过程，糖酵解生成丙酮酸到α-酮戊二酸合成为谷氨酸再转化为谷氨酰胺。

由HMP途径的中间产物D-核酮糖经磷酸戊糖异构酶生成D-核糖，再由磷酸核糖焦磷酸激酶作用下生成磷酸焦磷酸（PRPP），然后进入L-组氨酸的合成途径。

第四节　氨基酸发酵液特征

20世纪60年代，人们实现用微生物发酵法来生产味精。据统计，每生产1 t

的味精，要排放 1~1.5 t 的有机物和 2~3 t 的无机物，形成 15~18 t 尾液，尾液中 COD 高达（4~8）×10^4 mg/L。对味精发酵尾液的处理，最好的方法是资源化利用。例如将味精发酵尾液浓缩成高蛋白饲料或者作为功能液体肥料，可以实现生产废水零排放的目标。韩国味元公司一个年产 3 万 t 的味精厂，以糖蜜为原料，发酵液浓缩 2~3 倍，等电提取谷氨酸，母液加石灰中和，然后加氨水，增加含氮量，从而制备商品有机肥，带来较好的环境效益和经济效益。

氨基酸发酵液是极其复杂的多相体系，含有微生物细胞、代谢产物、未消耗完的培养基等。氨基酸发酵液经预处理、离心或过滤除去菌体后，对余下的液体即可进行初步纯化。初步纯化的处理体积较大，着重用于分离和浓缩，称为提取（分离）；后续精细分离操作，用于精制和纯化。一般的工艺流程见图 3-9。

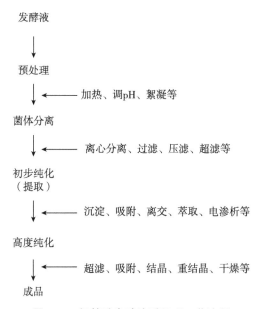

图 3-9 氨基酸发酵液后处理工艺流程

目的氨基酸以游离或盐的形式大量存在于发酵液中，其浓度根据发酵液的种类，一般为 1.0%~17.0%，发酵液累积的目的氨基酸通常是具有生物活性的 L-氨基酸，含少量其他氨基酸。根据菌种和发酵液情况，在谷氨酸的发酵液中，谷氨酸一般在 10%~17%，有天冬氨酸、丙氨酸和谷氨酰胺等杂质氨基酸，总含量一般小于 1%。氨基酸发酵液中悬浮着大量的微生物菌体，湿菌体占发酵液的 2%~5%。另外还有少量蛋白质等固体物质和一些高价无机离子（Ca^{2+}、Mg^{2+}、Fe^{3+}等）盐类。

由糖质原料转化为谷氨酸，经过复杂的生物化学反应，谷氨酸发酵完毕后，谷氨酸发酵液的温度在 34~36 ℃，pH 值一般呈现中性，为 6.5~7.5。发酵液外观呈现浅黄色浆状，表面有少量泡沫。发酵液中主要成分来自培养基的残留物、代谢产物和菌体等，其含量因发酵条件和菌种类型而异。

发酵液废液的主要成分：

（1）无机组分，如钾离子、钠离子、铵离子、钙离子、镁离子、铁离子、氯离子、硫酸根离子、磷酸根离子等以及尿素等无机组分；

（2）有机组分，如残糖、色素、蛋白质以及消泡用的花生油、豆油等消泡剂，其中残糖在 10 g/L 以下；

（3）菌体及其他固体悬浮物，其中湿菌体含量在 50~80 g/L；

（4）微量的微生物代谢产物及其副产物，有机酸类的有乳酸、琥珀酸等，氨基酸类的有天冬氨酸、缬氨酸、脯氨酸、异亮氨酸、亮氨酸、甘氨酸和谷氨酰胺等；

（5）发酵液中还含有核苷酸类物质及降解产物，以腺嘌呤和尿嘧啶为主。

谷氨酸发酵废液：有机物和悬浮物菌丝体含量高、酸度大、高氨氮和高硫酸盐含量，对厌氧和好氧生物具有直接或间接毒性。味精废水作为一种高浓度有机废水，治理难度很大，直接作为废水处理，运行成本很高并且厌氧无法解决高硫酸盐的废水问题。发酵尾液作为一种高有机废液，可以在农业种植中增值化利用。近年来有将剩余氨基酸废液浓缩制成饲料，但是有研究报告指出其中的 SO_4^{2-} 含量过高而不利于反刍动物的饲养（表 3-3）。

表 3-3　味精生产主要污染物及污染负荷

污染物分类	pH 值	COD (mg/L)	BODs (mg/L)	ρ（ss）(mg/L)	ρ（NH₃-N）(mg/L)	ρ（Cl⁻或 SO₄²⁻）(mg/L)	ω（氨氮）（%）	ω（菌体）（%）
高浓度发酵废母液	1.8~3.2	30 000~70 000	20 000~42 000	12 000~20 000	500~7 000	8 000~20 000	0.2~0.4	1
中浓度洗涤废水	3.5~4.5	1 000~2 000	600~1 200	150~250	0.2~0.5			
低浓度冷却水	6.5~7.0	100~500	60~300	60~150	1.5~3.5			
综合废水	4.0~5.0	1 000~4 500	500~3 000	140~150	0.2~0.4			

发酵液经等电点结晶和晶体分离获得主产品谷氨酸，母液除菌体得到菌体蛋白，可用作饲料，除去菌体后的清母液浓缩，得到的冷凝水排出。浓缩母液经过脱盐操作，获得结晶硫酸铵，硫酸铵可以作为化学肥料。结晶硫酸铵后的硫铵母

液进行焦谷氨酸开环操作和过滤分离，滤渣排出闭路循环圈，辅以一些其他有机废弃物（如蚯蚓粪、发酵鸡粪）混配造粒后，可以制作高品位商品有机肥。尾液可进行浓缩脱色后进行再结晶，也可以作为液体水溶性肥料的载体，制备氨基酸水溶肥，用于农业生产（图3-10）。

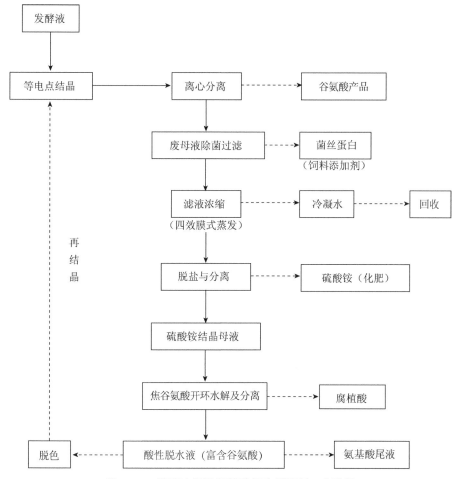

图3-10 发酵液提取氨基酸闭路循环新工艺流程

谷氨酸菌体是一种单细胞蛋白，蛋白质丰富（占菌体干重的50%~80%），氨基酸组分齐全，且富含丰富的维生素、核酸、多糖等。多数国外的味精厂则是将菌体回收制作饲料蛋白或者进一步水解成多肽或氨基酸类肥料。通过酶解、化学等水解方法水解菌体蛋白（图3-11），其水解后的蛋白质水解液将有巨大的市场应用价值。

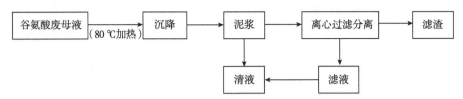

图 3-11 谷氨酸废母液的菌体蛋白提取工艺

第四章　采用化学水解工艺生产氨基酸原料

第一节　氨基酸化学水解工艺

蛋白质是由多种氨基酸通过肽键构成的高分子化合物，在蛋白质分子中各氨基酸通过肽键及二硫键结合成具有一定顺序的肽链称为一级结构；蛋白质的同一多肽链中的氨基和酰基之间可以形成氢键或肽链间形成氢键，使得这一多肽链的主链具有一定的有规则构象，包括α-螺旋、β-折叠、β-转角和无规卷曲等，这些称为蛋白质的二级结构；肽链在二级结构的基础上进一步盘曲折叠，形成一个完整的空间构象，称为三级结构；多条肽链通过非共价键聚集而成的空间结构称为四级结构，其中一条肽链叫一个亚基。

蛋白质受物理或化学因素的影响，发生变性作用，改变其分子内部结构和性质，一般认为蛋白质的二级结构和三级结构有了改变或遭到破坏。能使蛋白质变性的化学方法有加强酸、强碱、重金属盐、尿素、丙酮等；能使蛋白质变性的物理方法有加热（高温）、紫外线及 X 射线照射、超声波、剧烈振荡或搅拌等。

当前化学水解法是蛋白质水解最常用的方法，往往需要高温高压的协同作用。强酸、强碱使蛋白质变性，是因为强酸、强碱可以使蛋白质中的氢键断裂，也可以与游离的氨基或羧基形成盐，在变化过程中也有化学键的断裂和生成，因此，可以看作是一个化学变化。在酸、碱条件下，肽键断裂，进行逐级水解。使用化学法水解蛋白质往往更加彻底，化学水解法主要分为酸解法和碱解法。其主要工艺流程相似，都需要通过添加高浓度的酸或者碱，在高温高压的激烈条件下破坏蛋白质的一级结构，然后在酸或碱催化条件下进行水解反应。酸解法是目前最普遍的蛋白质水解制备氨基酸工艺。虽然工艺过程十分激烈且不易控制，但是依然是当前水解蛋白质的最好的方法。酸解反应主要用强酸如盐酸、硫酸来进行，也有少量工艺采用磷酸水解，然后用氢氧化钠、氢氧化钾、碳酸钠、氨水或生石灰等碱性化合物中和，成本主要取决于水解酸和中和碱的价格。

可用作水解的原料种类丰富且数量巨大，往往从废弃蛋白资源中提取，一方面能够降低氨基酸的制备成本，另一方面有利于资源的高效利用。当前常作为化学法提取氨基酸的原料有以下几大类。

1. 废弃角蛋白

例如动物毛发、禽类羽毛、蚕蛹等角蛋白，这些废弃物中的粗蛋白含量80%~90%，远高于其他种类的蛋白废弃物，是回收制备氨基酸的常见的原料。角蛋白由各种氨基酸组成，十几种氨基酸通过肽键网联构成多肽长链。这些长链又通过二硫键、氢键、盐键和其他交键作用形成高度交联的三维稳定结构，在一般条件下不溶解，甚至动物来源的蛋白酶如酪蛋白酶、胃蛋白酶和胰蛋白酶等都不能降解角蛋白，只有当二硫键或肽键断裂以后，才会分解成短肽。二硫键的断裂需要特殊 pH 值或强烈的还原作用，所以往往选择高温高压、强酸强碱的剧烈的水解条件。

2. 废弃细胞蛋白

蛋白质在细胞中的质量分数为 7%~10%，是一般细胞中含量最多的有机化合物。废弃的细胞蛋白种类主要有动物血液、发酵菌渣中的菌体蛋白以及海洋中的藻类，该类废弃物水分往往含量高，水解产物中的成分相对复杂，还包括糖类、脂质等其他有机物。

3. 粮食副产物

我国粮食产量连续多年稳定在 6.5 亿 t 以上，粮食在加工过程中产生大量的副产物，例如米糠、小麦麸皮、玉米渣、豆粕、油籽饼、酒糟等，同时还有一些高蛋白的植物，例如苜蓿叶。

4. 肉产品副产物

屠宰场留下的动物筋骨、病死水产品加工废弃物，如鱼头、鱼骨、虾蟹壳中也含丰富的蛋白质，也常常作为水解的原料进行再资源化利用。

第二节 化学水解工艺

一、水解反应介质

化学水解法是蛋白质水解最常用的方法，在高温高压及酸或碱的协同作用下，蛋白质肽链断裂，蛋白质往往完全水解，获得复合氨基酸的水解液。化学水解法工艺过程虽然非常苛刻且难以控制，但目前仍然是水解蛋白质的首选方法。化学水解法反应介质分为碱性介质和酸性介质，碱性介质主要有氢氧化钠、氢氧化钾、碳酸钠等；酸性介质选择性较多，常用盐酸、硫酸、磷酸以及一些酸性较强的有机酸作为反应介质。目前市面上的工艺多以酸解法为主，碱性条件下氨基会脱氨损失造成氨基酸回收率的降低，所以碱解工艺作为独立应用并不多。

盐酸法适用于较大的生产规模，但对设备要求较高；硫酸工艺则对设备的要求较低，但生产规模较小，劳动强度大。由于盐酸是挥发性酸，所以可以用蒸馏的方法脱除水解液中的盐酸；硫酸不是挥发性酸，所以不能用蒸馏法来脱酸，但是硫酸可以与石灰反应生成难溶的硫酸钙，从而进行脱酸处理。盐酸水解工艺中在脱酸时应该采用真空方法，反复蒸馏脱酸 3 次，使 pH 值达到 1 左右；硫酸水解工艺中，可以用 15% 石灰乳来中和水解液，先中和至 pH 值为 5，过滤后用水充分洗涤硫酸钙，再中和至 pH 值为 6.8~7.0。脱酸后的氨基酸液，浓缩至原体积的 1/3~1/4，浓缩所产生的沉淀可用抽滤或压滤的方法去除。

工业级盐酸价格相对于工业级硫酸来说更加经济，氨基酸回收成本更低。工业级硫酸（≥98%）国内平均价格为 410 元/t，工业级盐酸（≥31%）国内厂家价格在 50~150 元/t，价格要远远低于硫酸价格。有人分别对比盐酸和硫酸的水解工艺的氨基酸回收率，盐酸水解法水解氨基酸转化率最高 61.57%，而硫酸法最高转化率 59.80%。两种不同酸介质种类下的氨基酸转化率相差并不大，两种酸水解液中氨基酸含量都比较高，且均含有 17 种氨基酸，不同方法得到的氨基酸浓度稍有不同，用盐酸水解法水解的氨基酸总量略高于硫酸法（表 4-1）。2种水解方法中丝氨酸、谷氨酸、脯氨酸和丙氨酸的含量均较高。值得注意的是硫酸法能够更好地保护精氨酸不被破坏。

表 4-1　盐酸法和硫酸法水解液中氨基酸成分

氨基酸组成	氨基酸浓度（g/L）	
	盐酸法	硫酸法
天冬氨酸	3.84	4.30
苏氨酸	2.97	2.27
丝氨酸	6.84	6.74
谷氨酸	6.24	6.50
脯氨酸	6.26	6.07
甘氨酸	4.99	4.49
丙氨酸	5.97	4.60
半胱氨酸	1.44	1.23
缬氨酸	0.51	0.22
蛋氨酸	0.43	0.05
异亮氨酸	2.84	2.44
亮氨酸	3.54	3.41
酪氨酸	1.18	1.37
丙苯氨酸	2.98	2.25

（续表）

氨基酸组成	氨基酸浓度（g/L）	
	盐酸法	硫酸法
赖氨酸	0.86	0.60
组氨酸	0.13	0.07
精氨酸	0.27	3.23
氨基酸总量	51.29	49.84

传统的酸解法采用 6 mol/L 的盐酸对鱼蛋白在真空 110 ℃ 条件下酸性水解 20~24 h。在这些水解条件下，天冬酰胺和谷氨酰胺分别完全水解为天冬氨酸和谷氨酸。色氨酸被完全破坏，半胱氨酸不能直接从酸水解样品中测定。酪氨酸、丝氨酸和苏氨酸部分水解。用酸水解法回收通常有 5%~10% 的损失。

传统的方法中，氨基酸的回收率不高，通过添加有机酸作为反应介质可以提高氨基酸的回收率和缩短水解时间，小分子有机酸可以到达蛋白质的疏水区域从而使水解反应更加充分。采用 1∶1 混配盐酸和乙酸复合水解与传统单一的盐酸水解方法能够减少水解时间。Tugitita 和 Shifle 使用甲酸、乙酸、三氟乙酸和丙酸水解蛋白质。三氟乙酸为强酸性，pKa 为 0.23，高蒸气压和低沸点（72.5 ℃）。将蛋白质中的缬氨酸和异亮氨酸（Val-Val、Val-Ile、Ile-Val 和 Ile-Ile）组成的二肽在 160℃ 下用盐酸和有机酸的不同组合水解 25 min。结果表明，如表 4-2 所示，三氟乙酸与盐酸按 1∶（1~2）的比例组合时，与其他有机酸相比，回收率为 100%。

表 4-2　不同小分子有机酸和盐酸混合比例对氨基酸回收率的影响

试剂	使用比例	氨基酸回收率（%）
盐酸	1	51
甲酸∶盐酸	1∶1	85
	1∶2	95
乙酸∶盐酸	1∶1	97
	1∶2	100
	2∶1	85
三氟乙酸∶盐酸	1∶1	100
	1∶2	100
丙酸∶盐酸	1∶1	90
	1∶2	97

色氨酸是植物体内生长素生物合成重要的前体物质，其结构与生长素相似，在高等植物中普遍存在（图4-1）。为了保护色氨酸，使用甲磺酸水解，可以减少色氨酸的损失。还可以添加其他的一些保护剂如酚、巯基乙酸、巯基乙醇、吲哚、色胺等。蛋白水解过程在115 ℃使用甲基磺酸和0.02%色胺作保护剂水解22 h条件下，可以检测到色氨酸和半胱氨酸。保护剂的主要原理是与醛基类物质争夺反应位点，从而避免色氨酸和半胱氨酸的损失。

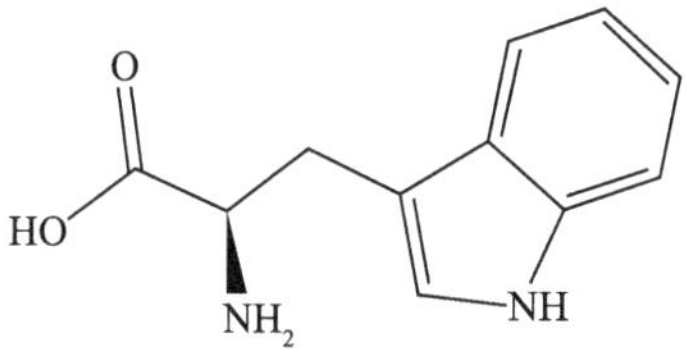

图4-1　色氨酸结构式

含有0.2%吲哚的4 mol/L甲磺酸与蛋白质1∶1混合，在160 ℃条件下水解45 min，水解后用8 mol/L的氢氧化钠溶液中和至pH值为2。相比与常规盐酸水解，在较高的温度和较短的时间内水解，可以得到全部氨基酸种类，其中包括通常在传统的盐酸水解过程中被降解的色氨酸和半胱氨酸。使用该方法水解的另一个优点是，在延长水解时间的情况下，丝氨酸、苏氨酸和酪氨酸并未因降解而减少。在160 ℃的温度下，水解45 min，氨基酸的回收率可达到95%以上。甲磺酸也是一种不挥发的物质，水解后不能采用蒸发来去除，因此甲磺酸会保留在水解液中。使用含有0.2%吲哚的对甲苯磺酸，在110 ℃条件下水解，也能测定到色氨酸。

二、水解温度与时间的影响

控制氢氧化钠溶液浓度0.4%、液固比为15∶1和水解时间2 h的条件下，分别在60 ℃到微沸腾（99 ℃）条件下进行水解试验，蛋白质回收率随温度的升高而上升，而当水解温度超过95 ℃时，水解液有大量氨气生成，说明氨基酸发生氨解，此时蛋白质回收率反而降低。有实验证明在碱解条件下，水解温度控制在90 ℃最为适宜。在氢氧化钠溶液浓度为0.4%、液固比为15∶1、反应温度为90 ℃，考察反应时间对羽毛蛋白质回收率的影响。在2 h以内，随着时间的变化，蛋白质回收率随着反应时间的延长而升高。继续延长溶解时间，溶解率提升不大，回收率反而下降，碱继续分解肽链，水解成氨基酸并使部分氨基酸脱氨基损失。

高温能够缩短反应时间并获得相似或略优的组分。传统的水解方法中，温度和时间都是重要的变量。6 mol/L 盐酸在 145 ℃情况下水解 4 h 与传统 110 ℃下水解 24 h 相比，在水解 4 h 后色氨酸与丝氨酸减少了 50%，然而缬氨酸和异亮氨酸回收增加了 100%。对于铵态氮的转化率而言，温度一般控制不能超过 120 ℃，温度过高会引起氨基酸的分解，造成铵态氮的损失。

时间的长短除了影响回收氨基酸的产量，也会影响水解产物的外消旋度。当使用常规蛋白水解时，外消旋化要比在 160~180 ℃高温下进行的水解高 1.2~1.6 倍。在较高的温度下，蛋白质会迅速水解成游离氨基酸，而游离氨基酸的外消旋化速率总是比与多肽结合的氨基酸的速率慢。在传统的酸水解过程中，蛋白质的水解速度要慢得多，而与多肽键结合的氨基酸则需要长时间的加热才能发生外消旋。有些肽键很难断裂，包括 Ile-Val、Val-Val、Ile-Ile，在 110 ℃条件下，24 h 只能获得 50%~70% 的产率，如果想获得更高的产率，需要延长水解时间至 90 h。

三、调节等电点

氨基酸是两性电解质，在碱性溶液中表现出带负电荷，在酸性溶液中表现出带正电荷，在某一定 pH 溶液中，氨基酸所带的正电荷和负电荷相等时的 pH 值，称为该氨基酸的等电点，简单来说就是氨基酸净电荷为 0 时的 pH 值。当达到等电点时的 pH 值，此时氨基酸的溶解度最小，氨基酸容易结晶，从而可以提取单体氨基酸。不同氨基酸的等电点如表 4-3 所示。

表 4-3　不同氨基酸种类的等电点

种类	等电点	种类	等电点
甘氨酸	6.06	谷氨酸	3.15
丙氨酸	6.11	赖氨酸	9.60
缬氨酸	6.00	甲硫氨酸	5.74
亮氨酸	6.01	丝氨酸	5.68
异亮氨酸	6.05	苏氨酸	5.60
苯丙氨酸	5.49	半胱氨酸	5.05
色氨酸	5.89	脯氨酸	6.30
酪氨酸	5.64	组氨酸	7.60
天冬氨酸	2.85	精氨酸	10.76

在水解之后的水解液，通过调节等电点可以回收单体氨基酸。在加碱中和的过程中调节 pH 值，从而获取单体的氨基酸，同时也需要充分考虑原料中的氨基

酸组分。从不同的废弃蛋白资源中能够提取 16~18 种氨基酸，不同的废弃蛋白资源中氨基酸组分的差别很大。谷氨酸在不同废弃物中的氨基酸占比都是很高的，其中甜菜糖蜜废液中的谷氨酸占氨基酸总含量的一半以上，甘蔗糖蜜废液中的天冬氨酸的含量最高，占 25% 左右，相比于其他废弃物，废弃羽毛中的半胱氨酸含量更为可观。

四、产物特点

蛋白质的水解可以利用氢氧化钠、氢氧化钾或氢氧化钡来进行。碱解法的工艺流程与酸解法相似，工艺相对简单和成本低，并且色氨酸不被破坏而常被应用于色氨酸的测定，同时常多针对在含较多的碳水化合物的底物，从而用于加工单糖含量较高的食品与制药。但是在碱性溶液中会发生许多有害的反应，L-氨基酸的 α-碳抽氢反应生成 D-氨基酸，所有氨基酸都会发生外消旋化。一些碱性氨基酸如精氨酸会脱氨损失，另外碱解会分裂二硫键，丝氨酸、苏氨酸、赖氨酸、半胱氨酸等大部分被破坏，并产生大量的碱性废弃物。

碱性处理是专门用于色氨酸的测定，也适用于碳水化合物含量较高的食品样品和单糖含量较高的药液配方。该方法的主要缺点是破坏了丝氨酸、苏氨酸、精氨酸和半胱氨酸，其他氨基酸均外消旋。

酸解法的好处是工艺简单、成本较低、水解迅速而彻底。水解的最终产物几乎都是 L-氨基酸，没有旋光异构体的产生。但是该工艺有一个明显的缺点，营养价值较高的色氨酸被破坏，与含醛基的化合物生成腐黑质（Fountoulakis 等，1998）。美拉德反应（图 4-2）是广泛存在于食品工业的一种非酶褐变，是羰基化合物（还原糖类）和氨基化合物（氨基酸和蛋白质）间的反应，经过复杂的历程最终生成棕色甚至是黑色的大分子物质类黑精或称拟黑素，所以又称羰氨反应。

另外，含羟基的丝氨酸、苏氨酸、络氨酸部分被破坏并产生大量的酸性废弃物。在浓盐酸和高温作用下，废弃物中的油脂被水解为甘油，甘油中的羟基被盐酸中的氯取代，生成致癌物质氯丙醇，并且中和步骤中会产生很高的灰分。

第三节 羽毛水解工艺

禽类羽毛、动物毛发是蛋白质含量最高的一类蛋白质废弃物，也是目前水解法制备氨基酸常用的原料来源。羽毛占禽类体重 5%~11%，羽毛杆及其下脚料是家禽屠宰加工或羽绒制品的副产品。蛋白质含量 75%~90%，含硫氨基酸（胱

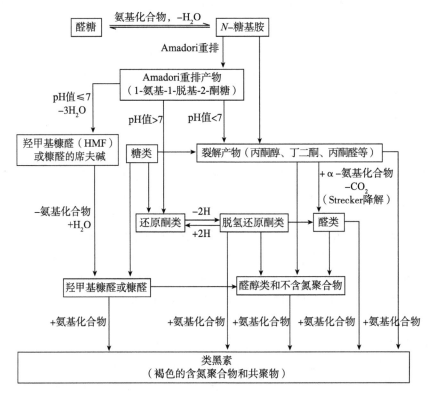

图4-2 美拉德反应过程

氨酸等）达6%~9%，其中的硫原子是构成二硫键的基础。羽毛蛋白属角质蛋白，必须对角蛋白进行处理，破解角质蛋白的空间结构，使其变成可消化吸收的状况。羽毛角质蛋白的氨基酸大部分为疏水性氨基酸，疏水性氨基酸分布在角质蛋白的外周，少量亲水性氨基酸及基团包容于肽键及蛋白质骨架的内部。肽键为右手α-螺旋，3条右手α-螺旋结合在一起成绳状的左手螺旋，构成了原纤维，原纤维内3条肽键之间由二硫键互接；原纤维之间的9个集合组成巨纤维，众多平行状的巨纤维通过二硫键结合，构成了羽毛蛋白的基本单元。

羽毛结构稳定，一般在通过前处理清洗粉碎后，然后在高温高压条件下，断开二硫键，破坏其结构。高温高压水解法是羽毛水解最原始的方法，将羽毛清杂粉碎后，投入水解罐中，通入直接或间接蒸汽，水解成块状蛋白质凝胶。其水解效果取决于时间、温度、压力三个参数的综合效应。Bswas进行了200~240 kPa、2~8 h加工条件下的水解羽毛粉的试验，水解率不高。1985年在275~415 kPa、30~60 min的条件下，其蛋白质的水解率有所提高。我国台湾学者陈厚基在蒸汽压力207 kPa、276 kPa、345 kPa，pH值5、7、9，时间为30 min、60 min的正交试验中，发现随着蒸汽压力及 pH 值的增加，羽毛粉中的胱氨酸、蛋氨酸含量却急剧下降。当加工时间 8 h 以上，蛋白质严重变性。沈银书进行了压力为 300 kPa、400 kPa、500 kPa，时间为 30 min、60 min、90 min 的 9 个处理试验，通过对以上 9 个处理样品的氨基酸有效率、蛋白质可溶性、氨基酸含量变化、容重等指标测定，指出 400 kPa、90 min 处理产品氨基酸消化率可达 77%~80%，但随水解温度升高及时间增加，氨基酸破坏加剧，含硫氨基酸（胱氨酸）更加明显。国家"七五"科技攻关专题"羽毛杆制造水解蛋白研究"中采用直接蒸汽 450~500 kPa、2 h 的水解羽毛粉。该工艺设备要求高，工艺参数不易控制，水解效果不佳，产品质量不稳定，氨基酸消化率低。后来通过添加酸配合高温高压条件，角蛋白完全水解，明显提高了蛋白质的水解效果和氨基酸的回收率，其工艺过程如图 4-3 所示。

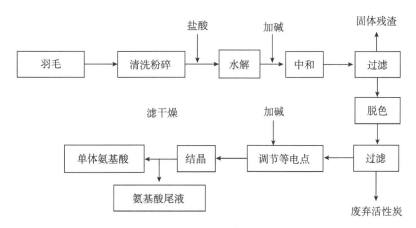

图 4-3 羽毛盐酸水解工艺流程

首先清洗废弃蛋白的杂物，通过物理破碎为角蛋白粉，送入到酸解罐中，以便于充分反应。在水解罐中密封后，通入盐酸（一般浓度>30%），温度设置在 105~120 ℃，酸解 5~7 h。得到水解液，然后进行中和。中和原料可以选择液氨或者氢氧化钠、氢氧化钾等强碱溶液，调节等电点。天冬氨酸等电点为 2.85，中和结晶析出天冬氨酸，然后进行过滤分离，滤渣进入脱色罐，用活性炭脱色，温度控制 80 ℃ 左右，脱色时间一般为 2 h。得到滤液为一次母液，再调节等电点 5.00 提取半胱氨酸，结晶分离后的滤液为二母液。滤液浓缩后，再调节等电点，还能用于其他氨基酸的提取。最常提取的氨基酸主要有 L-胱氨酸、L-亮氨酸、L-酪氨酸这三种氨基酸，L-天冬氨酸、苏氨酸、蛋氨酸也能从中精制。

一、单体氨基酸提取工艺

1. 胱氨酸工段

将毛发投入水解罐密封，通入 30%盐酸，温度设置 120 ℃，反应 7 h。获得水解液，加入液氨或液碱进行第一次中和，控制温度 80 ℃，中和 20 h，反应终点 pH 值为 5.0，然后过滤获得一母液精制获得 L-精氨酸。滤渣投入到一次脱色段，通入盐酸、蒸汽、水和活性炭，在 80 ℃温度下进行第一次脱色，脱色 2 h，用盐酸调节 pH 值为 0.5，静置后过滤，获得的第二次滤液，利用碳酸氢钠进行第二次中和，温度控制 80 ℃，中和时间 12 h，终点 pH 值为 5.0，过滤获得二母液，精制获得 L-亮氨酸，获得滤渣进行第二次脱色，方法同第一次脱色，用盐酸调节 pH 值至 0.5，过滤后滤液进行第三次中和，用氨水或者碱液在 80 ℃条件下中和 3 h，调节 pH 值为 4.0，过滤获得三母液，精制获得 L-酪氨酸。滤渣为胱氨酸粗品，经过蒸馏水冲洗后离心甩干，通入蒸汽烘干 3 h，精制获得 L-胱氨酸成品。

2. 亮氨酸工段

二次母液进入浓缩罐，通入蒸汽，温度 120 ℃，气压-0.09 MPa，浓缩 6 h 结晶。结晶液进入一次中和罐，通入硫酸、水、蒸汽，温度 80 ℃，中和 4 h，过滤，滤液回收利用，滤渣进入氨解罐，通入氨水和蒸汽，温度控制 80 ℃，氨解时间 3 h。滤液回收利用，滤渣进入脱色罐，通入蒸汽和活性炭，温度控制 80 ℃，脱色 2 h 过滤后滤渣回收利用，滤液进入二次中和罐，通入氨水和蒸汽，温度控制 80 ℃，中和 4 h。过滤后滤液回收，滤渣为亮氨酸粗品，进行精制，用蒸馏水冲洗滤渣并离心甩干，蒸汽烘干 3 h，获得 L-亮氨酸成品。

3. 酪氨酸工段

将三次母液（即 L-胱氨酸生产过程中三次中和段产物）通入碱溶罐内，通入液碱和活性炭，温度控制 90 ℃，碱溶时间 6 h，过滤滤渣回收利用，滤液进入一次中和罐，通入盐酸，温度 80 ℃，中和 4 h，中和终点 pH 值为 8.5，过滤滤液回收利用，滤渣进入脱色罐，通入盐酸、蒸汽和活性炭，温度控制 80 ℃，脱色 2 h，终点 pH 值为 0.5，过滤后滤渣回收利用，滤液进入二次中和罐，通入氨水，温度 80 ℃，中和 4 h，终点 pH 值为 4.0，结晶后过滤，滤液回收利用，滤渣为 L-酪氨酸粗品，送入精制罐，用蒸馏水冲洗滤渣并离心甩干，气压-0.9 MPa，蒸汽烘干 5 h，获得 L-亮氨酸成品。

二、工艺综合利用

在盐酸水解工艺中，其主要废弃物有提取后的氨基酸母液和废弃生物废弃活性炭。提取后氨基酸母液作为一种复合氨基酸液，总氮含量约为 5.6%，其中主要仍然含有 17%~20% 的游离氨基酸，氨基酸组分如表 4-4。废弃活性炭水分约20%~25%，干基有机质含量 95%，总氮含量约 2%，氨基酸含量约 4%。

表 4-4　提取后氨基酸母液中氨基酸组分

氨基酸种类	氨基酸质量分数（%）	氨基酸种类	氨基酸质量分数（%）
游离天冬氨酸	1.867	游离异亮氨酸	0.939
游离苏氨酸	1.357	游离酪氨酸	0.666
游离丝氨酸	2.546	游离组氨酸	0.54
游离谷氨酸	3.154	游离赖氨酸	0.741
游离丙氨酸	1.606	游离精氨酸	0.12
游离胱氨酸	1.641	游离脯氨酸	2.339
游离缬氨酸	1.143	游离蛋氨酸	0.707

江苏新汉菱生物工程股份有限公司拥有世界第二大水解氨基酸生产基地，产品广泛应用于医药、食品、化妆品以及生化和营养学研究领域，也是国内首家以羽毛为原料利用盐酸水解生产氨基酸的厂家，其公司目前拥有年产 2 000 t 氨基酸和 2 万 t 氨基酸有机肥的生产能力，主要的氨基酸产品是胱氨酸、亮氨酸、酪氨酸、半胱氨酸。同时又实现了工艺副产物提取完氨基酸母液及氨基酸生物炭的综合利用，废弃活性炭中总氮含量 2%，作为一种多孔材料，其保水性强，可以添加蚯蚓粪、菌种开发氨基酸生物肥或土壤改良剂产品，适用于农作物、蔬菜、棉花、果树等经济作物。提取后的氨基酸母液，可以用于氨基酸水溶肥的功能载体或者干燥喷粉制备氨基酸粉，生产叶面肥、冲施肥。

第四节　其他原料化学水解工艺

一、小麦面筋水解工艺

从小麦面筋中提取的谷氨酸，该过程由三个步骤组成：萃取、分离和纯化。在萃取过程中，面筋首先与面粉分离，从面团中洗涤淀粉。粗面筋被转移到陶器容器中，并与盐酸混合，加热 20 h。然后对水解物进行过滤，去除由氨基酸与碳水化合物反应产生的黑色残渣。滤液被转移到浓缩器中，浓缩 24 h，然后转移结晶 1 个月。pH 值调整为 3.2，贮存为 L-谷氨酸结晶 1 周。晶体有两个多晶型粒状 α 形态和稳定的薄 β 形式。α 形式仅包含谷氨酸水晶以改进的纯净。分离的

L-谷氨酸 α 型晶体在水中溶解，pH 值调整为 7，用活性炭过滤和脱色。通过加热和冷却，将过滤溶液浓缩。

二、病死猪硫酸水解工艺

南京农业大学沈其荣团队（2014）公开了一种由通过硫酸酸解病死猪蛋白获得复合氨基酸液，从而作为氨基酸叶面肥（Vol 等，1994；沈其荣等，2014）。目前我国处理病死猪的方法主要有尸体焚烧法、高温处理法和掩埋法，焚烧法、高温法需要消耗大量的能源，掩埋法会导致二次污染，并且该类处理方法并没有回收利用病死猪中大量的蛋白资源。选用病死猪的瘦肉部分，采用 5~7 mol/L 的工业级硫酸（含量≥98%）在 80~90 ℃条件下对病死猪瘦肉水解 5~7 h，物料比（质量体积比）为（1：1.5）~2.5。用硫酸水解病死猪瘦肉得到的复合氨基酸液，富含多种游离氨基酸和可溶性多肽，游离氨基酸超过 34 g/L，稀释作为液体氨基酸叶面肥，在萝卜、小青菜、黄瓜上具有很好的促生效果。

三、糖蜜菌体蛋白碱解工艺

在糖蜜酒精废液处理过程中会产生大量的微生物蛋白，其粗蛋白含量在54%左右。在废水中离心分离出菌丝蛋白，干燥制成粗蛋白粉，加入 40%氢氧化钠，控制液固比 50：1，在 90 ℃条件下水解 2 h。氨基酸水解液用盐酸中和过滤以及活性炭脱色，有机试剂乙醇沉淀提取复合氨基酸，常压干燥后得到复合氨基酸成品。获得的产物并未检测出脯氨酸、缬氨酸、亮氨酸、异亮氨酸、组氨酸和精氨酸。总氨基酸含量 0.475%，其中游离氨基酸 0.313%，占总量的 65.89%，肽含量 34.11%。复合氨基酸中含量较高的有谷氨酸和天冬氨酸，游离态氨基酸主要有天门冬氨酸、苏氨酸、丝氨酸、谷氨酸、甘氨酸和丙氨酸，其余检测出的氨基酸在成品中主要以肽的形式存在。通过正交试验发现氨基酸产率的影响因素大小顺序为水解温度、水解时间、液固比、氢氧化钠浓度。水解温度对氨基酸水解产率影响最大，氢氧化钠浓度影响最小。

目前市面上的碱解工艺的应用不多，也可以将碱解法作为酸解法的改进工艺，两者的废液相互结合，降低废液的处理。同时碱解法可以利用氢氧化钾来水解，废液中和后的液体可以用作钾肥。

四、蚕蛹水解制备氨基酸工艺

盐酸法适用于较大的生产规模，但对设备要求较高；硫酸工艺则对设备的要求较低，但生产规模较小，劳动强度大。由于盐酸是挥发性酸，所以可以用蒸馏的方法脱除水解液中的盐酸；硫酸不是挥发性酸，所以不能用蒸馏法来脱酸，但是硫酸可以和石灰反应生成难溶的硫酸钙，从而进行脱酸处理。盐酸水解工艺中未在脱酸时应该采用真空方法，反复蒸馏脱酸 3 次，使 pH 值达到 1 左右；硫酸水解工艺中，可以用 15%石灰乳来中和水解液，先中和至 pH 值为 5，过滤后用水充分洗涤硫酸钙，再中和至 pH 值为 6.8~7.0。脱酸后的氨基酸液，浓缩至原体积的 1/4~1/3，浓缩所产生的沉淀可用抽滤或压滤的方法去除。

中和后的水解液中，除氨基酸外，仍然会有许多杂质，为了保证氨基酸的质量，可以用离子交换树脂法预处理后，进行精制和干燥，经离子交换树脂法的氨水洗脱的氨基酸溶液中含有铵离子，所以需要进行脱氨处理，一般在真空条件下，70 ℃、8 kPa 脱除氨水。在脱氨时可使用盐酸作为吸收剂，收获氯化铵副产物。脱氨浓缩后的氨基酸液，可用喷雾干燥或真空干燥。真空干燥时，将氨基酸液置于搪瓷盘中，在 80 ℃、8 kPa 条件下干燥。干燥完成后，用球磨机研磨粉碎，过 80 目筛。粉末氨基酸容易吸湿，需保存在干燥处。

第五章　采用酶解工艺生产氨基酸原料

第一节　酶解法工艺发展现状

目前，国内外多采用物理（高温、高压）法和化学（强酸、强碱）水解法回收废弃蛋白制备氨基酸，但存在能耗高、氨基酸损失大、"三废"不易处理、环境污染严重、经济效益不高等问题。酸水解蛋白生产的氨基酸价格低廉，受到市场的欢迎，但是一般植物蛋白或动物蛋白的原料都含有油脂，在浓盐酸和高温作用下，油脂被水解为甘油，甘油中的羟基被盐酸中的氯取代，生成致癌物质氯丙醇。氯丙醇通常包括 4 种：2-氯-1,3-丙二醇（2-MCPD）、3-氯-1,2-丙二醇（3-MCPD），简称 3-氯丙醇、1,3-二氯-2-丙醇（1,3-DCP）、2,3-二氯-1-丙醇（2,3-DCP）。其中 3-氯丙醇的含量可达几百 mg/kg。酸水解蛋白生产企业酸雾污染严重，给环境造成污染，各地政府对此类产品的生产进行了严格的限制。同时强酸的作用导致设备腐蚀严重，设备的使用年限大大缩短，维护维修费用很高。同时由于酸污染给生产工人造成健康的伤害，造成招工困难或人工费用增加，提高了劳动力成本。

为了更好地利用废弃蛋白资源并且保护环境，许多研究者试图利用微生物及其微生物酶来降解角蛋白，已经发现自然界中很多微生物可利用自身分泌的角蛋白酶将其分解利用，作为生长所需的碳源和氮源，并且已有相应的商品应用于工业生产。采用现代生物工程技术，微生物通过发酵产生丰富的酶系，利用其产生的蛋白酶和组织分解酶，将蛋白质分解成小分子的肽和氨基酸。生产过程在微生物发酵和酶的作用下完成，完全不使用盐酸、强碱类化学物质，产品不含氯丙醇，无盐酸和碱类的残留物。

酶法水解具有许多物理、化学法无可比拟的优点。首先它可以在不降低营养价值的前提下改善蛋白质的功能特性。而且酶解法生产活性肽安全性极高、易于推广。与酸碱水解方法比较，酶水解是一种不完全、不彻底的水解，其产物主要是肽、氨基酸的混合物，其次是反应的条件温和，一般常温（36~60 ℃）常压和 pH 值在 2~8 时，氨基酸完全不被破坏，不发生旋光异构现象，此种方法相对氨基酸种类保留比较全面，植物可吸收的左旋氨基酸得到保护，寡肽含量较高，有害物质少，在农业中应用无疑是最适合的，具有反应时间短、效率高、产品纯度高、产物易分离等优点。

酶解技术突破了一般蛋白工艺分解效率低，氨基酸生成率低等技术关键，可溶性全氮的利用率达到 90% 以上，氨基酸的生成率 65% 以上。氨基酸制备原料来源广泛，豆粕、棉籽粕、花生蛋白、玉米蛋白等蛋白原料均可以利用，同时可生产无盐氨基酸、无盐氨基酸粉等多种剂型。全部生产过程对环境没有污染，对人体没有危害。在环境保护、劳动保护和生产安全深入人心的背景下，酶解蛋白生产氨基酸越来越受人们欢迎。蛋白水解物的工业生产，从全球范围看，数量仍有限，但在少数国家和地区，包括法国、日本和东南亚，已经达到相当的规模，我国现在也有利用酶法水解鱼蛋白或一些植物蛋白制造蛋白粉。然而，工业规模的蛋白酶水解仍存在以下问题：① 使用大量的酶，成本高；② 控制水解反应程度困难，形成含有各种分子量组分的不均一产物；③ 得率较低；④ 在反应终了时，需用调节 pH 值或加热的方法使酶失活，这会增加生产成本；⑤ 水解过程用的酶无法再利用。

当前越来越多的工作人员深入到酶解法的研究当中。酶解法制备氨基酸的生产条件更加温和，少量的酶就可以水解大量的底物。氨基酸的种类保留的相对比较丰富，L-氨基酸得以充分地保护，寡肽含量较高，而有害物质较少，这种在农业中的利用无疑是最适宜的。一些先进的技术可以根据分子量需求进行定向剪切，得到需要的分子量区间，如寡肽的分子量在 1 000 Da 以下，更利于作物吸收利用，但技术要求比较高。不同酶的酶切位点不同，通过酶特定的作用位点，采用定向剪切的技术（图 5-1），获得特定分子量的肽链，可以更好地利用。

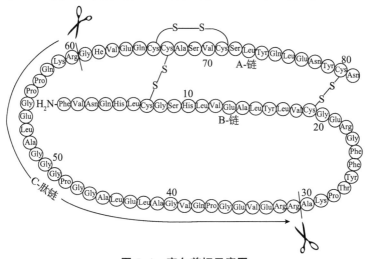

图 5-1　定向剪切示意图

由于酶的专一性，一种酶往往不能够使水解反应彻底且中间产物较多，所以需要多种酶的协同作用（表 5-1）。酶是一种大分子，往往不能到达蛋白质的疏水区域，而使水解反应很缓慢，也影响氨基酸的回收率。这些因素限制了当前酶解法工艺的应用，复杂的工艺以及相对较高的成本也让一些企业望而却步。

表 5-1　不同蛋白酶的作用位点

蛋白酶种类	作用位点
木瓜蛋白酶	Lys 和 Arg 的羧基端
中性蛋白酶	Trp、Phe 和 Tyr 的羧基端
胃蛋白酶	疏水性氨基酸和芳香族氨基酸羧基端
碱性蛋白酶	丝氨酸蛋白酶
胰蛋白酶	Arg、Lys 的羧基端
嗜热菌蛋白酶	疏水性氨基酸（Met、Phe、Leu、Val、Trp、Ile）羧基端
蛋白酶 K	Phe、Ala、Glu、Val、Leu、Ile、Trp、Thr 和 Tyr 的羧基端
胰凝乳蛋白酶	Phe、Trp、Leu、Tyr 的羧基端
枯草杆菌蛋白酶	广泛特异性，更倾向于 Leu、Tyr、Met、Trp、Phe、Val、Ile 羧基端

第二节　蛋白酶解工艺影响因素

根据水解的程度（蛋白质—膘—胨—多肽—二肽—氨基酸）蛋白质煮沸时可凝固，而膘、胨、肽均不能，蛋白质和膘可被饱和的硫酸铵和硫酸锌沉淀，而胨以下的产物均不能，胨可被磷钨酸等复盐沉淀，而肽类及氨基酸均不能，借此可将产物分开。

在酶水解工艺中，正确选择使用蛋白酶是生产的关键。当酶系确定之后，下一步就要对水解过程的各种参数进行优化控制。控制的主要参数有水解温度、pH 值、酶与底物比。水解结束时，必须及时终止水解过程。终止的方法有改变水解体系 pH 值或温度而使酶失活，也可以采用微滤法除去酶分子而终止反应。改变 pH 值一般会发生中和反应生成盐，增加了后续工艺脱盐的一步，微滤超滤所用设备费用较高，升高温度则是比较理想的终止酶解的方法。

一、蛋白酶

蛋白酶的选择是酶解工艺的关键，不同种类的酶活性不同其特异作用位点也不同，酶活力定义为在 40 ℃、pH 值 7.5 时，1 min 水解酪蛋白产生 1 μg 酪氨酸所需酶量为 1 个蛋白活力单位（U）。目前商业化蛋白酶主要来源于植物、动物和微生物。动物来源的蛋白酶有胃蛋白酶、胰蛋白酶和胰凝乳蛋白酶等，该类蛋白酶的专一性较强，如胰蛋白酶能专一性地酶切赖氨酸和精氨酸结合的肽键，胰凝乳蛋白酶能水解酪氨酸、苯丙氨酸和色氨酸残基的肽键。有许多报道用动物来源的蛋白酶制备活性肽，但由于来源有限和提取技术要求较高，从而导致价格较昂贵。植物来源的蛋白酶有木瓜蛋白酶、菠萝蛋白酶、无花果蛋白酶等。该类蛋白酶普遍存在专一性不强、作用位点较多，酶解效率低等问题，但其来源丰富且价格便宜，所以在生产中被广泛使用。杨萍等用木瓜蛋白酶分别水解青鳞鱼蛋白、乌鸡蛋白，取得了较好的效果。微生物来源的蛋白酶有细菌性蛋白酶（碱性蛋白酶、中性蛋白酶、酸性蛋白酶等）和霉菌性蛋白酶（毛霉蛋白酶、栖土曲霉、黑曲霉等）等。其中细菌性来源的蛋白酶很多都已经商品化生产和销售了，如丹麦 Novo 公司生产的碱性蛋白酶 Alcalase、复合蛋白酶 Protamex、中性蛋白酶 Neutrase 等。随着产酶技术日趋成熟，微生物蛋白酶价格逐渐降低，而且来源广泛，是比较理想的酶源。

1. 木瓜蛋白酶

木瓜蛋白酶是一种低特异性蛋白水解酶，分子量为 23 406，由一种单肽链组成，含有 212 个氨基酸残基。广泛存在于番木瓜的根、茎、叶和果实内，其中再未成熟的乳汁中含量最丰富。其活性中心含半胱氨酸，属于巯基蛋白酶，它具有酶活高、热稳定性好、天然卫生安全等特点，因此在食品、医药、饲料、日化、皮革及纺织等行业得到广泛应用。

木瓜蛋白酶是一种在酸性、中性、碱性环境下均能分解蛋白质的蛋白酶。它的外观为白色至浅黄色的粉末，微有吸湿性；木瓜蛋白酶溶于水和甘油，水溶液为无色或淡黄色，有时呈乳白色；几乎不溶于乙醇、氯仿和乙醚等有机溶剂。木瓜蛋白酶是一种含巯基（-SH）肽链内切酶，具有蛋白酶和酯酶的活性，有较广泛的特异性，对动植物蛋白、多肽、酯、酰胺等有较强的水解能力，但几乎不能分解蛋白胨。木瓜蛋白酶的最适合 pH 值 6~7（一般 3~9.5 皆可），在中性或偏酸性时亦有作用，等电点（pI）为 8.75；木瓜蛋白酶的最适合温度 55~65 ℃（一般 10~85 ℃皆可），耐热性强，在 90 ℃时也不会完全失活；受氧化剂抑制，还原性物质激活。

木瓜蛋白酶的剪切肽键的机制包括：在 His-159 作用下 Cys-25 去质子化，而 Asn-158 能够帮助 His-159 的咪唑环的摆放，使得去质子化可以发生；然后 Cys-25 亲核攻击肽主链上的羰基碳，并与之共价连接形成酰基-酶中间体；接着酶与一个水分子作用，发生去酰基化，并释放肽链的羰基末端。

2. 中性蛋白酶

中性蛋白酶是由枯草芽孢杆菌经发酵提取而得的，属于一种内切酶，可用于各种蛋白质水解处理。在一定温度、pH值下，该产品能将大分子蛋白质水解为氨基酸等产物。可广泛应用于动植物蛋白的水解，制取生产高级调味品和食品营养强化剂的 HAP 和 HVP，此外还可用于皮革脱毛、软化、羊毛丝绸脱胶等加工。最适温度 45~50 ℃，最适 pH 值 5.5~8.5，分子量 35~40 kDa。商品中性蛋白酶的酶活分别为 10 万 U/g、20 万 U/g、30 万 U/g。

3. 碱性蛋白酶

碱性蛋白酶的主要来源为微生物提取，研究和应用较多的主要是芽孢杆菌，以枯草杆菌最多，也有少量其他菌种，比如链霉菌。天然菌种的生产能力和所含的酶活性、稳定性往往达不到工业生产的需求，需要对菌种进行筛选改进，常用的方法有诱变、基因工程、蛋白质工程、孢子热处理等。主要目标是提高酶的活性、稳定性（耐温耐碱）、抗氧化、抗螯合性能。碱性蛋白酶，又称丝氨酸蛋白酶。常见的有两种：一种是 Novo 蛋白酶，另一种是 Carsberg 蛋白酶，两者的性质和构造相近，分别含 275 个和 274 个氨基酸残基，由一条多肽链构成。在 pH 值 6~10 下稳定，低于 6 或大于 11 时很快失活。其活性中心含丝氨酸，故称丝氨酸蛋白酶。它不但能水解肽键，还具有水解酰胺键、酯键以及转酯和转肽的功能。由于酶的专一性，它只能对蛋白质水解，不能作用于淀粉、脂肪等物质。

其应用主要围绕其水解蛋白质肽键的功能展开，在生产生活中，有几个主要的需求：使复杂的大分子蛋白质结构变成简单的小分子肽链或者氨基酸，从而变得易于吸收或洗去，比如食品、洗涤剂、饲料、肥料、农药等领域；部分破坏蛋白质结构，使物质组分之间实现分离，这在皮革、丝绸等含蛋白质丰富的材料加工时十分有效。促进环境污染物降解，用于环保领域；蛋白酶既能催化水解反应，也能催化其逆反应，而且具备高度的活性和专一性，非常适合医药工业对某些特定分子的生产需求。

4. 胃蛋白酶

胃中唯一的一种蛋白水解酶，由胃腺主细胞分泌的一种分子量为 35 000 的消化酶。其最适 pH 值为 1.5~2.0。胃蛋白酶作用的主要部位是芳香族氨基酸或酸性氨基酸的氨基所组成的肽键。此酶由胃腺的主细胞合成，以酶原颗粒形式分泌，经胃液中盐酸激活后，具有消化蛋白质的能力，可将蛋白质分解为肽，而且一部分被分解为酪氨酸、苯丙氨酸等氨基酸。药用胃蛋白酶，可以从猪、牛羊胃中提取。在中性或碱性 pH 值的溶液中，胃蛋白酶会发生解链而丧失活性，其活性还能够被天冬氨酸蛋白酶抑制剂所抑制。

胃蛋白酶在对蛋白或多肽进行剪切时，具有一定的氨基酸序列特异性。例如，它倾向于剪切氨基端或羧基端为芳香族氨基酸（如苯丙氨酸、色氨酸和酪氨酸）或亮氨酸的肽键；而如果往某一肽键氨基端数第三个氨基酸为碱性氨基酸（如赖氨酸、精氨酸和组氨酸）或者该肽键的氨基端为精氨酸时，则不能有效地对此肽键进行剪切。这种剪切特异性在 pH 值为 1.3 时表现得更为明显：只倾向于剪切氨基端为苯丙氨酸或亮氨酸的肽键。

5. 胰蛋白酶

胰蛋白酶是从牛、猪、羊的胰脏提取、纯化获得的结晶，再制成的冻干制剂。易溶于水，不溶于三氯甲烷、乙醇、乙醚等有机溶剂。在 pH 值 1.8 时，短时间煮沸几乎不失活；在碱溶液中加热则变性沉淀，Ca^{2+} 有保护和激活作用，胰蛋白酶的等电点为 10.1。牛胰蛋白酶原有 229 个氨基酸组成，含 6 对二硫键。

胰蛋白酶专一作用有碱性氨基酸精氨酸及赖氨酸羧基所组成的肽键。酶本身很容易自溶，由原先的 β-胰蛋白酶转化为 α-胰蛋白酶，再进一步降解为拟胰蛋白酶，乃至碎片，活力也逐步下降而丧失。分子量 24 000，pH 值 10.5，最适 pH 值 7.8~8.5。pH 值大于 9.0 会发生不可逆失活。Ca^{2+} 对酶活性有稳定作用；重金属离子、有机磷化合物、DFP、天然胰蛋白酶抑制剂对其活性有强烈的抑制。

二、pH 值与温度

酶水解是一个复杂的过程，酶的特异性并不是影响水解的唯一因素，但温度和 pH 值等环境因素在水解蛋白的过程中起着重要的作用，温度和 pH 值通过影响酶的活性从而影响酶促反应的进程。常用的商业酶是从微生物中提取的碱性蛋白酶、中性蛋白酶和风味蛋白酶，被广泛用于水解植物来源的蛋白质、动物源和鱼类副产品，但是其水解度都很低。例如，水解鱼内脏时，水解率只有 7%。使用碱性蛋白酶在水解大麻种子时最高的水解率为 40%，而使用风味蛋白酶的只有 10%。碱性蛋白酶和风味蛋白酶水解微藻破碎后的悬浊液，控制碱性蛋白酶的最适条件 pH 值为 8 和温度 50 ℃，控制风味蛋白酶的最适条件 pH 值为 7 和温度 50 ℃，最终获得 59% 的氨基酸回收率。如何提高酶解法回收氨基酸的得率和得到相对稳定的氨基酸组分需要进一步研究。

酶作为一种特殊的蛋白质，其催化反应能力与环境中 pH 值密切相关。由于 pH 值能影响酶分子构象的稳定性和离解状态，直接影响酶活力的大小。如过酸、过碱可使酶空间构象改变，使酶失活。pH 值高于或低于最适 pH 值，酶分子的活力也会降低，对酶促反应产生不利影响。有人用胰蛋白酶酶解大豆蛋白，在弱酸及中性环境下，酶解后水解度提高值随着 pH 值增大而逐渐增大。当 pH 值增大到 8 时，水解度增加到最大值，后随着 pH 值增大又呈现下降趋势，所以酶解工艺尽量考虑酶的最适 pH 值。较高或较低的温度都不利于酶解的进行，在一定温度范围内，随着温度的升高，体系内分子运动的激烈程度加剧，再加上底物溶解性增高，黏度降低，酶与底物之间的接触机会增多，因此酶解反应的速度加快。然而当反应温度超过某一限度时，酶本身的蛋白质结构热能不断增大，这就使得整个酶的三维结构不稳定，因此不利于酶解的进行，60 ℃是胰蛋白酶水解豆粕发酵液较合适的温度，超过这个温度，酶活性降低，甚至失活。

三、底物浓度与酶底比

随着底物浓度的增大，对酶解反应过程和产物水解度是不利的。这可能是由于水解液的黏度随底物浓度增加，反应体系中的有效水分浓度过低，从而阻碍了底物和酶的扩散与结合，导致了酶解反应速率降低，不利于小分子肽段的生成。在工业化生产中，如果原料豆粕浓度过低，则必须通过反复生产来增大产品得率，这样将会浪费资源、增加成本。因此水解底物浓度的选择应该结合研究与实际生产，既要获得高水解度，也要进行最大浓度的底物添加。所以要确定合适的酶底比，即酶和底物的添加比例，底物一定，其水解液随着蛋白酶的添加量有较大的变化。在底物浓度一定的情况下，加酶量未使底物浓度饱和时，则加酶量越大对蛋白肽链的酶切作用越强，因此生成更多的短肽，水解度大。当加酶量增加到一定值时，由于底物可供酶解位点有限，溶液中的酶全部将底物饱和后，即使再增加蛋白酶的用量，对水解度的提高变化不大。另外酶本身也是蛋白质，还可能自身相互水解，酶量大不仅会干扰酶解物的组成，还将造成资源浪费、成本增加。

第三节　蛋白酶解产物及多肽的功能特性

酶解法能改善蛋白质的功能性质，功能性质是蛋白水解物的重要性质，蛋白的酶解，产生了氨基酸、二肽、三肽和低聚肽的混合物，增加了极性基团的数量和水解物的溶解度，从而改善了蛋白质的功能性质和生物利用性。底物和所用蛋白酶的选择以及蛋白的水解程度，都影响水解产物的物化性质。蛋白酶的专一性对肽的功能性质十分重要，因为它强烈影响水解物的分子大小和疏水性。这样，取决于所用酶的种类，所得到的肽的分子特征不同，水解物的表面能也不同，而这些变化关系到混合物的功能性质。酶的专一性越窄，产生的肽越大，反之，专一性越宽，产生的肽越小。

蛋白质的功能性质取决于蛋白质的分子组成和结构特征，同时受外界环境因素（如温度、压力、pH 值、盐浓度等）的影响，此外蛋白质和其他成分（如脂类、糖类、风味物质等）的相互作用及加工、贮藏条件等因素都会引起蛋白质功能性质的改变。溶解度可能是蛋白质与蛋白水解物最为重要的功能性质。许多其他功能性质，如乳化性和起泡性，都受溶解性的影响，因此它是衡量其功能性质及潜在应用性的良好指标。疏水和离子相互作用是影响蛋白质溶解特性的主要因素，疏水相互作用促进蛋白质—蛋白质的相互作用并导致溶解度的下降；而离子相互作用促进蛋白质—水的相互作用，从而引起溶解度的增加。肽链和蛋白质表面的离子型基团，造成蛋白质分子之间的静电排斥以及环绕离子基团的水化层之间的排斥，两者是蛋白质溶解度增加的主要原因。蛋白质和蛋白质水解物的溶解度一般可用氮溶解度指标来度量。NSI 的测定方法如下：将蛋白质水解物试样悬浮在一定量水中，搅拌并离心该混合物。取上清液用凯氏定氮法测定其氮含量，计算试样中可溶性氮对总氮的百分比，即为 NSI。

一、溶解性

粗蛋白在较宽 pH 值范围时在水中的溶解度较低，影响了其应用。酶解是增加这些蛋白质溶解度的重要方法。用胰蛋白酶水解鲢鱼蛋白，酶水解明显提高其溶解性，并且 pH 值对溶解度有较大的影响，在 pH 值 4 左右有最低值，随 pH 值增减，溶解度增大。酶水解使蛋白质分子断裂为较小的肽链单元，在此过程中暴露的离子化的氨基和羧基，增加了水解物的亲水性。由于一个肽键断裂时，形成两个新的氨基和羧基端基，蛋白质水解产生的多肽越小，水解物具有的极性基团就越多，与海洋生物资源综合利用生成氢键的能力就增加。与完整的蛋白质相比，其溶解度增加。另外，水与 Na$^+$、Cl$^-$ 等简单离子之间的离子—偶极相互作用对于生物大分子上的极性或荷电基团与水的相互作用也是重要的。生物大分子具有很好溶解在合适的 NaCl 溶液中的倾向。溶解度增加的部分原因是蛋白质的羧基形成钠盐（-COONa）。水解可以增加蛋白质的溶解性，更高的溶解度意味着水溶性更好，更加便于在功能性水溶肥料中应用。但需注意不能水解过度，非常高的水解虽能造成高的溶解性，但对其他功能性质却有很大的负面效应。为了保持或改善功能性质，通常需要合适的水解度。

鱼蛋白水解物的溶解度与所用的酶有关。用碱性、中性和酸性多种蛋白酶对脱脂远东拟沙丁鱼粉进行酶水解，发现碱性蛋白酶与中性或酸性酶比较，能产生较高溶解度的蛋白水解物。尽管胃蛋白酶与所有碱性蛋白酶比较，它水解的鱼蛋白溶解度较低，但一般认为它仍然是使鱼蛋白可溶化最佳的酶，此外，也有人研究了从鱼蛋白制得的水解物的性质，其结论是：碱性蛋白酶和木瓜蛋白酶，在最适 pH 值、温度下都能获得高溶解度的水解物。用碱性蛋白酶酶解的水解物，在较高水解度时，显示高分子量组分减少，而溶解度增加。在用蛋白酶水解鱼蛋白时，发现在水解 3 h 后，水解度 15% 时水解物具有良好的溶解度。蛋白质在接近其等电点时溶解度是非常小的，而多肽在宽范围 pH 值具有高度溶解的特性，更加利于在农业中的应用。深度水解的可溶性蛋白水解产物是微生物生长的优良氮源，由于它含有大量游离氨基酸及低分子量多肽，有助于提高土壤的微生物活性，改善土壤微生物的结构。

二、持水性

持水性是指在吸收水分并对抗重力而持有的能力，持水能力与水结合能力呈正相关。多肽具有良好的持水性，在食品行业具有重要作用，在食品配方中添加一些鱼蛋白水解物，能够减少食物中的水分损失。该特性在农业中也具有巨大的应用价值，有机质对土壤持水性的研究较多，且推广应用广泛，有机物含量增加可增加植物所需的水资源。一些蛋白质酶解产物及多肽本身具有良好的持水性，对干旱或沙化土壤的改良具有积极意义。

三、抗氧化性

多肽类物质具有明显的抗氧化性，而这可能是由于蛋白质水解产物的螯合作用所致。沙丁鱼肌原纤维蛋白的水解物呈现抗氧化活性，更重要的是，水解物与多种商品抗氧化剂有协同作用。蛋白水解物的抗氧化性与氨基酸组成和分子大小密切相关。研究证明生物分子的氧化作用是自由基引发并参与的过程，它对农作物带来许多不良影响。在氧化代谢过程中生成的有害自由基与作物生物胁迫或非生物胁迫的发生有关。有研究报道了通过酶解大豆蛋白得到的肽类，对脂质氧化具有强的抗氧化作用。探索和研究天然来源多肽的抗氧化性质，具有重要的意义并受到人们的关注。

四、抑菌性

一些多肽具有良好的抑菌特性因而被称为抗菌活性肽，它通常与抗生素肽和抗病毒肽联系在一起，包括环形肽、糖肽和脂肽，如短杆菌肽、杆菌肽、多粘菌素、乳酸杀菌素、枯草菌素和乳酸链球菌肽等。抗菌肽热稳定性较好，具有很强的抑菌效果。除微生物、动植物可产生内源抗菌肽外，食物蛋白经酶解也可得到有效的抗菌肽，如从乳铁蛋白中获得的抗菌肽。乳铁蛋白是一种结合铁的糖蛋白，作为一种原型蛋白，被认为是宿主抗细菌感染的一种很重要的防卫机制。研究人员利用胃蛋白酶分裂乳铁蛋白，提纯出了三种抗菌肽，它们可作用于大肠杆菌，均呈阳离子形式。这些生物活性肽接触病原菌后 30 min 见效，是良好的抗生素替代品，有利于减少农药的用量。

五、表面活性

蛋白酶解产物的乳化性质直接与它们的表面性质相联系，降低疏水成分与亲水成分之间的界面张力的能力。蛋白水解物吸附到刚形成的油滴表面，并形成一个保护膜阻止油滴相互聚集。蛋白水解物由于兼有亲水和疏水活性基团，并且是水溶性的，因此是表面活性的，能促进水包油的乳化作用。蛋白水解物将疏水基团在非极性的油相周围作环绕排列，而极性的链节向水相延伸。理想的表面活性蛋白或蛋白水解物应具有以下特征：① 能快速吸附于界面；② 能在界面上迅速解开分子链并重新取向；③ 一旦处于界面就和相邻分子形成一牢固黏结的、黏弹性强的膜，它能阻挡热和机械的作用。功能活性物质是水溶肥中的重要添加物，是保证功能性水溶肥的关键。但一些活性物质的疏水性影响其应用，添加一些多肽物质作为表面活性物质，一方面利于肥料剂型的加工，另一方面作为有机活性成分能够增加液体水溶肥的功能特性。

要提高水解蛋白的乳化性质，必须小心控制水解程度，过度水解会导致乳化性质的剧烈丧失。鱼蛋白水解物的乳化容量随水解度的变化而变化，当水解度为44.7%时，其乳化容量较水解前提高了42.3%，但当水解度继续增加时，乳化能力急剧下降。尽管小肽高度稳定并能迅速扩散和吸附在界面上，但由于它们不能像分子量较高的蛋白质那样解开肽链和在界面上重新定向，故而缺乏降低界面张力的能力。由于迅速迁移和吸附在界面上是很关键的，因此在乳化中溶解度似乎起了重要的作用。但是，这并不意味需要完全溶解，仅在一定范围内，溶解度与乳化性具有相关性。蛋白酶的专一性对蛋白水解物的乳化性也起到关键的作用，因为这强烈影响所产生的肽的分子大小和疏水性。欲得良好乳化性的水解物，必须谨慎选择所用的酶，并控制较低的水解度。

第四节　粗蛋白酶解工艺实例

一、鱼蛋白酶解工艺

酶水解被用于多种食物蛋白，它们来自牲畜、禽类、牛乳和植物，也来自鱼和其他水产品。大量未被充分利用的鱼类，一般被用作饲料，甚至肥料。应用鱼蛋白酶水解的方法，有可能将它们转变为可增值利用资源的蛋白制品。近年来，水产动物蛋白的酶水解被用于水产加工废弃物的利用。在许多场合下，为适应环境保护的要求，加工废弃物不准随便丢弃于海洋中，而丢弃前的处理成本很高。以加工鱼片为例，残留的废弃物，如果包括内脏，可达原料鱼重量的64%左右，蛋白质含量为10%。采用适当的酶水解工艺，对这些蛋白质进行回收利用是完全可能的。关于水产加工废弃物利用酶水解回收蛋白质的问题，近年实验室的研究较多，例如研究太平洋牙鳕废弃物的蛋白水解物的生产及其组成、无须鳕和鲨鱼内脏的酶水解、螯虾加工副产物的酶水解等。

目前鱼蛋白的酶解工艺见图5-2。

图5-2　鱼蛋白水解工艺

（一）底物的制备

可选择少脂的鱼类或来自少脂鱼的原料作为酶水解的底物，这样可减少因脂类氧化引起的问题。而从经济的角度，优先考虑的是资源丰富、未很好地开发利用的中上层鱼，它们占了世界总捕获量的23%，其中仅42%用于人类食物。对于含有大量油脂的鱼类废弃物，因此需要附加的处理，例如离心分离，以除去多余的脂肪。如果用整鱼为原料，去内脏、洗净，一般加等量水，用绞肉机绞碎，然后匀浆成黏稠的均匀混合物。有时也加缓冲液（如磷酸缓冲液、硼酸缓冲液）到磨碎的鱼肉中去，但缓冲盐的存在会影响最终水解物的性质。如果水解产物含有多于1%的脂肪，需用溶剂脱脂法脱去脂肪，沙丁鱼碎鱼肉可用异丙醇脱脂，鲱鱼碎鱼肉直接用90%乙醇脱脂，或加入抗氧化剂，如丁羟基甲苯、丁羟基茴香醚或槚酸丙酯等防止氧化。脂肪含量高的鱼蛋白水解物色泽会变暗。这是由于脂类氧化产生的羰基与蛋白质中的碱性基团发生缩合反应，形成褐色色素所致。

（二）酶解

1. 自溶水解

鱼蛋白可以利用自溶过程进行。自溶过程取决于鱼自身的消化酶的作用。此法无需酶的成本，操作也简单。自溶水解的最终产物，一般是相当黏稠的液体，富含游离氨基酸和小肽。涉及水解的消化酶主要是胰蛋白酶、胰凝乳蛋白酶以及胃蛋白酶，都是鱼类内脏和消化道主要的酶。存在于鱼类肌肉细胞中的溶酶体蛋白酶，或者组织蛋白酶也对酶水解起一定的作用。

2. 加酶水解

利用外加酶水解食物蛋白是对蛋白质进行改性的重要方法。它可以改善天然蛋白质的物理化学性质、功能性质以及感官性质，不但不会危及其营养价值，并会提高其吸收性。这种酶解过程在温和的条件下进行，不会发生酸、碱水解中观察到的外消旋反应。

现有的多种商品酶被成功地用于鱼蛋白及其他食物蛋白的水解。源自植物及微生物的蛋白酶最适于鱼蛋白水解物的制造。植物蛋白酶有无花果蛋白酶、木瓜蛋白酶等，但其活性相对微生物蛋白酶低。使用酸性蛋白酶的好处是更容易限制微生物的繁殖，但所得产物的蛋白得率较低，易水解过度。因此，近年应用更多的是在中性和微碱性下的较温和的酶。碱性蛋白酶被认为是鱼蛋白以及其他蛋白水解物的最好的酶。该酶的优点是：蛋白质回收率高、水解产物脂类含量低、功能性优良。有人分别用碱性蛋白酶和中性蛋白酶分别在各自的最适条件下对鱼蛋白进行水解。结果表明碱性蛋白酶的活性较中性蛋白酶高，水解效率更高。

（三）灭酶

当水解度达到所希望的数值后，必须终止酶反应。这是非常重要的，否则反应体系中的酶仍保持其活性，并进一步水解蛋白质和多肽。失活可以用化学的方法，也可通过加热使之失活。通常将水解物和酶的浆状物移入水浴中，在 75~100 ℃ 的温度范围，加热 5~30 min，加热条件取决于酶的类型。例如，木瓜蛋白酶是非常耐热的，需要在 90 ℃ 以上加热 30 min 才能使之充分失活。用加热方法使酶失活，虽然简便，但也有不利的一面，因加热可能引起水解产物的热变性。

化学失活，可通过将酶水解反应物的 pH 值调高或调低，使酶失活。有些酶对 pH 值的改变要比温度的改变更为敏感。碱性蛋白酶是热稳定性较好的酶，但对酸性 pH 值却非常敏感。因此将 pH 值降低到 4.0 可使它完全失活。将水解反应物的 pH 值调节到中性能使木瓜蛋白酶以及其他大部分酸性蛋白酶失活。过高过低的 pH 值和提高温度一样，对蛋白质和肽有不利的方面。许多蛋白质在 pH 值小于 5 或大于 10 时发生蛋白链的解开。应该谨慎选择失活的方法，要考虑研究所用的酶，是对热还是对 pH 值较敏感。在一定条件下，也可采用提高温度与降低 pH 值相结合的方法。

（四）离心过滤与干燥

通常将水解物浆液进行离心，形成几个组分：底部是淤渣，中部是水溶液层，脂类−蛋白质组分在水溶液层与淤渣之间，顶部是水溶液/油层和清的油层。经过简单的离心，可除去大部分的脂类。将覆盖在水溶液表层的油层除去，便可收集可溶的部分。对鱼蛋白水解物而言，清除水解物中的油脂是至关重要的，以防止贮藏过程中脂类组分的变化。实际上，为了从脂类及不溶性固体分离可溶性蛋白质，往往需要多次离心。除了离心法以外，尚有其他分离方法。例如采用抽滤的方法以及将水解浆液过 2 mm 筛孔的滤网等。

在工业生产中，最终得到的可溶部分，一般通过喷雾干燥转变为粉末状的水解物。可溶部分的喷雾干燥是蛋白水解物生产中最耗能、成本最高的工艺步骤。在工业生产中，在考虑水解物得率的同时，要顾及为干燥产品时必须除去的水分的量，因水分越多，能耗越大。

（五）脱色或脱腥

在海洋动物蛋白酶解过程中，在蛋白质分解为肽和氨基酸的同时，会有大量色素物质生成，使水解液呈现深褐色，甚至黑褐色。另外，以水产动物蛋白作为原料的蛋白水解物往往带有鱼腥臭或其他不愉快滋味和气味。因此，在蛋白水解物的制备工艺中必须对水解液进行脱色、脱腥。可用活性炭、硅藻土等吸附剂对蛋白质水解液进行脱色，最常用的吸附剂是活性炭，近年也有应用吸附树脂进行脱色的。影响活性炭吸附效果的因素除了活性炭自身的吸附能力外，脱色时的pH值和温度对吸附效果也有影响。

二、大米蛋白酶解工艺

米糠一般含有蛋白质12%～18%，目前提取的方式主要有碱法和酶法。早在1966年有人利用碱法提取出米糠蛋白。碱法提取虽然简单，但对产物有较大影响，高浓度的碱会产生有毒物质，引起养分的损失。酶法提取的条件较为温和，对蛋白质的影响小，降解后的多肽具有一定的生理活性，能够提高蛋白质的溶解性。

用于提取米糠蛋白的酶主要有蛋白酶、糖酶和植酸酶等。它们的作用机理主要是将米糠蛋白分子降解为可溶性的肽分子，或将其从半纤维素、植酸等形成的复合物中解聚后抽提出来，从而提高蛋白的溶解性。酶解提取米糠蛋白的工艺如图5-3所示。酶解提取条件温和，蛋白质多肽链可水解为短肽链，同时其反应的液固比小，提高了提取液中的固形物的含量，从而降低了除去提取液水分的能耗。

考察不同的蛋白酶后，采用中性蛋白酶，最佳工艺为米糠与水料液比1∶8，酶添加量3%，酶解温度45%，酶解时间3 h。米糠脱脂后采用碱性蛋白酶酶解提取条件为：温度60 ℃，时间2 h，pH值为9.5，酶添加量为2.5%，提取率可达到80%。采用戊聚糖酶和复合蛋白酶相结合提取米糠蛋白的最佳条件为：戊聚糖酶用量3%，pH值5.0，控制温度40 ℃，时间为3 h；复合蛋白酶的添加量为2%，pH值为7.5，控制温度50 ℃，酶解时间为3 h，酶解提取率可达到82%。

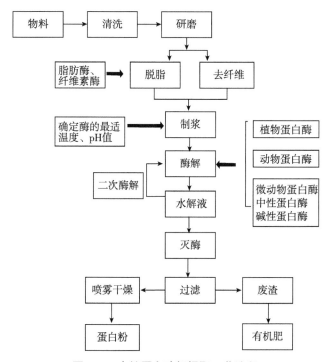

图 5-3　米糠蛋白酶解提取工艺流程

第六章 聚谷氨酸

聚合氨基酸是一种工艺合成的具有长链蛋白质性质的高分子多肽聚合物，是根据仿生学机理研制开发的环境友好型绿色活性高分子产品。其蛋白质长链上含有多种羧基、羟基等基团，施入土壤中具有改善土壤 pH 值等作用。长链周围游离的络合基团能够螯合肥料中的金属离子，与营养元素相结合，因此能有效富集营养元素，具有优良的缓释性能，能有效促进作物根系活力和生长发育，对增强作物抗逆性，提高其免疫力有重要作用。同时可减少肥料使用，有效改良土壤。

聚谷氨酸是一种可由微生物大量合成的且可生物降解的聚合氨基酸，聚谷氨酸具有良好的水溶性，同时由于氨基和羧基的存在，具有酸碱缓冲、吸附阳离子等的作用，由于其独特的物理化学性质而广泛应用于农业、食品、化妆品、环保等领域。

第一节 聚谷氨酸的特点

聚谷氨酸（Polyglutamate acid，γ-PGA），又称纳豆胶、多聚谷氨酸。γ-PGA 是由 L-谷氨酸（L-Glu）、D-谷氨酸（D-Glu）通过 γ-酰胺键结合形成的一种高分子氨基酸聚合物，其结构式如图 6-1。聚谷氨酸可由微生物大量合成，且微生物合成的 γ-PGA 是一种水溶性的可生物降解的生物高分子，通常由 5 000 个左右谷氨酸单体组成，相对分子质量一般在 10 万~100 万。作为一种高分子聚合物，γ-PGA 具有一些独特的物理、化学和生物学特性，在农业、食品、医药、化妆品、环保等领域具有广泛的应用前景。近十几年来，日本、韩国、德国、美国、加拿大等国家及中国台湾地区的学者在 γ-PGA 的合成与应用方面进行了很多研究并取得一定的成果。随着人们环保意识的加强，γ-PGA 的研究和应用受到世界各国学术界的关注。

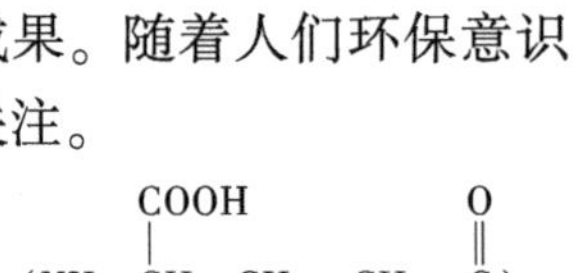

$$-(NH-CH-CH_2-CH_2-C)_n$$
$$\quad\ \ |\qquad\qquad\qquad\ \ \|$$
$$\text{COOH}\qquad\qquad\ \text{O}$$

图 6-1 聚谷氨酸结构式

γ-聚谷氨酸的脆点温度为 $T_b = -60\ ℃$，玻璃化温度为 $T_g = 54.82\ ℃$，熔点

$T_m = 223.5\ ℃$，分解温度 $T_d = 235.9\ ℃$，$pKa = 2.27$，与谷氨酸的 pKa 大体一致。

γ-聚谷氨酸具有极为良好的水溶性，但几乎不溶于有机溶剂。不同溶剂对其分子构象会产生较大影响，在不同的溶剂中聚谷氨酸具有不同的二级结构。在水作为溶剂的溶液中，γ-聚谷氨酸分子是无规则卷曲状态的，因此呈现良好的水溶性；在二甲基亚砜（DMSO）作为溶剂时则多形成以 α 螺旋结构；在甲酸作为溶剂时则多形成 β 片层结构。同时不同 pH 值和离子浓度也会对 γ-聚谷氨酸分子构象产生较大影响，当 pH 值过高或过低，以及离子浓度不同时，γ-PGA 的分子构象迥异，因此其水溶性也大大不同。当 pH 值或离子浓度较低时，γ-PGA 构象多呈现 α 螺旋结构；当 pH 值或离子浓度较高时，γ-PGA 构象多呈现 β 片层结构；而在中性溶液中则多呈现无规则的卷曲状。

聚谷氨酸中大量的游离羧基，提供了阳离子的结合基团，使其对金属离子如钾、钙、镁、铁等具有良好的吸附性。同时聚谷氨酸的氨基和羧基能够具有调节 pH 值的作用，酸性环境下聚谷氨酸的胺基和氢离子中和，使得 pH 值上升，碱性环境下聚谷氨酸的羧基和氢氧根离子中和使 pH 值下降。因此，聚谷氨酸可作为土壤调理剂使用，调节土壤 pH 值。

γ-聚谷氨酸具有可降解性。γ-聚谷氨酸的降解根据处理方式的不同分为生物手段降解法、物理处理降解法和化学反应降解法。物理处理方法主要是使用加热和超声波对其分子中的 γ 酰胺键进行破坏，从而达到降解的目的。化学反应方法主要是调节 pH，γ-PGA 对酸碱度非常敏感，较小的 pH 变化即可影响到其分子的构象，在 pH 值大幅变动时，易造成 γ 酰胺键断裂，使之发生不同程度的降解。生物降解主要指利用微生物或水解酶来对其进行降解。γ-PGA 是芽孢杆菌属微生物的次级代谢产物，因此大多数产生菌本身就具有分解 γ-PGA 的水解酶。

与其他聚氨基酸类聚合物一样，γ-聚谷氨酸具有良好的生物相容性，因此聚谷氨酸常作为药物载体和组织框架在医药学中进行应用。γ-聚谷氨酸原子上的羧基可以经过各种改造，得到众多副产物，并广泛应用于各行业。

第二节　聚谷氨酸的制备方法

聚谷氨酸的获取方法包括化学合成法、提取法、微生物发酵法和酶催化法。最早人们制备 γ-PGA 主要以提取法为主，主要从纳豆经纳豆杆菌发酵后的产品中提取获得。随着化工技术和生物技术的发展，合成法和发酵法逐步取代提取法而成为主流，然而微生物发酵技术较化学合成法应用范围更广，产品质量更佳。随着合成生物学技术和酶转化技术的发展，酶法逐渐有取代合成法的趋势，但距离大规模应用还需要一定的时间和进一步的研究。

一、提取法

20 世纪 90 年代之前生产的 γ-PGA 主要采用有机溶剂沉淀法，将纳豆或纳豆杆菌菌体破碎收集上清液后加入乙醇等使 γ-PGA 沉淀出来，进而进行下一步分离，但由于两种原料中的 γ-PGA 含量较低，且十分不稳定，所制得 γ-PGA 的产量较低且波动较大，而且需要大量有机溶剂，成本较高，不利于大规模工业化生产。

二、合成法

γ-PGA 化学合成法最早采用的是肽合成法，即将前体谷氨酸逐个连接或采用片段组合形成多肽，整个过程一般包括基团的保护、活化、偶联和脱保护等。化学合成法对 γ-PGA 结构和功能关系的了解、γ-PGA 合成酶反应机制的分析及 γ-PGA 实际应用修饰技术的发展等都具有一定指导意义。但该方法合成路线复杂、得到的 γ-PGA 分子量较小、副产物多、收率低且需要光电等有毒气体，故应用于工业生产的价值不大，因此该法现在很少有报道采用。

三、微生物发酵法

发酵法是目前主流生产 γ-PGA 的方法，与提取法和化学合成法相比，微生物发酵法周期短、反应条件温和、所得 γ-PGA 分子量较高且产量适中，是目前 γ-PGA 制备研究的重点。

（一）聚谷氨酸产生菌

γ-PGA 是迄今发现的少数几个可利用生物聚合得到的聚氨基酸之一，最早从炭疽芽孢杆菌的荚膜中发现的（Ivanovics，1937），随后又有研究发现有些芽孢杆菌属细菌能在发酵培养基中蓄积 γ-PGA（Nagai，1997）。

根据细胞生长的营养要求是否需要 L-谷氨酸，可以把 γ-PGA 产生菌分为两大类：一类是 L-Glu 依赖型，这类菌种主要有 *B. anthracis*、*B. subtilis* MR-141、*B. licheniformis* ATCC9945、*B. licheniformis* ATCC9945a、*B. subtilis* IFO3335、*B. subtilis* F-2-01 和从温泉中筛选出的 *B. thrmotolerant* WD90. KT12. KF. 41 等（luo，2016）；一类是非 L-Glu 依赖型，如 *B. subtilis* 5E、*B. subtilis* var. *polyglutamicum*、*B. licheni-formis* A35、*B. subtilis* TAM-4 等。对于谷氨酸依赖型菌株，只有在培养基中添加谷氨酸前体，才能生产 γ-PGA；而谷氨酸非依赖型菌株则不需要向培养基中添加或只需添加少量谷氨酸就可以发酵生成 γ-PGA，这类菌能够以葡萄糖等碳源为原料合成谷氨酸，最终合成 γ-PGA。目前的研究发现，

谷氨酸依赖型菌株的 γ-PGA 产量明显高于非谷氨酸依赖菌株。

（二）发酵方式的选择

微生物发酵方式与其发酵水平密切关联。PGA 的微生物发酵法主要分为液态发酵和固态发酵两种方式。其中，液态发酵法方法简单，易于操作，且发酵过程可调控，使培养条件一直维持最优水平，在实验室中广泛应用。但随着液态发酵的持续进行，代谢产物的积累，发酵液的黏度越来越高，通风问题与搅拌问题成为液态深层发酵的主要阻碍。另外，发酵量的扩增使得解决上述问题的难度会几何倍数的增大，限制了液态发酵工业化大规模生产。相对而言，固态发酵具有一定的优势。该法生产 γ-PGA 基质来源广泛，创新地使用新的生产基质提高了产品的附加值。另外，固体发酵基质的洗脱液较液体发酵液成分简单，分离成本相对较低。因此，固态发酵替代深层液态发酵进行生产，不仅提高产品的生产效率，而且可以高附加值利用废弃资源，降低生产成本，经济效益显著增加。发酵条件对 γ-PGA 生成的影响主要有以下几种。

1. 碳氮源

碳源作为微生物生长所必需的营养物质之一，在微生物的生长发育过程中起着重要作用，它是微生物用来构建菌体和代谢产物碳骨架以及为生命体提供能量的碳素营养。在微生物发酵生产 γ-PGA 的过程中，常用的碳源有甘油、果糖、乳糖、半乳糖、葡萄糖、蔗糖、麦芽糖以及淀粉等，其中不同的菌株所需的碳源不同，甚至利用同一碳源的不同菌株对这一碳源的所需量也有所不同，即体现了不同菌株之间的差异。氮源作为微生物生长繁殖过程中必不可少的成分，能够为细胞生命活动提供氮素营养。一般来说，微生物可利用的氮源分为有机氮源和无机氮源两类，有机氮源有牛肉膏、酪蛋白胨、麦芽提取物、酵母浸膏等，无机氮源有尿素、NH_4Cl、NH_4NO_3、$(NH_4)_2SO_4$ 等，而不同微生物菌株对这两类氮源的利用能力不同。

2. 金属离子

金属离子对微生物的生长发育过程同样起着举足轻重的作用，因为金属离子是微生物细胞的构成成分，同时也是微生物体内酶的组成成分，有着维持机体渗透压、增强机体代谢过程以及调节细胞生命活动等作用。而在微生物发酵生产 γ-PGA 的过程中，对 γ-PGA 产量有影响作用的主要有 K^+、Mg^{2+}、Na^+、Mn^{2+} 等金属离子。

3. pH 值

pH 值对微生物生长发育的影响主要体现在它能引起细胞膜电荷的变化以及改变营养物质离子化的程度，进而影响到微生物对营养物质的利用程度。同时pH 值对微生物体内的一些生物活性物质也有影响，如不同 pH 值条件下酶的活性不同。此外，pH 值还能改变 γ-PGA 的高级结构，酸性条件下，γ-PGA 呈现出 α-螺旋构型，中性偏弱碱性条件下呈现 β-片层结构，强碱性条件下呈现出伸展状态。一般来说，γ-PGA 生产菌株的最适 pH 值在 7.0 左右。

4. 温度

温度可以调控微生物的生长繁殖，它通过影响微生物细胞内的生物大分子如蛋白质和酶来调控微生物的生命活动。且不同的微生物生长的温度范围不同，但是每种微生物都有一个最适的生长温度，即微生物生长速度达到最快时的温度。所以，为了提高微生物发酵合成 γ-PGA 的产量，应该找到每种 γ-PGA 生产菌株的最适温度。有研究发现，*B. licheniformis* NCIM2324 最适温度为 37 ℃；*B. amyloliquefaciens* LL3 也是在 37 ℃的条件下发酵生产 γ-PGA 的效果最好（赵晓行，2017）。当然并不是所有 γ-PGA 生产菌株的最适温度都为 37 ℃。韩文静等（2019）利用味精副产品发酵产 γ-PGA，通过产酸率高低调控最优发酵条件，pH 值为 7.0，发酵温度在 32℃，γ-PGA 产量最高达到 57.8 g/L。

5. 溶解氧

微生物发酵生产 γ-PGA 一般都是在有氧条件下进行的，氧气是微生物发酵生产 γ-PGA 的必需条件之一。通常，氧气可以影响微生物细胞的生物合成和能量代谢过程，所以在微生物发酵生产 γ-PGA 的过程，对溶氧调控得当与否关系着 γ-PGA 的产量是否能够提高。这是因为在微生物发酵生产 γ-PGA 的后期，由于产物 γ-PGA 的积累造成发酵液黏度增加，从而使氧传质系数下降，造成氧抑制、溶氧不足。目前关于优化溶氧条件的研究有很多。如采用分批发酵的方式，即在发酵生产 γ-PGA 的过程中，采用阶段转换搅拌转速的方法：在发酵开始前 24 h 内，把发酵罐的转速调整为 600 r/min，而 24 h 后调整为 400 r/min，相较于之前的不转变转速（保持 400 r/min）这种实验方式，该方法在细胞生长的前 24 h 内明显增加了发酵液中的氧气含量。Xu 等研究出一种通过在发酵液中添加氧载体（如正庚烷等）来提高氧传质系数的方法，使得 γ-PGA 的产量提高到（39.4±0.19）g/L。

（三）提取方法

通过微生物发酵得到高黏度的发酵液，可用有机溶剂沉淀法、化学沉淀法和膜分离沉淀法获得 γ-聚谷氨酸。这些下游提取技术可以说是相当成熟的。

1. 有机溶剂法和化学沉淀法

有机溶剂沉淀法，一般采用有机溶剂（甲醇或乙醇）沉淀后，通过离心、干燥得到纯品，步骤如图 6-2 所示。化学沉淀法一般选用硫酸铜溶液。

γ-PGA 冷冻干燥的步骤：取高黏度发酵液快速冷冻至-35 ℃，维持 15 h。-20 ℃时减压升华，真空度为 20 Pa，升至 0 ℃，维持 2 h。真空度为 10 Pa，维

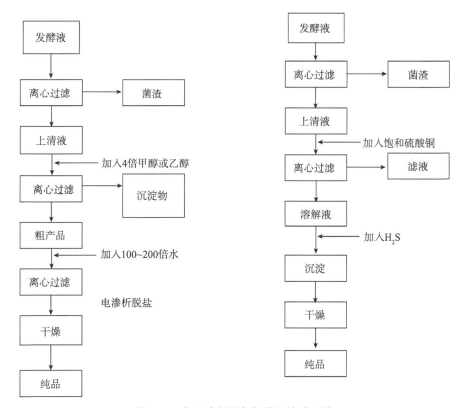

图 6-2 有机溶剂法与化学沉淀法工艺

持 1 h，继续升温至 35 ℃，真空干燥 10 Pa，得白色固体 γ-PGA 可达到 68 g。所得的 γ-PGA 产品经分子量测定表明与水解液的分子量分布相同，在 2 万～5 万。

γ-PGA 是吸湿性极强的高分子材料，需在低温干燥下保存以防吸水降解，人们通过研究发现在碱性条件下相对稳定，因此在实际工作中制备成钠盐有利于稳定保存。

2. 膜分离沉淀法

为了节省有机溶剂如乙醇的用量，Do J H（2001）发明了一种有效的手段从高黏性的培养液中分离和提取多聚谷氨酸的方法，这种方法分为两步：第一步是从高黏性的培养液中分离多聚谷氨酸，第二步是通过超滤的办法浓缩溶液，这样可以减少沉降过程酒精的用量。在 35 ℃ 的条件下进行酸化，调节培养液 pH 值至 3，培养液酸化后离心分离。酸化后分离 γ-PGA 的能量消耗比不酸化时下降 17%。然后用中空纤维膜圆柱（MWCO 500 000）在 pH 值＝5 时把 γ-PGA 从 20 g/L 浓缩到 60 g/L，酒精用量只有原来的 1/4。国内有人选用截留分子量为

10 000 的有机膜，取超滤压力为 0.06 MPa 进行膜过滤，采取了反复循环利用的方法取得了较好的提取效果。但却存在着超滤时间短、膜空易堵塞、连续化程度低的缺点，致使成果不能进行工业化生产。

3. 酶催化法

酶催化法可以克服提取法、化学合成法的诸多缺点，具有不可估量的潜在应用价值。由于酶催化是一步催化反应，避免了合成途径中复杂的反馈调节作用，一次可累积产物到相当高的浓度；同时，酶促反应体系中组分相对单一，显著降低了成品分离的成本。目前，利用酶转化法已经较为成功地应用于其他大分子的合成。如利用酵母工程菌作为全细胞酶催化合成谷胱甘肽；构建高效表达 S-腺苷甲硫氨酸（S-Adenosyimethionine，SAM）合成酶的菌株催化合成 SAM 等。理论上，γ-PGA 合成过程中，谷氨酰转肽酶是其中的关键酶并存在于众多微生物中，方便获得。能催化谷氨酰基转移到受体上，当供体和受体为同一物时则会发生自动转肽。如果以谷氨酸单体为原料实现生物聚合，利用酶的高效性和专一性，可以得到产物含量高、杂质浓度低的反应液，从而有利于产物的分离纯化。但是，酶转化法生产的 γ-PGA 分子量小，而分子量的大小直接影响到 γ-PGA 的性质与功效，因此，基于不同目的，需要具有相应分子量的 γ-PGA，使得酶转化法受应面窄。这表明酶转化法具有很高的应用前景，但制约其发展的问题亟待解决。

第三节　聚谷氨酸在农业生产中的应用

聚 γ-谷氨酸是一种效果良好的肥料增效剂，使用聚 γ-谷氨酸可减少肥料用量，在农业生产中推广应用将取得较好的社会效益和经济效益。在保证植物生长正常的情况下，每公顷施用聚 γ-谷氨酸肥料增效剂 150～750 g，具有促进作物主要营养元素积累、促进根系发育和增加抗病性等作用。聚 γ-谷氨酸的施用通常可提高化肥施用效率 10%～30%，使烟草、蔬菜等作物增产 8%～31%，水稻增产明显，改善作物的品质，并对肥料起到更好的缓释效果，使肥料在土壤中的释放时间较传统肥料延长了 4 倍左右，在促进作物吸收的同时还起到抑制肥料成分快速分解和流失的作用。特别是在低肥力土壤上使用效果更好，其产量提高的幅度更大，可直接减少肥料用量 20% 以上，同时被土壤中微生物降解，降低过量或施用化肥不当等造成的环境污染，极大地改善了农村的生态环境。此外，聚 γ-谷氨酸在自然界土壤环境中的半衰期为 1 周，能被微生物逐步降解为作物生长所需的谷氨酸。聚 γ-谷氨酸复合肥的田间小区试验表明，能提高小白菜的产量，增幅可达 20% 以上，还能提高莴苣的产量，增幅可达 15% 以上。华中农业大学和湖北省烟草科研所将聚 γ-谷氨酸可湿性粉剂施用量为每公顷 3~6 kg，聚 γ-谷氨酸烟草专用增效肥施用量为每公顷 300~450 kg。施用于白肋烟生长的底肥期、追肥期或底肥期和追肥期同时施用，烟草苗期水培试验和盆栽试验表明，聚 γ-谷氨酸能提高烟草的产量，水培试验增幅可达 15% 以上，盆栽试验增幅可达 20% 以上。在肥料、杀虫剂、除草剂、驱虫剂等使用时，加入适量的聚 γ-谷氨酸可以延长这些药物在作用对象表面上的停留时间，不易因干燥、下雨而被冲刷掉。同时聚谷氨酸可改善土壤团粒结构，从而提高土壤的保水性、透水性和透气性，缩小土壤的昼夜温差变化，达到改良劣质土壤、使农作物增产丰收的目的。

第七章　聚天冬氨酸

第一节　聚天冬氨酸的发展

聚天（门）冬氨酸（简称 PASP）是目前环境友好型水处理剂领域研究的热点之一，具有良好的生物相容性、生物体内可降解性且无任何毒副作用。其制造工艺清洁，具有类似于蛋白质的酰胺键结构，可以生物降解为氨基酸小分子，最终可降解成水和二氧化碳。聚天冬氨酸制备方便，产率高，可大规模生产。

聚天冬氨酸（Polyaspartic acid, PASP）是一种水溶性多肽聚合物，天然存在于带有贝壳的海洋生物如牡蛎黏液中，牡蛎就是靠此黏液富集周围环境中的钙、镁等元素营造贝壳和珍珠的。结构式如图 7-1，其分子链形式有 α 型和 β 型，分子量为 1 000 至数十万。其结构主链上的肽键易受微生物、真菌等作用而断裂，最终降解产物是对环境无害的氨、二氧化碳和水，因此，聚天冬氨酸是一种环境友好型化学品，是一种国际公认的"绿色化学品"。聚天冬氨酸因含有肽键和羧基等活性基团，具有极强的螯合、分散、吸附等作用，广泛应用于农业生长促进剂、水处理剂、洗涤剂、分散剂、螯合剂等领域。早在 1850 年就出现了关于 PASP 合成的报道，由于其原料易得，价格不高，产品市场广阔，且无毒、无污染，因此自其首次人工合成以来，逐渐受到世界上各大化学公司的关注，其中以美国、德国、日本等国的化学公司对 PASP 的研究最为活跃，1996 年美国 Donlar 公司因在合成技术研究方面的突出贡献被授予首届"总统绿色化学挑战奖"。随后，德国的 Bayer 公司和 BASF 公司也相继实现了规模化生产。

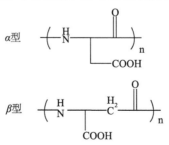

图 7-1　聚天冬氨酸的分子结构

在国内，聚天冬氨酸是近几年化工行业的热点之一，2007 感动中国年度人物——两院院士闵恩泽等国内许多著名学者，曾多次呼吁加强对聚天冬氨酸的开发研究。从 1996 年开始，天津大学、上海同济大学、天津化工研究设计院、北京化工大学等国内几家科研单位陆续开展了实验室研究。特别是 2000 年以后，随着德赛化工与天津大学的碳化工国家重点试验室的合作，小试技术逐渐成熟，各项基础技术日趋完备，2000 年 5 月德赛化工在国内率先实现了工业化生产。

第二节　聚天冬氨酸的理化及生物学性质

聚天冬氨酸具有水溶性、无磷、无毒、无公害、可完全降解的特征。PASP 分子中具有类似于蛋白质的酰胺键结构，微生物中相应的酶能够进入 PASP 的活性位点并发挥作用，结构主链发生分解并断裂成片段，最终分解成小分子物质（CO_2 和 H_2O），实现完全生物降解。从实验效果上看，在氧气消耗量（COD）法的摇床实验法测定中，PASP 在 10 d 内的降解率都在 10% 以上，在 28 d 内的降解率都在 60% 以上，符合 OECD 标准。因此，PASP 属于易生物降解物质。

此外 PASP 对金属离子具有极强的络合能力，具有良好的离子吸附性，它能够与许多金属离子形成配位物，使得它们在介质中保持稳定。PASP 末端的氨基和侧链上的羧酸官能团能与金属离子配位结合，把金属离子包裹成一个"洞穴"状，促使金属离子在溶液中保持分散和稳定。金属离子的软硬程度、溶液的 pH 值和 PASP 去质子化情况等因素都会影响 PASP 与金属离子形成配位物的效果。因为其可以螯合多价金属离子，改变钙盐晶体结构，使发生晶格畸变以形成软垢而使垢体去除，使得聚天冬氨酸具有良好的阻垢性能。徐耀军等人以 L-天冬氨酸为单体采用热缩聚合法合成了聚天冬氨酸，并对阻垢分散性能和缓性能做了研究。结果表明，聚天冬氨酸是一种性能优良的水处理药剂。在 5.0 mg/L 的添加量下，其阻垢率已接近 100%。

第三节　聚天冬氨酸的制备方法

一、聚天冬氨酸合成工艺

自 1850 年首次人工合成 PASP 以来，国内外在此领域发表许多相关文献，对其合成工艺的研究日益加深。聚天冬氨酸最早的合成方法是以 L-天冬氨酸为原料进行缩合，目前聚天冬氨酸的合成主要采用化学合成法，可分为 3 个步骤：第 1 步是由原料制取中间体聚琥珀酰亚胺（PSI）；第 2 步是聚琥珀酰亚胺水解制取聚天冬氨酸盐；第3步是聚天冬氨酸及其盐的分离纯化，聚天冬氨酸的合成途径见图7-2。不同合成路线及反应条件决定着聚天冬氨酸的分子量和分子结构，从而决定最终产品的性质和使用性能。因此，在上述合成过程中，第一步是决定目的产物分子量及其使用特性的关键步骤。因所采用的原料不同而使聚天冬氨酸的合成分为两条工艺路线：①天冬氨酸自聚；②马来酸酐、马来酸或富马酸及其衍生物与能释放 NH₃ 的含氮化合物反应，然后脱水聚合。

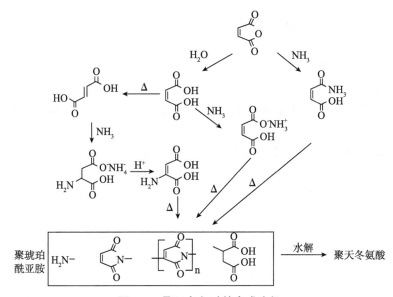

图7-2 聚天冬氨酸的合成途径

1. 中间体聚琥珀酰亚胺的合成

以 L-天冬氨酸（ASP）为主要原料，通过直接热缩合（分子量 1 000～5 000）、酸催化下二次热缩合（分子量 100 000～200 000）和在溶剂中酸催化聚合（分子量 5 000～5 000）等生成。合成条件为反应温度 160～260 ℃，反应时间 1～4.5 h，加热器有油浴、马弗炉、微波炉、γ 射线或烘箱等，反应器有捏合机、螺杆式压出机、聚四氟乙烯盘、釜式反应器及流化床反应器等。在有酸性催化剂存在的条件下，所制得的 PASP 的相对分子量覆盖面极广，从 800 到 500 000 不等。其中采用微波加热搅拌得到 PSI 和 ASP 的混合物，由于 PSI 溶解于 N，N-二甲基甲酰胺，而 ASP 不溶，因此常利用此特性来分离 PSI 与 ASP，混合液经过滤，所得到的不溶成分为未反应的 ASP，滤液倒入冰水中沉析，沉淀物为纯化的中间体 PSI。通过此法合成 PSI 的生产工艺简单，无任何污染物产生，合成的聚合物分子量大。

目前，倾向于在固相反应条件下，用螺杆式搅拌技术或在双螺杆挤出机上，以磷酸作催化剂进行 ASP 热缩聚制备 PSI 工业化生产工艺，转化率可高达 99%，分子量从 4 000~180 000 不等，由于其不使用有毒的有机溶剂，与上述途径合成的产品性能差别不大，只是分子量稍低。

以马来酸、马来酸酐、富马酸等为原料齐聚或共聚生成 PSI，具有原料易得，生产成本低的优势，但所得聚合产品的相对分子量较低。合成的主要工艺有：① 在溶剂中与氨在高压釜中反应，溶剂有水、甲醇、乙醇、正丙醇、异丙醇等，聚合物分子量为 500~10 000；② 与含氮化合物，如脲、异脲、氨基甲酸、碳酸氢铵等在浆式干燥器中充分混合，再进入螺杆挤出机中，产生的聚合物分子量为 1 000~5 000；③ 与氨的两步法反应生成，第一步由马来酸、马来酸酐、富马酸及其衍生物与能释放出 NH_3 的含氮化合物，在 70~170 ℃ 及（0.5~3）$\times 10^5$ Pa 压力条件下，反应生成马来酸铵盐和 ASP 及其盐的混合物；第二步将混合物再在常压或减压（1.33 kPa）及酸性催化剂存在条件下于 140~300 ℃ 热聚 2~30 min 制得，过程中可以通入 N_2。该反应所制得的 PASP 的相对分子量为 500~15 000，多分布于 1 000~4 500。两步反应既可采用不同的反应器也可采用同一反应器。

2. 聚琥珀酰亚胺的水解及其产物构型

用体积分数 10%~60% 或 2 mol/L 的碱金属或碱土金属的氢氧化物溶液，在 50~70 ℃ 的条件下对 PSI 水解 1 h，至 pH 值为 10~12 时水解完全得到相应的聚天门冬氨酸盐。在此水解过程中，PSI 中的亚酰胺键有两种断裂方式，导致 PASP 分子结构单元中有 α 型、β 型两种异构体。天然的 PASP 片段都是以 α 型形式存在的，而在合成的 PASP 中大部分是 α 和 β 两种构型的混合物。

将水解产物聚天门冬氨酸盐（如聚天门冬氨酸钠）滴入氯化钠-甲醇饱和溶液中，可得到黄色 PASP 钠沉淀，再经过过滤及 40 ℃ 下减压干燥，即得到 PASP 钠的纯品。此外将水解产物 PASP 盐（如 PASP 钠）用酸（如柠檬酸或盐酸）及酸性离子交换剂处理，将 pH 值调到 7.0，得到 PASP 沉淀后再经过滤或喷雾干燥，可得 PASP 纯品。

二、聚天冬氨酸合成过程的主要影响因素

1. 反应温度和反应时间

反应温度和反应时间对产物的转化率及产品性能都有很大的影响，反应温度决定反应时间的长短。如表 7-1 可知，当温度较低时，会影响聚谷氨酸的阻垢能力，随着温度的升高，反应时间相对降低，当温度为 240~250 ℃ 和 300 ℃ 时，二者转化率相同，阻垢能力相同，而 300 ℃ 的反应时间仅需要 5 min。由此可见，

温度对于聚谷氨酸的性能有很大的作用，同时较高的温度能够减少反应时间。

表7-1　以马来酸酐为原料制备聚天冬氨酸的反应条件及产品性能

反应温度（℃）	压力（Pa）	反应时间（min）	转化率（%）	阻垢能力
145~150	1.332×10^4	240	83.2	无阻垢能力
190~200	通 N_2	240	77.4	与L-天冬氨酸热聚产品相似
240~250		90	70.1	与L-天冬氨酸热聚产品相等
300		5	70.1	与L-天冬氨酸热聚产品相等

2. 催化剂和溶剂

在聚天冬氨酸合成过程中，催化剂的存在可明显改善聚天冬氨酸产品的生物降解性。例如：在无催化剂存在条件下以天冬氨酸为原料制得的聚天冬氨酸产品，在25 ℃条件下，经过28 d后降解率为26%~46%；而在有催化剂条件下制得的聚天冬氨酸产品在相同实验条件下降解率为82%~89%。除上述作用外，催化剂的存在可降低反应活化能，加快反应速度，缩短反应时间。德国BASF公司采用流化床反应器制取聚天冬氨酸时，在160~200 ℃及无催化剂条件下反应，产物完全转化所需的时间为50 h；而在相同温度下有催化剂存在时，获得相同转化率的时间仅为5 min至5 h。催化剂的存在还可使反应在较低的温度下进行，改善产品的颜色。

溶剂的存在可降低反应物黏度，提高传质速度及反应效率，改善反应条件。在反应过程中加入的溶剂和催化剂协同作用，可在相同的反应时间内，提高反应物的转化率和产物的分子量。

3. 合成路线

聚天冬氨酸的合成有两条工艺路线，而以天冬氨酸为原料经热缩合制取聚天冬氨酸这一工艺路线的历史最长，从产品性能及用途方面看，以天冬氨酸为原料可制取浅色聚天冬氨酸产品，它降低了产品脱色的成本，是日用化学品中理想的中间原料，其相对分子质量范围较宽，用途十分广泛。而以马来酸、马来酸酐为原料时的产品，相对分子质量较低，其用途在高分子吸水材料及化妆品等方面受到了很大的限制。然而对于相对分子质量相近的产品，以马来酸酐为原料制取的聚天冬氨酸对 $CaCO_3$ 的抑制能力及对颜色的分散能力较强。而在有催化剂存在的条件下，以天冬氨酸为原料制取的聚天冬氨酸，生物降解性则最好。因此，对于作阻垢剂及水处理剂而言，以马来酸为原料的合成路线较具优越性。而对于高分子吸水材料、日用化学品及其他一些特殊用途的产品而言，以天冬氨酸为原料的工艺路线则较具优势。

第四节　聚天冬氨酸在农业中的应用

聚天冬氨酸可作为肥料增效剂。就其本质来说聚天冬氨酸本身不是肥料，但是它与肥料配合使用后可以大幅度提高肥料的利用率，增加农作物产量，因此聚天冬氨酸在农业上又称肥料增效剂。目前，配合肥料使用主要有两种方法：一是将 PASP 与肥料掺混在施肥时使用。如利用沸石、腐植酸、草炭等载体与聚天冬氨酸共同造粒，制成固体颗粒状的肥料增效剂与肥料混拌使用；二是在肥料生产厂采取液体喷淋技术，或经喷浆高塔造粒而生成。将聚天冬氨酸添加到肥料中制成含聚天冬氨酸的肥料。聚天冬氨酸可以螯合土壤中的 K^+、Ca^{2+} 等金属离子，并能起到富集氮、磷、钾及微量元素的作用，从而实现对肥料的缓控作用，使植物更有效地利用肥料，提高农作物的产量和品质，并能改善土壤质量。从微观机理上看：PASP 对土壤养分离子的交换吸附力可达到土壤对离子吸附力的 100 多倍，可形成高浓度的离子扩散双层，从而接力土壤中的养分离子；PASP 末端的氨基和侧链上的羧酸官能团能与金属离子配位结合，把金属离子包裹成一个"洞穴"状，促使金属离子在溶液中保持分散和稳定。这两种作用协同将养分供给植物吸收利用，极大减少养分的流失和挥发。冷一欣等（2009）研究表明，聚天冬氨酸的添加能够有效地提高农作物产量，将相对分子质量 3 000~5 000 的 PASP 与肥料配合施用，能增强植物对肥料的利用率，使植物更有效地利用养分。在施肥量相同的情况下，加入不同浓度的聚天冬氨酸，能增加谷物产量 5%~30% 不等。关连珠等（2013）采用室内试验方法，研究了向土壤中加入聚天冬氨酸后土壤中阳离子型微量元素锌的各形态含量及其转化。结果表明，施入聚天冬氨酸后，土壤中锌的可利用率得到显著提高。土壤中水溶态锌、弱酸溶态锌、可还原态锌的含量显著增加，并且均随培养时间的增加而增加，在聚天冬氨酸的影响下，土壤中可氧化态锌、残渣态锌被活化，并向水溶态锌、弱酸溶态锌、可还原态锌转化。

作为肥料缓释剂，PASP 与尿素复配后，包裹在尿素的表面，通过缓慢的降解，逐渐释放尿素，减少尿素的浪费，还可以使尿素在植物叶面或土壤颗粒的表面湿润、分散、增溶和渗透，从而充分地发挥肥效，而且其缓释和生物降解的余效也非常显著，对小麦增产幅度可达 19.3%~22.9%。同时由于 PASP 良好的离子吸附性和生物可降解性，降解产物又可以被植物吸收利用，从而促进植物生长，这些特征可以减少肥料施用时发生的地表流失与土壤垂直渗透，有效提高肥效和减少地表水污染。

另外，随着土地沙漠化的不断加剧，防沙固土也越来越受到重视，由于聚天冬氨酸具有超强的吸水性能，因此可作为土壤稳定剂使用。Yang 等（2008）以环己烷二胺为交联剂研制了一种基于聚天冬氨酸的新型土壤稳定剂，可以增强土壤颗粒抗压强度和抗风侵蚀，土样的抗压强度从 0.175 MPa 提高到 0.612 MPa，抗风侵蚀从 22.43 g／（m·min）降低到 10.56 g／（m·min）；而且土壤含水量非常高，对种子发芽和生长没有任何副作用，该产品作为保水剂应用于干旱地区作物生长取得了很好的效果。干旱条件下，施用保水剂和聚天冬氨酸在不同程度上均能有效地促进玉米幼苗根系的生长，增加光合速率，促进地上部干物质积累，其中与干旱处理相比，保水剂和 PASP 处理使幼苗根长分别增加 18.2% 和 8.3%；侧根数目分别增加 26.3% 和 14.8%；光合速率分别增加 6.6% 和 1.4%；单株干重分别增加 33.8% 和 12.2%。施用聚天冬氨酸可促进水稻分蘖和增加有效穗的作用，而肥料用量减少 30%~50%；在玉米上施用聚天冬氨酸可使玉米生物学产量增加 53.8%。姜雯等（2007）研究指出，施用聚天冬氨酸可以显著增加玉米幼苗叶绿素含量和光合速率，增加干物质积累。

第八章 氨基丁酸

第一节 氨基丁酸的发展

γ-氨基丁酸，英文名 γ-aminobutyric acid（GABA），又称为氨酪酸、哌啶酸、$C_4H_9NO_2$，是一种非蛋白质氨基酸（图 8-1）。广泛分布于植物与动物体内，植物如大叶种茶树、豆属、参属、中草药等的种子、根茎和组织液中都含有 GABA。在大叶种茶树中也是以高浓度（0.03~32.5 μmol/g）存在，超过许多蛋白质氨基酸。自 20 世纪 60 年代开始，γ-氨基丁酸的相关研究开始增多，在 1883 年 γ-氨基丁酸被人工合成。1950 年有研究小组在哺乳动物脑萃取液中首次发现了 γ-氨基丁酸，随后科学家证实 γ-氨基丁酸对哺乳动物的中枢神经系统具有抑制作用。研究表明 GABA 在人体大脑皮质、海马、丘脑、基底神经节和小脑中起重要作用，并对机体的多种功能具有调节作用，尤其是降血压，2009 年我国卫生部正式批准 GABA 为新资源食品，广泛应用于保健品、食品、饮料、饲料等领域。

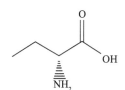

图 8-1 氨基丁酸结构式

近年来，γ-氨基丁酸逐渐被应用到农业领域。国内外各大科研院所都对 γ-氨基丁酸展开了不同程度的研究，随着 γ-氨基丁酸对植物作用机理的揭示（参与三羧酸循环支链和多胺合成），大量有针对性的试验得到开展，γ-氨基丁酸对植物的作用点被进一步揭示。在植物中，γ-氨基丁酸虽然天然存在于各种生物细胞、体液内，但该氨基酸不参与蛋白质的合成。γ-氨基丁酸扮演了代谢物质和信号物质的双重角色，参与了植物的 pH 值调节、能源物质调节 C/N 平衡以及防御系统调节等很多重要的生理进程。γ-氨基丁酸促进光合作用并影响能量代谢，促进植物营养生长和生殖，提高植物对不同逆境（高温、低温、干旱、盐害等）的抵抗能力，并具有促进植物对中微量元素的吸收作用。

γ-氨基丁酸既不是农药，也不是植物生长调节剂，更不是传统肥料，而是一种绿色安全高效的生物刺激素。目前在美国注册的天然存在的生物刺激素活性成分中，包含了γ-氨基丁酸。γ-氨基丁酸极易溶于水，化学性质稳定，耐酸耐碱，在pH值3~11范围内均能保持稳定性，与各种介质都有很好的复配相容性。通过大量的配伍试验和实际应用，γ-氨基丁酸都表现出良好的协同性和灵活性。既可以按一定的稀释倍数，通过灌根、滴管、叶面喷施直接应用于作物，也可以作为增效剂添加到液体肥料、水溶性肥料、叶面肥料、复合肥料等各种肥料中使用，同时也可添加到农药中使用。目前，市面上有一些可用于固体、液体肥料农药添加的γ-氨基丁酸50%水剂产品和98%固体产品。

第二节　氨基丁酸的制备工艺

GABA是植物体内广泛存在的一种四碳非蛋白质氨基酸，是植物细胞自由氨基酸库中一种重要的组分。在脊椎动物的中枢神经系统中作为抑制性神经递质起作用，广泛存在于各种植物（细菌、真菌、藻类、藓类、蕨类和有花植物）及植物的各个部分中。植物体中有两条合成和转化GABA的途径：一条是GAD催化谷氨酸脱羧合成，另一条由多胺降解的中间产物转化而来。

GABA代谢主要途径是GAD催化谷氨酸在α-位上发生不可逆脱羧反应。其代谢过程是L-谷氨酸在L-谷氨酸脱羧酶催化下经过α-脱羧产生GABA；GABA在GABA转氨酶（GABA transaminsae，GABA-T）催化下与丙酮酸发生转氨作用生成琥珀酸半醛和丙氨酸；最后琥珀酸半醛在琥珀酸半醛脱氢酶（Succinic semi-aldehyde dehydrogenase，SSADH）的作用下氧化成琥珀酸后进入三羧酸循环（Krebs circle）。这样从α-酮戊二酸经过谷氨酸、GABA、琥珀酸半醛生成琥珀酸的代谢途径就构成了三羧酸循环的一条侧支，称为GABA支路。其中，GAD和GABA-T存在于细胞浆中，SSADH存在于线粒体中（图8-2）。

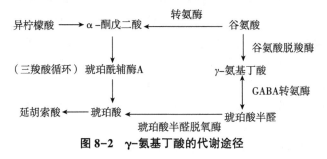

图8-2　γ-氨基丁酸的代谢途径

GABA 常见的获取方法主要有三种方式，分别是化学合成法、植物富集法和微生物发酵法。

一、化学合成法

使用化学合成法制备 GABA 常见于各种文献报道中，这种方法制备成本高、产率较低，在生产过程中会使用一些有毒的溶剂，因此该方法生产的 GABA 常用于化工和医药领域。化学制备 GABA 最常使用邻苯二甲酰亚氨钾和 γ-氯丁氰在 180 ℃高温条件下剧烈反应，反应结束后将获得的产物和浓硫酸发生水解作用并随后回流，再通过结晶方法提纯而得。

二、植物富集法

植物体内的内源酶可以转化制备 GABA，在植物中，主要有两种途径可以进行 GABA 的转化，最主要的利用途径是在植物体中，谷氨酸脱羧酶能够将谷氨酸通过脱羧反应转变成 GABA，通过改变外界的生长环境，植物做出应激反应可以大大提高 GABA 的代谢。还有一种途径就是在植物体内通过多胺降解生产 GABA，这是次要途径。植物富集主要通过茶叶富集、糙米富集、果树富集等方法实现。日本的津志田腾二郎用 N_2 厌氧处理新鲜的茶叶 6 h 后，茶叶中含有大量的 GABA，含量由 30 mg/g 上升到 200 mg/g。植物富集虽然工艺简单，生产 GABA 安全，但植物富集 GABA 产量太低，提取工艺复杂，不适合工业化生产 GABA。

三、微生物发酵法

发酵生产各类产品在现代工业中已经变得很普通，发酵生产 GABA 最关键的是要筛选出一种高产菌株。常用的微生物有乳酸菌、酿酒酵母、红曲霉等。利用这些菌种发酵生产的 GABA 可以达到食品级标准。微生物发酵法具有安全性高、成本低、产量高等优点。发酵过程中，微生物体内的谷氨酸脱羧酶将底物谷氨酸或者谷氨酸衍生物脱羧合成 GABA。制备高 GABA 含量的发酵方法工艺流程：米胚芽提取物→添加碳源和氮源等配制培养基→接种酵母菌或乳酸菌→发酵过滤→干燥 GABA 成品。赵景联等（1989）用海藻酸钙将大肠杆菌细胞固定化包埋与 Glu 溶液进行反应，首先间歇反应 5 h 后完全转化，再以 6 mL/h 的流速在三角瓶反应器中连续搅拌式反应，最后进入柱式反应器，转化率可以达到 90%以上。章汝平等（1998）从废弃的味精母液中，利用固定化的大肠杆菌细胞能够从中得到高达 50%的 GABA，因为废液中依然含有很高含量的 L-谷氨酸。乳酸菌是一种安全的食品级菌种，据日本大阪环境科学研究所报道，在有米糠成分存在的条件下，乳酸菌产 GABA 的能力更为突出。江南大学江波等（2008）用生物发酵的方法对产 GABA 进行了探究，利用乳酸菌或乳酸菌的混合菌种，发酵制备 GABA。刘清等（2004）也得到能够产谷氨酸脱羧酶的菌株，并且条件优化后 GABA 的产量能够达 3.10 g/L 以上。

第三节　氨基丁酸的作用

一、氨基丁酸（GABA）促进矿质元素吸收和维持碳氮营养平衡

外源 GABA 影响植物对矿质元素吸收的选择性，提高大中微量元素的吸收率，从而促进植物的生长。外源施用 GABA 显著提高了作物根系对 K^+、Ca^{2+} 和 Mg^{2+} 的吸收，减少了地上部对 Na^+ 的吸收，从而增加 K^+/Na^+ 比值。

大量研究说明 GABA 可以作为高等植物氮代谢过程中的临时氮库。GABA 作为临时的氮源直接被植物吸收利用，联系着植物体内的碳和氮两大代谢途径。C、N 营养平衡的调控机制包括植物体内糖含量的感知与调节、氮营养吸收等一系列复杂的过程。由于 C、N 营养平衡感应器的代谢物有可能是谷氨酰胺、GABA 或其他氨基酸和糖类，碳氮代谢平衡涉及许多生理过程，包括能量代谢、氨基酸代谢等。由于 γ-氨基丁酸合成和分流途径涉及氮代谢，同时也是能量循环中三羧酸循环的重要组成部分，因此长时间以来 GABA 被认为是碳氮代谢的重要一环。三羧酸循环分支的谷氨酸合成 GABA 途径是植物快速响应外部刺激的关键因素之一。绝大部分 NH_3 是通过谷氨酰胺合成酶/谷氨酸合成酶途径合成，被认为是氨基酸的主要合成途径。游离的氨基分子大部分通过谷氨酰胺固定，谷氨酸被认为是植物老根中氮主要的积累形式，氮存储于精氨酸等氨基酸中，同时精氨酸也可用于运输，满足生物体的氮需求。同样氨基酸也通过转化为三羧酸循环的前体或中间体参与能量代谢过程。在菠菜中发现脯氨酸占总游离氨基酸的 8.1%~36.1%、γ-氨基丁酸占 12.8%~22.2%、谷氨酸占 5.6%~21.5%。谷氨酸是 γ-氨基丁酸和脯氨酸的前体物质，低温下植物会使谷氨酸的氮分流进入 γ-氨基丁酸和脯氨酸调控氮的代谢途径。

当植物体中谷氨酰胺（glutamine，Gln）合成受阻、蛋白质合成减少、降解加速的条件下，谷氨酸（glutamic acid，Glu）向 GABA 的转化量就会增加，支持了 GABA 是临时氮储存库的假说。因此，GABA 支路的谷氨酸代谢在植物的氮代谢经济利用方面具有非常重要的作用。而 GABA 支路中氮的去向还不十分清楚。研究表明，GABA 支路中转氨酶以丙酮酸作为氨基受体时的活性比以 α-酮戊二酸作为氨基受体时的活性高 0.5~19 倍，以丙酮酸为受体最终生成的氨基酸是丙

氨酸，丙氨酸又作为合成甘氨酸和色氨酸时 N 的给体。相反，以 α-酮戊二酸为受体时，N 则将在谷氨酸和 GABA 之间循环。而 N 在 GABA 支路中这种所谓"无用"的循环可能有消耗掉植物中多余 N 的作用。因此，通过 GABA 支路的谷氨酸代谢在植物对 N 的经济利用方面也可能是非常重要的。

二、γ-氨基丁酸的抗逆生理及调控作用

γ-氨基丁酸长久以来被认为与植物多种应激和防御系统有关。植物中的 γ-氨基丁酸会随着植物受到刺激而升高，被认为是植物中响应于各种外界变化、内部刺激和离子环境等因素，如 pH 值、温度、外部天敌刺激的一种有效机制。γ-氨基丁酸还可以调节植物内环境如抗氧化、催熟、保鲜植物等作用。近年来 γ-氨基丁酸在植物中也被发现作为信号分子在植物中传递扩大信息。γ-氨基丁酸曾在大豆、拟南芥、茉莉、草莓等植物中相继被发现。低浓度的 γ-氨基丁酸有助于植物生长发育，高浓度下又会起相反的作用。

正常条件下植物组织中 GABA 的内源水平在 0.03～32.5 μmol/g，超过了蛋白质氨基酸的含量。而当植物受到环境胁迫（缺氧、冷害、热刺激以及机械损伤等）时，体内 GABA 含量会增加几倍或几十倍。研究发现在逆境胁迫下 GABA 可以通过消耗细胞质的酸化程度，积累的 GABA 可以在 GABA-T 和 SSADH 的催化下生成琥珀酸，进入 TCA 循环，在逆境胁迫下作为碳源起回补反应的作用，因此 GABA 代谢途径被认为是在胁迫下的 TCA 循环的一个完整部分；GABA 可以稳定和保护离体类囊体膜免受冰冻损伤，而且拟南芥植株体内脯氨酸的转运体也可以转运 GABA；低温胁迫下高浓度 GABA（15.50 mmol/L）能够清除体内羟自由基，稳定和保护拟南芥离体叶绿体的类囊体；GABA 具有渗透调节功能，能减轻渗透胁迫对植物造成的伤害；而且，GABA 可以通过提高 SOD、POD、CAT 等保护酶活性缓解盐胁迫对玉米植株的伤害。

（一）γ-氨基丁酸对外部酸化的响应

外界 pH 值降低，γ-氨基丁酸会在细胞内快速增加，这种效应在微生物和动物中也存在。植物在酸性 pH 值下细胞内 H^+ 浓度随之升高，诱导细胞内 γ-氨基丁酸含量增加。γ-氨基丁酸的合成过程消耗 H^+，使得细胞内酸化得到缓解。在微生物中也存在这种快速的反应机制，在产生 γ-氨基丁酸的同时，会增加质子呼吸链复合物的表达，促进 ATP 合成。并且上调 F1F0-ATP 水解酶活性，促使酸性条件下 ATP 依赖的 H^+ 排出过程。更重要的是，GABA 在生理环境下为两性离子，因此在酸碱调节中发挥一定作用。

（二）γ-氨基丁酸对高等生物在高温和冷冻下的保护作用

在小麦开花期间喷洒 200 mg/L 的 γ-氨基丁酸，可以调节膜稳定性，增加抗

氧化能力等，减少了小麦高温下的损失；外源 γ-氨基丁酸的施用对黄瓜幼苗生长也有明显的作用。低温会降低植物的生物合成能力，对重要功能造成干扰，并产生永久性伤害。低温下生物 γ-氨基丁酸表达会上调，75% 的代谢物会增加，包括氨基酸、糖类、抗坏血酸盐、腐胺和一些三羧酸循环中间体，能量代谢涉及的氨基酸代谢，酶类的转录丰度均会增加。拟南芥在高温下生长，发现其活性氧中间体（也称为 ROI）积累，使得植株死亡。ROI 与 γ-氨基丁酸存在关系，γ-氨基丁酸分流途径在抑制高温下 ROI 具有作用。γ-氨基丁酸分流过程可以减少 ROI 的积累而使得生物免于高温带来的氧化损伤以及过氧化衰亡。

（三）GABA 在干旱和水涝中的作用

干旱可以降低根的固氮和 O_2 的扩散，使得植物缺氧而导致 γ-氨基丁酸的积累。低氧条件下谷氨酸和天冬氨酸含量增加。干旱条件下，根系、茎的生长和叶面积伸展被抑制，活性氧增加，低分子渗透调节物质，如 γ-氨基丁酸等氨基酸、多元醇、有机酸产量增加，以及抗氧化损伤的酶表达均上调。研究表明，干旱条件下，与细胞内稳态、活性氧的清除、结构蛋白的稳定保护、渗透调节剂、转运蛋白等有关的基因表达上调。外源 γ-氨基丁酸使得植物体内保持较高的相对含水量，降低电解质渗漏、脂质、过氧化物、碳代谢并能提高膜稳定性。此外外源 γ-氨基丁酸也可以诱导 GABA-T 和 α-戊酸脱氢酶活性上升，抑制 GAD 活性使得 GABA 和谷氨酸增加，同时加速多胺合成，抑制多胺分解。γ-氨基丁酸还可以通过促进叶绿素表达，进而使得过氧化氢酶、过氧化物酶活性增加，提高脯氨酸和糖含量，调节渗透和降低氧化。

在缺氧条件下，γ-氨基丁酸可以通过间接调节使得光合作用增强，降低气孔限制值，使得通氧量加大，可以缓解缺氧对植物幼苗的伤害。而且外源 γ-氨基丁酸可以使低氧条件下根生长抑制得以缓解，快速生长出不定根。GABA 还具有消除活性氧中间体以及为植物解毒和间接通过 H_2O_2 信号作用防止细胞程序性死亡。

三、γ-氨基丁酸对病虫害的防御作用

γ-氨基丁酸有助于植物对外界天敌的防御。当发生病虫害时，由于植物受伤导致细胞破裂和组织受伤，这种机械切割会刺激植物中 Ca^{2+} 的增加，植物在 Ca^{2+} 刺激下分泌 γ-氨基丁酸作为一种抵御病虫害的措施。昆虫存在离子型 γ-氨基丁酸受体，其中果蝇的 GABA 门控氯离子通道亚基 RDL 是许多杀虫剂药物的作用靶标。γ-氨基丁酸诱导使得 γ-氨基丁酸受体的单电流降低。具体为 γ-氨基丁酸在无脊椎动物中通过 GABA 受体门控的氯离子通道起作用，与大多数杀虫剂相同，通过 GABA 受体氯离子通道，使 Cl^- 在电化学梯度的驱使下流向下游，

导致质膜超极化，并抑制昆虫取食。施用 γ-氨基丁酸后的烟草植物中，接种北方线虫，发现其雌性成年线虫的繁殖能力整体下降，这种方式可以使植物达到防御天敌的效果。在女贞子被草食女娥幼虫取食过程中，发现女贞子会降低自身赖氨酸活性而使得蛋白质无营养，而女娥幼虫在此期间会分泌甘氨酸、β-丙氨酸、胺等分子抑制植物赖氨酸的减少，在这种植物与草食昆虫的交流过程中 γ-氨基丁酸发挥信号分子的功能。

细菌侵染过程中的植物 GAD 表达量和 γ-羟基丁酸转录丰度会上升，致使 GABA 含量升高。高 GABA 合成水平的烟草对根癌土壤杆菌 C58 感染敏感性有所下降。GABA 可诱导农杆菌 ATTKLM 操纵子表达，使得 N-（3-氧代辛酰基）高丝氨酸内酯的浓度减少，群体感应信号（或激素）下调，影响其对植物的毒性。GABA 在植物与细菌的信号交流中也发挥作用，GABA 可以抑制细菌内 *Hrpl* 基因表达（*Hrpl* 基因编码蛋白使得植物致敏或引起其组织疾病），同时抑制植物体内 *hrp* 基因表达，使得植物免于过敏反应（*hrp*：控制植物病原体致病能力，并引起过敏反应）。

四、γ-氨基丁酸调节生长发育

GABA 可以通过刺激 1-氨基环丙烷-1-羧酸（ACC）合成酶转录丰度刺激乙烯生物合成。有证据表明，GABA 的积累和流出是胞间信号转导途径的一部分，对植物的生长和发育具有一定的调控作用。GABA 能够影响乙烯的产生。研究表明，乙烯能影响幼苗的生长，这说明 GABA 可通过影响乙烯的产生而影响植株的生长，并且对其茎生长的影响部分是受乙烯调控的。另外，通过 GABA 对浮萍生长影响的研究发现，5 mmol/L GABA 处理浮萍后其生长量增加了 2~3 倍，并且伴随着矿质元素的吸收量增加。在厌氧条件下乙烯可以通过促进不定根的生长为植物提供氧气。所以很多研究者认为 GABA 也是作为一种信号物质在植物体中起作用的。例如，GABA 可能作为信号物质引导花粉管的生长。研究发现，在拟南芥中 GABA 可以通过自身水平调节编码膜蛋白的基因 14-3-3 的表达。这种调节作用是依赖信号物质 ABA 和乙烯的作用途径。此外，GABA 对植物的程序性死亡过程也有调节作用。

第九章　氨基酸药肥

化肥与农药为农业增产起到了很大作用，但过量使用也造成粮食污染、生态破坏、资源浪费等一系列严峻的问题。随着功能性水溶肥和生物刺激素的发展，越来越多的增效成分应用到液体水溶肥，尤其是随着药肥的发展，即农药和肥料按合理的配方比例相混合，以肥料作为农药的载体，通过一定的工艺技术将混合物稳定于特定的复合体系中，形成新型的生态复合肥料。

药肥的出现为解决上述农药、化肥的负面问题指明了新的方向，也给农资行业发展打开了一个新的窗口。药肥满足了农民的需求，将农药与化肥作为植物最需要的两种农化产品统一起来，将农药植物保护和化肥养分供给合二为一，使田间的二次作业合二为一，操作简便，省时省工，节能降耗，使用安全；药肥还能减少农药与肥料的用量，减轻农药、肥料对环境的污染，有效提高作物产量。

第一节　氨基酸药肥的发展

氨基酸药肥的发展可以说是伴随氨基酸农药的研发而不断发展的。为了提高农作物产量，又不污染环境和保证人类健康不受损，各国化学家和农药研究工作者都争先研究了许多无机和有机化合物，力求筛选出高效、低毒、无残留的新型农药，氨基酸农药就是在这些形势下脱颖而出的一束新苗。1971 年小林迭治等用月桂酰-缬氨酸防治稻瘟病成功后，氨基酸及其衍生物作为农药的研究相继在日本等国发展起来，利用氨基酸及其盐类、衍生物或聚合物等作农药的工作日益增多，进展十分喜人（范镇基，1992）。而且这类农药很易被日光分解或被自然界微生物降解，在土壤、植物体内和果实中不留残毒，其降解产物还可作为农作物的营养物质，提高农作物的质量和产量，施用这类农药对人畜安全，没有公害。因此，氨基酸农药已显出了很强的生命力，并迅速占领了农药舞台的中心位置，品种数量也已发展到几百种以上。目前氨基酸农药可作为杀菌剂、杀虫剂、除草剂和植物生长促进剂等，品种和用途都日益扩大。

利用单一氨基酸及其金属盐类或聚合物、衍生物做杀虫剂，已做过不少工作。Padncka 等使用含有保幼性杀虫的 $CLCOOCHNH_2COOH$·氨基酸农药抑制红椿象等幼虫的发育。Bell 发现刀豆氨酸、5-色氨酸可使南方毛虫拒食而死，这是较早的例子（范镇基，1992）。1979 年美国科学家用 10%的半脱氨酸蔗糖液饲喂黄瓜蝇，结果黄瓜蝇全部都被杀死。N-乙酰半脱氨酸与二烷基膦酸生成的酯具有杀虫剂性质。由甘氨酸乙酯衍生的二硫代磷酸盐，其杀蚜虫和杀螨效果分别提高 30 倍和 40 倍，这可大幅度减少二硫代磷酸的用量。此外据报道，色氨酸可作为杀虫剂水杨酸或环磷酸的稳定剂。为了提高除害灭病效果，氨基酸还可通过引诱作用。已知谷氨酸是地中海蝇有效的性引诱剂，赖氨酸是蚊子的性引诱剂，它可引诱墨西哥、东方、地中海蝇。酪蛋白、啤酒酵母的水解物——复合氨基酸可作为害虫的引诱剂，它们能使害虫"聚而歼之"，实现事半功倍之效（能有效地使杀虫效率提高 5~12 倍）。

日本有研究用 500 mg/L 的 DL-苏氨酸和 100~500 mg/L 的 L-赖氨酸、L-丝氨酸、DL-赖氨酸盐酸盐水溶液防治柠檬树黑斑病，能使病毒大幅度降低。对于病毒引起的稻瘟病防治药物，最早推出的是日本投产的 N-月桂酰缬氨酸，是比较成熟的稻瘟病药剂。1974 年印度用蛋氨酸防治水稻根瘟病和玉米、黄瓜茎上多种病菌，β-1,4 环己乙烯丙氨酸能抑制黑穗病毒、稻瘟病犁形孢子，0.5% 苏氨酸能使柠檬树抵抗黑斑病的侵袭，甘氨酸、丙氨酸、半脱氨酸、苏氨酸、高精氨酸均有抑菌作用，使用时用铜盐络合剂效果更佳。

据调查我国农田草害造成的损失占农作物总产 10%~12%，已超过病虫害，所以除去田间杂草是农业增产的重要措施。常规除草剂如 2,4 -D、五氯酚、除草醚、茅草枯等毒性大且残效期长，比起甘氨酸为原料的草甘膦及镇草宁就逊色多了。重氮基氨酸（DPN）、磷酸氨基丁酸及其衍生物作为新除草剂日益受到人们重视，N-3,4 二氮丙氨酸乙酯是除野燕麦的优良除草剂，硫代氨基酸酯则是广谱性除草剂。脱叶剂在国外应用规模已以万吨计，它不仅可提高收获的进度和质量，随后有研究者发现有些脱叶剂还能除病虫害，或促使叶子内营养物质向生殖组织转移而使作物增产的新功能，这更使人们对它感兴趣。目前其用量已可与除虫剂及杀菌剂媲美，L-赖氨酸本身有加速树叶脱落的作用。

以复合氨基酸为基质的植物营养剂、生长调节剂的研究更多。已发现氨基酸类化合物对植物生长有促进作用。美国学者用氨基酸衍生物增甘膦作甘蔗的催熟剂，可以缩短甘蔗的成熟时间，提高其产量及含糖量。用氨基酸类作植物的促进生长增产剂的工作更多，如印度人用 0.1%色氨酸处理胚尔豆种子而获增产便是例证。蛋氨酸钙（坝）盐（溶解于乙醚）是黄瓜、菜豆、番茄、苹果、橙树的生长刺激素，谷氨酸也能使大豆增产，半脱氨酸则会刺激玉米、番茄的生长发育。脯氨酸在有尿嘧啶的配合下，亦能够使作物增产。

精氨酸则可提高赤霉素（GA）的溶解度而成为其扩大用途的助剂。天门冬氨酸也常被推荐作为常用的有机磷、有机氯或氨基甲酸酯农药的助剂。如二甲苯、二氯乙烯磷酸酯是广泛用作多种害虫和壁虱的药物，天门冬氨酸、色氨酸、谷氨酸可作为其稳定剂。此外蛋氨酸作为农药稳定剂组分的专利亦见报道。

我国对氨基酸农药的研究开始较晚，20世纪80年代陈海芳等研究出的氨基酸农药为"活性氨基酸铜配合物"杀菌剂，商品名为"双效灵"，试验证明，药液稀释不同倍数对棉花枯萎病、水稻稻瘟病、小麦赤霉病等都有很好的防治效果，因其本身含有大量的氨基酸，故对植物生长有较明显的促进作用。防治效果不仅优于国内有名的多菌灵和日本弘扬的托布津；而且价格仅为它们的 1/5～1/3。黎植昌等（1985）又改进"双效灵"生产工艺，增加其杀菌活性，研制出"增效双效灵"（HDE）。用 10% HDE 的 200～800 倍稀释液防治冬瓜枯萎病等，比托布津、多菌灵的效果好。用 10% HDE 的 300～400 倍稀释液防治大白菜霜霉病效果特别好；用 500 mg/L HDE 能防治黄瓜及南瓜白粉病；继 HDE 之后，黎植昌、刘炽清（1990）又推出混合氨基酸稀土配合物（MAR），用于防治柑桔、棉花和蔬菜病害，试验证明它不仅能防治作物病害，还能促进作物生长，增加产量和改善农产品的品质。如用 300 mg/L MAR 处理锦橙，经贮存 44 d 后，其果实含酸量比 2,4-D 对照下降 45.21%，而总糖量比 2,4-D 对照上升 32.02%。国内推广的氨基酸农药，常见的还有"菌毒清"（甘氨酸盐酸盐）、氨基酸类的农药，还包括氨基酸衍生的多肽类农用抗菌素。

总之，氨基酸药肥就是利用具有农药活性的氨基酸及其衍生物农药或其他常规农药与肥料结合，通过特殊工艺措施加工而成。其用于作物生产当中，既能提供作物养分、促进作物生长发育，又能防治病虫草害，可减少人力、物力、农药及化肥用量，减少环境污染，所以应用前景是极为光明的。

第二节　氨基酸药肥原料

活性氨基酸农药是指具有某种氨基酸（或衍生物）活性基团的化合物。大量研究表明，活性氨基酸农药具有生物毒性低、易被生物全部降解、可被生物本身利用不会在环境中积累的特点，是一种高效安全、无公害农药。

一、活性氨基酸杀菌剂

活性氨基酸杀菌剂是近年来国内外研究与应用十分活跃的一类无公害新型生化农药，具有高效、低毒、无环境污染、抑菌谱广的特点，且有促进植物生长的效能。活性氨基酸作为杀菌剂的有：氨基酸及其盐酸盐、氨基酸金属配合物、N-酰基氨基酸、氨基酸酯及含氨基酸结构的杀菌剂。从已公布的专利来看，在实验室中广泛地研究了常见氨基酸，如甘氨酸、丙氨酸、缬氨酸、苯丙氨酸、天冬氨酸、亮氨酸、异亮氨酸、谷氨酸、组氨酸、赖氨酸。这些氨基酸与高碳链脂肪酸或醇反应，生成相应的N-高碳链脂肪酰胺基农药。

1. 双效灵

为混合氨基酸铜络合物，易溶于水，化学性质稳定。对人畜低毒。在-20～40℃条件下不变质。杀菌谱广、高效、低毒、低残留。对作物有促进生长和增产作用。对枯萎病、黄萎病、霜霉病、白粉病、疫病等多种真菌性和细菌性传染病都有明显防效。对西瓜枯萎病，在西瓜定植15～20 d或发病初期沿着根茎基部灌300～500倍稀释溶液，轻病株灌根1～2次，重病株灌3～4次；对黄瓜、冬瓜、茄子枯萎病，用400～500倍液，于定植后或发病初期进行灌根，每株750～800 mL，每隔7 d灌1次，连灌3～4次；防治多种蔬菜疫病、菜豆炭疽，于发病初期喷洒200～300倍液，每隔7 d左右喷洒1次，连续喷洒3～5次；对豇豆锈病，可喷洒200倍液，共喷2～3次；防治黄瓜、菠菜霜霉病，用300倍液于发病初期喷洒，每隔7 d左右用药1次，连续喷洒3～4次。

2. 抑霉威

抑霉威是新型的内吸氨基酸杀菌剂（图9-1），能被植物的根部和叶部同时吸收，在植株内部活性物质有向顶性的传导。防治对象包括由卵菌纲真菌而引起的空气传染病和土源疾病，有很高的药效与长效，其中对疫霉菌、腐霉菌、单轴霉、盘梗霉、拟霜霉病及霜霉属病真菌有特别好的防效；用作种子处理、叶面施用或经土壤施于葡萄、水果、蔬菜，以及用在园艺植物上时，作物适应性很好，不产生药害；可以防治葡萄霜霉病、向日葵霜霉病、马铃薯晚疫病、豌豆猝倒病及棉花立枯病。

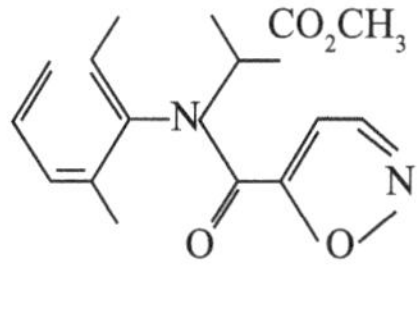

化学名称：N-异恶唑5-基羰基-N-（2,6-二甲苯基）-消旋-丙氨酸甲酯

图9-1　抑霉威化学式

使用方法：种子处理、叶面喷雾和土壤处理。空气传染病的防治在葡萄、蔬菜以及园艺植物上，由卵菌所引起空气传染病，用抑霉威易于防治。用0.25 g/L喷雾可防治葡萄霜霉病、向日葵霜霉病和马铃薯晚疫病，抑霉威对葡萄霜霉病有较长的残效期；在病害严重的情况下，以250 g a.i/hm² 的抑霉威剂量，可以使马铃薯产量有很大的增加，类似情况是防治鳄梨的茎腐病和硬花甘蓝的霜霉病等，都得到成功的防治。抑霉威的活性很高，所以对卵菌引起的空气传染的一些

病害防治很有效。防治土壤传播病害，引起的苗立枯病的原因主要是由于松苗猝倒病菌的土壤传染。卵菌引起的土壤疾病，用抑霉威进行种子处理或土壤浸透可得到有效的防治。植物有良好的适应性而没有药害影响。100 kg 种子施药 25 g（有效成分），进行种子处理以防治豌豆苗立枯、棉花苗立枯病；用 12.5 g（有效成分）/100 kg 种子进行种子处理，防治棉花苗立枯病；青椒根腐病以 0.25 g a. i/L 剂量，100 mL/株，浸淋土壤 2 次。

3. 苯霜灵

苯霜灵由 Garavaglia 等报道（沙家骏，1992，图 9-2），意大利 Formoplant SPA（现为 Agrimovt SPA）开发 CA 登记号为 71626 -11-4。

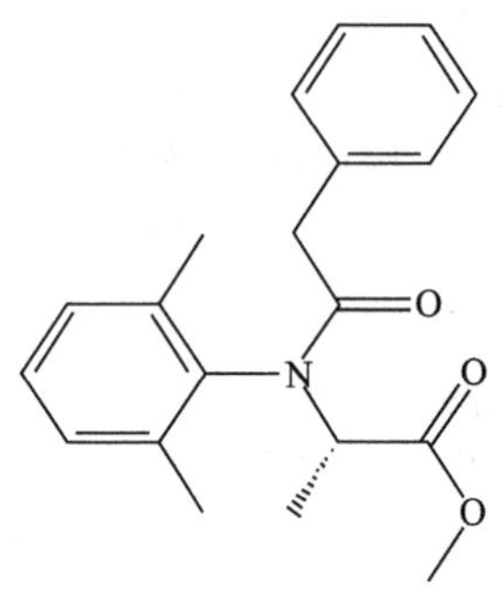

化学名称：N-苯乙酰基-N-2,6-二甲苯基-DL-丙氨酸甲酯

图 9-2　苯霜灵化学式

苯霜灵是防治卵菌纲病害的内吸性氨基酸杀菌剂。用于防治卵菌纲病害，如葡萄的单轴霉菌，马铃薯、草莓、番茄的疫霉菌，烟草、洋葱、大豆的霜霉病，黄瓜的假霜霉病等。防治葡萄霜霉病在 100 L 液药中用含本品 12~15 g、代森锰锌 100~130 g 的混配药剂喷雾。防治马铃薯和番茄晚疫病，在 100 L 液药中，用含本品 20~25 g、代森锰锌 160~195 g 的混配药剂喷雾。苯霜灵可以单用，也可与保护剂代森锰锌、灭菌丹等其他药剂混用。由于苯霜灵为易引起病原菌产生耐药性的品种，宜采取混用、轮用或复配成混合杀菌剂。国内也无单剂供应。

4. 稻瘟酯

稻瘟酯由日本北兴化学工业公司和日本宁部兴产工业公司共同开发，CA 登录号为 101903-30-4（图 9-3）。

对种传的病原真菌，特别是由串珠镰孢引起的水稻恶苗病、由稻梨孢引起的稻瘟病和宫部旋孢腔菌引起的水稻胡麻叶斑病有卓效。能防治子囊菌纲、担子菌纲和半知菌纲致病真菌。20% 可湿性粉剂防治上述病害的施用方法：① 浸种，稀释 20 倍，浸 10 min. 稀释 200 倍，浸 24 h；② 种子包衣，剂量为种子干重的

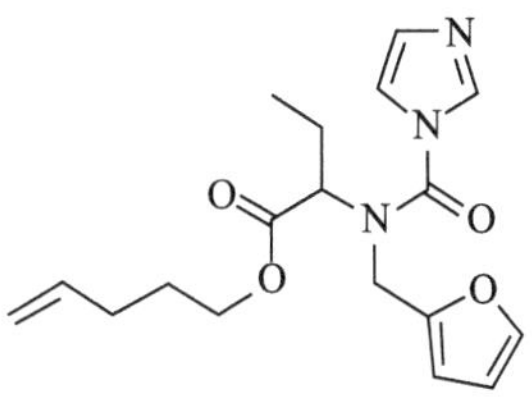

化学名称：戊4-烯基-N-糠基-N-咪唑-1-基羰基-DL-高丙氨酸酯

图9-3　稻瘟酯化学式

0.5%；③喷洒，以75倍的粉释药液喷雾，用量30m L/kg干种。

其酸或氨基酸碳链脂，对于稻瘟病、稻白叶枯病、柠檬的黑变病、黄瓜类白粉病等均具有不同程度的抑菌效力。专利提到碳数为9～22的脂肪酸或醇较合适。至于氨基酸其结果似乎相差不远，目前进行扩大验证的是缬氨酸的衍生物，即N-月桂酰缬氨酸和L-缬氨酸月桂脂。在用量为2 000 mg/L时防治水稻稻瘟病效果接近稻瘟净。

二、活性氨基酸杀虫剂

1. 天然氨基酸

在中美洲的刀豆属和豆料的另一层Dioclea中，L-刀豆氨酸组成其豆荚种子净重的5%～10%，L-刀豆氨酸（L-concanavaline）是L-精氨酸的结构类似物。很多昆虫能把刀豆氨酸结合到它们的蛋白质中，而使这样的蛋白质失去功能。因此，这一罕见的氨基酸对很多昆虫都是一种强杀剂。但是豆象虫甲的幼虫专靠取食Dioclea的种子生活，而这种种子含有8%以上的刀豆氨酸，可见甲虫能够代谢部分的刀豆氨酸，也可能有其他的解毒机制。似乎是它们的精氨酰tRNA合成酶能够区别精氨酸和刀豆氨酸，并且能够排斥不利用刀豆氨酸。

黧豆（Mucuna）种子含有6%～9%的L-多巴［L-3,4-二羟基苯丙氨（酸）］，是苯丙氨酸的类似物。广食性的南方黏虫有能力解毒许多毒化合物，但当黏虫取食0.25%浓度L-多巴时就产生异常的蛹，用5%的L-多巴就能驱避黏虫。

2. 含氨基酸的有机磷杀虫剂

Young（1961）报道了含氨基酸的两个有机磷化合物（含有甘氨酰胺），但没有报道这两个化合物的杀虫活性。Moctprokota等人详细地研究了上述新型的有选择作用的杀虫剂和杀螨剂，并合成了几种新的含氨酸的有机磷的化合物，该化合物含α-丙氨酸乙酯。在研究上述化合物的生理活性时证明，它们的毒性以及作用的选择性与分子中所含的氨基酸的本质关系极大。例如β-丙氨酸的衍生物是较强的杀虫剂，接近对硫磷（1605），而是十分弱的杀螨剂。α-丙氨酸的衍生物是强的杀螨剂，而仅是中等效力的杀虫剂；相应的缬氨酸衍生物杀螨性能比对硫磷（1605）大2倍。

甘氨酸乙酯衍生的二硫代硫酸盐向相应的二硫代膦酸盐过渡，则杀螨作用增大40倍和杀蚜作用增大30倍，而伴随着动物毒性增大5.3倍。

3. N-取代有机磷α-氨基酸杀虫剂

张景龄等（1985）报道了15种含有不对称结构的O,O-二烷基硫代磷酰氨基酸酯的合成；李志荣和刘创杰（1991）报道了7种新的O,O-二烷基-N-烷基-N［（二烷基羰基）甲基］硫代磷酰氨酯的合成，生物测试表明采用500 mg/L浓度的3f（7种化合物之一编号）在25℃下处理棉花红蜘蛛，24 h内其死亡率为97.5%。

4. 含氨基酸的非有机磷杀虫剂

已经报道的有多个品种，如丙硫克百威、棉铃威、氟胺氰菊酯等。前二者是丙氨酸衍生物，后者是α-缬氨酸衍生物。

（1）丙硫克百威（图9-4）

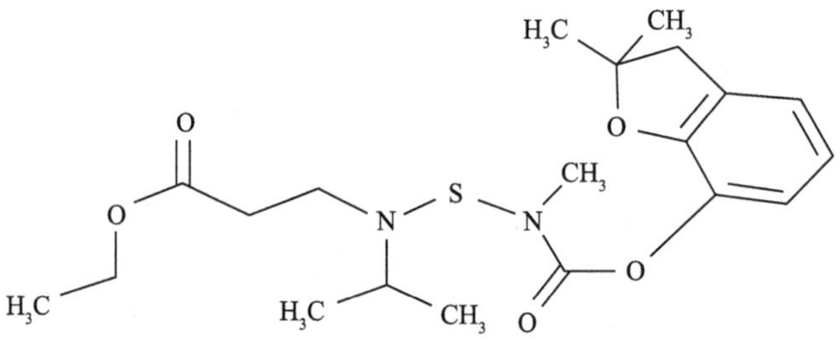

化学名称：N-［2,3-二氢-2,2-二甲基苯并呋喃-7-基氧羰基（甲基）氨硫基］-N-异丙基-β-丙氨酸乙酯

图9-4 丙硫克百威化学式

丙硫克百威是克百威低毒化品种，是胆碱酯酶的抑制剂，具有触杀、胃毒和内吸作用，持效期长。为中等毒性杀虫剂。使用方法为土壤处理，每亩用5%颗粒剂800~1 200 g或10%乳油400~600 g作土壤处理防治玉米害虫，甜菜及蔬菜上的跳甲、马铃薯甲虫、金针虫、小菜蛾及蚜虫等；种子处理，每100 kg种子用0.4~2 kg 20%丙硫克百威拌种。

（2）棉铃威（图9-5）

棉铃威为中等毒性杀虫剂。大鼠急性经口 LD_{50} 为330 mg/kg，小鼠急性经口 LD_{50} 为2 000 mg/kg以上。无致癌、致畸和致突变作用，对鸟、鱼有毒。具有触杀和胃毒作用，杀虫广谱。适用于蔬菜、葡萄、棉花上防治鞘翅目、半翅目和鳞翅目害虫。防治棉铃虫，每亩用40%棉铃威乳油50～100 g兑水50～100 kg均匀喷雾；防治蔬菜上蚜虫，烟草上的烟青虫，推荐剂量为每亩用40%乳油50～100 g，兑水50～100 kg均匀喷雾。

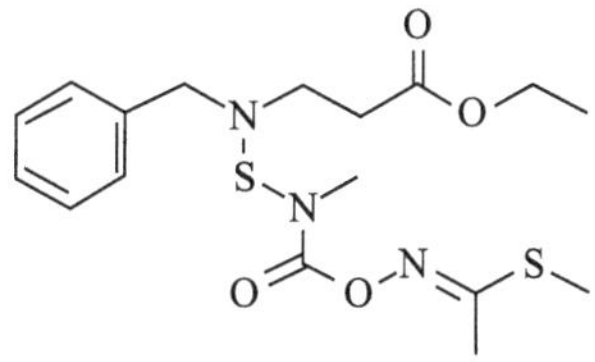

化学名称：（Z）N-苄基-N-（（甲基（1-甲硫基亚乙基氨基氧羰基）氨基）硫）-β-丙氨酸乙酯

图9-5 棉铃威化学式

（3）氟胺氰菊酯（图9-6）

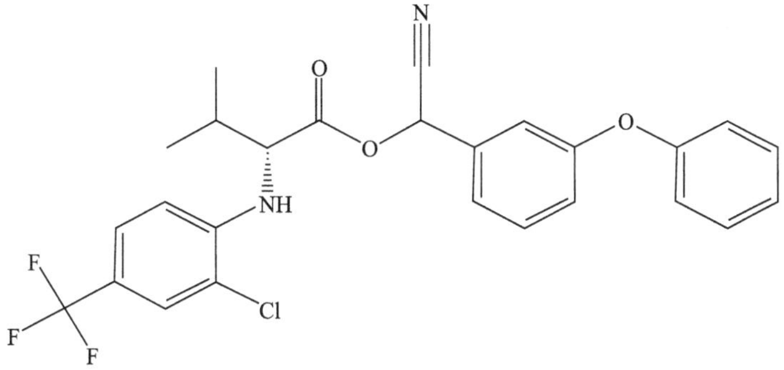

化学名称：N-［2-氯-4-（三氟甲基）苯基］-D-缬氨酸

图9-6 氟胺氰菊酯化学式

氟胺氰菊酯具触杀和胃毒作用，高效、广谱拟除虫菊酯类杀虫、杀螨剂，对作物安全、残效期较长。可用于防治棉铃虫、棉红铃虫、棉蚜、棉红蜘蛛、玉米螟、菜青虫、小菜蛾、柑橘潜叶蛾、茶毛虫、茶尺蠖、桃小食心虫、绿盲椿、叶蝉、粉虱、小麦黏虫、大豆食心虫、大豆蚜虫、甜菜夜蛾等。如防治棉铃虫、红铃虫在卵孵盛期，幼虫蛀入蕾、铃之前，防治棉蚜于无翅成Chemicalbook若虫盛发期，用20%乳油1 000～2 000倍液喷雾；防治菜蚜、菜青虫，用20%乳油2.25～3.75 mL/100 m²，兑水7.5g喷雾；防治大豆食心虫、小麦黏虫，用20%乳油3 000～4 000倍液喷雾。由于长期连续使用的缘故，害虫已对该药剂产生耐药性，并造成对多种拟除虫菊酯产生交互抗性，对已产生抗性害虫应停止使用为宜。

三、活性氨基酸除草剂

活性氨基酸除草剂的研究发展异常迅速，原因是全世界农业生产中由于杂草危害给农业造成的产量损失约占11%。经济发达国家如美国、日本、德国等每年投入除草剂研究开发经费达数百亿美元以上，占农业投资的43%。

（一）草甘膦（图9-7）

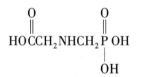

化学名称：N-磷羧基甲基甘氨酸

图9-7　草甘膦化学式

草甘膦是一种非选择性、内吸传导型广谱、无残留、灭生性的芽后除草剂。对多年生根杂草非常有效，广泛用于橡胶、桑、茶、果园及甘蔗地。主要抑制植物体内的烯醇丙酮基莽草素磷酸合成酶，从而抑制莽草素向苯丙氨酸、酪氨酸及色氨酸的转化，使蛋白质合成受到干扰，导致植物死亡。草甘膦是通过茎叶吸收后传导到植物各部位的，可防除单子叶和双子叶、一年生和多年生、草本和灌木等40多科的植物。草甘膦入土后很快与铁、铝离子结合而失去活性，对土壤中的种子和微生物无不良影响。其毒性按我国农药毒性分级标准，草甘膦属低毒除草剂，对人、畜低毒。原粉大鼠急性经口 $LD_{50}>4\,320$ mg/kg，兔急性经皮 $LD_{50}>7\,940$ mg/kg。对兔眼睛和皮肤有轻度刺激性，对豚鼠皮肤无过敏和刺激作用。在实验条件下对动物未见致畸、致突变、致癌作用。草甘膦对鱼和水生动物毒性较低，虹鳟鱼 LC_{50} 为120 mg/L。草甘膦对蜜蜂和鸟类无毒害。

草甘膦最初应用于橡胶园防除茅草及其他杂草，可使橡胶树提早1年割胶，老橡胶树增产。现逐步推广于林业、果园、桑园、茶园、稻麦、水稻和油菜轮作地等。各种杂草对草甘膦的敏感程度不同，因而用药量也不同。如稗、狗尾草、看麦娘、牛筋草、马唐、猪殃殃等一年生杂草，用药量以有效成分计为6~10.5 g/100 m。对车前子、小飞蓬、鸭跖草等用药量以有效成分计为11.4~15 g/100 m。对白茅、硬骨草、芦苇等则需18~30g/100 m，一般兑水3~4.5 kg，对杂草茎叶均匀定向喷雾。一般阔叶杂草在萌芽早期或开花期，禾本科在拔节晚期或抽穗早期每亩用药量兑水20~30 kg喷雾。已割除茎叶的植株应待杂草再生至有足够的新生叶片时再施药。防除多年生杂草时一次药量分2次，间隔5 d施用能提高防效。

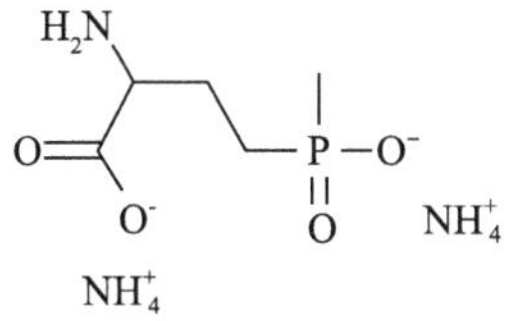

化学名：4-［羟基（甲基）膦酰基］-DL-高丙氨酸

图9-8　草铵膦化学式

（二）草铵膦（图9-8）

草铵膦是由原德国艾格福公司在20世纪80年代开发成功的一种广谱触杀型灭生性除草剂。草铵膦属于膦酸类除草剂，能够抑制植物氮代谢途径中的谷氨酰胺合成酶，从而干扰植物的代谢，使植物死亡。具有杀草谱广、低毒、活性高和环境相容性好等特点，其发挥活性作用的速度比百草枯慢而优于草甘膦。成为与草甘膦和百草枯并存的非选择性除草剂，应用前景广阔。许多杂草对草铵膦敏感，在草甘膦产生抗性的地区可以作为草甘膦的替代品使用。草铵膦杀草速度快，受药杂草2~6 h内光合作用便开始受阻，1 d内停止生长，2~3 d出现失绿、坏死等症状，1~2周内全株枯死。同时，草铵膦的作用能够持续25~45 d，控草时间长于其他除草剂。草铵膦被喷洒到植物体上时，能够迅速通过茎叶被吸收入植物体内，并依赖植物蒸腾作用在木质部进行传导。但其接触土壤后会被土壤中的微生物迅速分解而失效，因此根部对草铵膦的吸收很少甚至几乎不吸收。

草铵膦作用与谷氨酰胺合成酶（glutamine synthetase，GS）有关，这种酶在植物的氮代谢过程中催化谷氨酸与铵离子合成谷氨酰胺。而当草铵膦进入植物体内后，能与ATP相结合并占据谷氨酰胺合成酶的反应位点，从而不可逆地抑制谷氨酰胺合成酶的活性并破坏之后的一系列代谢过程。谷氨酰胺合成酶受到抑制后，谷氨酰胺的合成受阻，继而植物体内氮代谢发生紊乱，蛋白质和核苷酸等物质的合成减少，光合作用受阻，叶绿素合成减少。同时细胞内铵离子的含量增加，使得细胞膜遭到破坏，叶绿体解体。最终导致植物全株枯死。

（三）双丙氨酰膦

双丙氨酰膦是一种非选择性除草剂，用于葡萄、苹果、柑橘园中去除多种一年生及多年生的单子叶和双子叶杂草，以及免耕地、非耕地灭生性除草。化学名称：L-2氨基一4-［（羟基）（甲基）膦基］丁酰一L—丙氨酰-L-丙氨酸钠盐。双丙胺膦是从链霉菌（*Streptomyces hygroscopicus*）发酵液中分离、提纯的一种三肽天然产物，其作用比草甘膦快，比百草枯慢，而且对多年生植物有效，对哺乳动物低毒，在土壤中半衰期较短（20~30 d）。双丙氨膦本身无除草活性，在植物体内降解成具有除草活性的草丁膦和丙氨酸。据此，德国已人工模拟成功开发草丁膦（Glufosinate，HOE39866）除草剂，已被广泛应用。此品在土壤中丧失活性，易代谢和生物降解，因此使用安全。

四、活性氨基酸生长调节剂

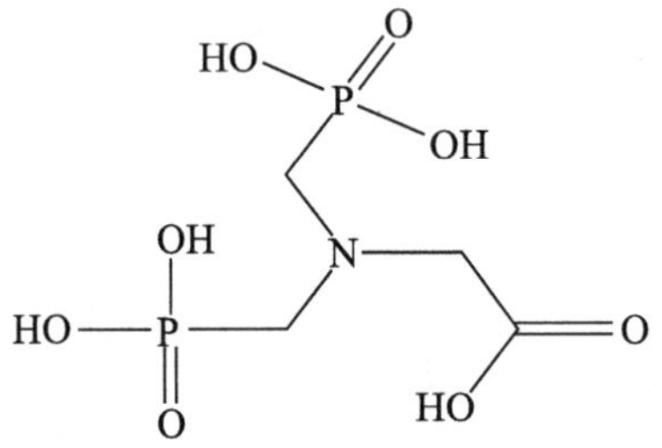

化学名称：N,N-双（膦酰基甲基）甘氨酸

图9-9　增甘膦化学式

增甘膦为一种植物生长调节剂（图9-9），催熟增糖效果显著、毒性低、残留低，通过植物叶面吸收，可作用于甘蔗、甜菜、甘薯、水果、大豆及棉花等作物的生长调节。能抑制甘蔗酸性转化酶的活性，阻抑蔗糖水解，从而增加蔗糖的积累。收获前4~8周喷施，可使甘蔗植株生长延缓、变矮，改善田间通风透光，促进成熟。作用机理：增甘膦属于能刺激植物生成乙烯的药剂。对甘蔗和甜菜的成熟和含糖量提高有显著作用。在高浓度情况下，它具有除草剂作用，被用作棉花脱叶剂。甜菜于收获前30 d喷0.56 kg/hm^{2}可使蔗糖收量增加10%。能促进甘蔗的生长和催熟。甘蔗收获前9周施药2~6 kg/hm^2，增加蔗糖含量的效果最佳。棉花开荚时期喷0.56 kg/hm^2，7 d之内可有70%~80%棉花脱叶。苹果和梨于采前9周喷1 500 mg/L可使可溶性固形物含量增加1%~1.5%。

五、氨基酸植物诱抗剂

氨基丁酸：β-氨基丁酸（BABA）是从经暴晒的番茄根系中分离得到的一种次生代谢非蛋白氨基酸，最早发现应用BABA处理番茄植株后能诱导番茄对晚疫病的抗性（Oort，1960），随后又观察到BABA具有高效诱导豌豆抗黑根病的活性，其诱抗效果高于α-氨基丁酸（Papavizas，1963）；进一步研究还发现BABA能诱导多种作物产生对多种病害的抗性（谢丙炎等，2002；Cohen，2002；Reuven et al.，2001；Zhang S，2001；Shailasree et al.，2001），是一种具有广谱诱抗活性的植物化学诱抗剂。近年来利用拟南芥突变体作为试验材料开展BABA

诱导植物抗病性的研究越来越显示出 BABA 作为一种高效、广谱的非蛋白氨基酸植物诱抗剂的潜能而成为人们关注的焦点。

第三节　其他药肥原料

除了直接选用氨基酸农药生产氨基酸药肥外，也可以利用氨基酸与其他常规农药进行加工生产氨基酸药肥。其他常规农药根据来源可分为植物源农药、矿物源农药、微生物源农药、化学源农药和生物刺激素类农药。植物源农药包括生物碱（生长素、细胞分裂素和脱落酸等植物内源调节剂及其衍生物）、萜烯类、黄酮类、光化毒素等。矿物源农药包括硫酸铜、硫黄、石硫合剂、磷化铝、磷化锌、柴油等。微生物源农药包括苏云金杆菌、白僵菌、核多角体病毒、申嗪霉素、井冈霉素、C 型肉毒梭菌外毒素等。化学源农药包括有机磷、氨基甲酸酯、阿维菌素、拟除虫菊酯、烟碱类植物生长调节剂等。

生物农药

生物农药又称天然农药，是指利用生物活体（细菌、真菌、昆虫病毒、转基因生物、天敌等）或其代谢产物（信息素、生长素、萘乙酸、2,4-二氯本氧乙酸等）针对农业有害生物进行杀灭或抑制的制剂。生物农药可以分为活体微生物农药、微生物产物农药、植物源生物农药、动物源农药等。利用生物农药开发的生物药肥，与普通化学药肥的区别在于其靶标种类的专一性、低残高效、对生态环境影响小、对人畜安全、不易产生抗药性等，是我国药肥研发最重要的方向。

（一）多肽及蛋白质农药

蛋白类是由微生物产生，对多种农作物具有生物活性，对农作物病虫草有间接抑制或防控功能的蛋白激发子类药物，如苏云金杆菌（Bt）杀虫蛋白、过敏蛋白、隐地蛋白、激活蛋白、糖蛋白、鞭毛蛋白、病毒蛋白等。蛋白质农药不像能全面杀死靶标的药物，它的作用机制是通过激活植物体内的免疫系统增强植物本身对这些外来生物的抵抗能力，从而达到抗病防虫和抗逆的目的。

Bt 杀虫剂即苏云金杆菌制剂，是当前世界上产量最大、应用最广的微生物杀虫剂。其作用机制是昆虫取食苏云金杆菌后，杀虫晶体蛋白就随之进入昆虫体内并在昆虫碱性肠道内溶解，经过肠道内蛋白酶的消化作用，将前毒素降解为活性蛋白而破坏肠道细胞膜结构，形成跨膜离子通道或孔，导致细胞溶解，最终使昆虫死亡。Bt 杀虫剂具有防治病虫害、天然降解、无污染、生态环保以及害虫难产生抗药性等优点。Bt 杀虫剂与碳酸钙、氧化钙、硫酸锌混用，可以使其杀虫效果提高 1.9 倍以上，$ZnCl_2$、巯基乙醇、硼酸、$ZnSO_4$、$CuSO_4$、$CaCl_2$ 等 6 种化学添加剂对 Bt 杀虫剂有增效作用。2001 年美国 EDEN 公司研发出康壮素（messenger）生物农药，因其绿色环保的属性，多国政府鼓励在蔬菜、果树上施用该产品，而这种用于控制病害和增强抗逆性的过敏蛋白和激活蛋白等蛋白质农药，正逐步应用于农业生产中。

（二）植物源农药

植物源农药是从植物体内（人工栽培或野生的植物）提取的有杀虫或杀菌效果的农药，通过筛选、鉴定、改造最终合成新型高效、低毒的无公害农药，如苦参素、苦楝素、印楝素、鱼藤酮、除虫菊、藜芦碱、烟碱等。植物源农药通常富含 N、P、K 等常量及微量元素，施用后能够促进作物生长，提高作物品质，同时还能防治病虫害，没有化学药物表现出的副作用。2005 年，日本特殊药业和德国拜耳农化联合开发的吡虫啉，以及日本曹达开发的吡虫腈烟碱类植物源农药已成为最成功的品种。我国已有研究者从全国 8 000 多种木本植物中筛选 2 000 多种具有杀虫活性的化合物，如苦楝中可以提取四环三萜类杀虫化合物，牡丹花科植物可提取四环二萜类杀虫化合物，从菊科植物中可以提取早熟素、倍半萜内酯和炔类杀虫化合物。植物源药肥可以使花生增产 9.4%~11.5%，害虫防治效果与施用涕灭威或辛硫磷的效果相当。

植物源药肥富含杀虫、杀菌、诱导免疫等多种活性物质，具有无公害、无污染、不易使有害生物产生抗药性、保护天敌、省时省力、药效持久、提高土壤活力等优点；但仍存在速效性差、与其他农药亲和力差以及生产成本较高等缺点。目前我国正逐步淘汰高毒、高残留的农药，植物源农药环保、安全的优势逐渐凸显，其与有机肥料结合成的药肥既能调节农作物生长发育，又能防治病虫害，因而对于无公害栽培及绿色食品的开发与生产具有广阔的应用前景。

（三）天然生物刺激素类

天然生物刺激素是自然界存在、未经人工改造的一类活性物质。其功效在于促进作物的自然生长过程，包括促进植物对营养元素的吸收，提高非生物胁迫的抗性，增加作物产量以及改善作物品质。国外一般将天然生物刺激素分为腐植酸、天然有机材料、有益化学元素、无机盐（亚磷酸酯等）、海藻提取物、甲壳素和壳聚糖衍生物、抗蒸腾剂以及游离氨基酸类含氮物质等 8 类。

天然生物刺激素与肥料、农药的科学复配与施用，通常会达到优势互补、提高功效等作用。例如腐植酸类产品可以增强作物抗旱、抗寒及抗病虫害等能力，同时其与杀菌剂、杀虫剂、除草剂等农药复配还可达到缓释增效、提高农药稳定性、降低农药毒性等效果；氨基酸类生物刺激素可增加作物产量，增加叶片中抗氧化成分的含量，调节气孔开放，提高光合能力，提高作物的生物和非生物抗性。通过氨基酸与钾肥混合施用的试验结果发现，氨基酸与钾肥复配施用能够显著增加小麦产量，提高小麦抗倒伏能力；采用复合氨基酸液体肥料拌种可显著提高玉米植株的生理活性，增加玉米的叶绿素含量，提高玉米抗逆性，有效延缓玉米植株的衰老（吴玉群，2006）；其他生物刺激素类药肥对提高作物抗逆性、促进作物生长等也具有重要作用。尿素、腐植酸铵与复硝酚钠复配施用，可显著促进作物植株生长（杭波，2012）；胺鲜酯（DA-6）与硼、蔗糖、钙等配合施用，可促进花粉管的伸长，提高农作物的早期坐果率；与尿素、硫酸钾等混配施用，能够增加肥效 30%以上，同时增强农作物抗病、抗逆性；多效唑配施磷钾肥，可有效提高羊茅草的耐热性，延长绿色期；在大豆盛花期叶面喷施多效唑和氮磷钾肥，可促进植株横向生长，改善植株营养，有效提高农作物产量；三十烷醇与磷酸二氢钾混合喷施，可提高叶片叶绿素的含量，提高农作物产量。天然生物刺激素在作物生产的价值链与生态环境中都起着重要的作用，其与肥料复配的筛选与工艺技术研究，将是我国药肥的重要研究方向。

（四）无机类

亚磷酸盐被证明对农作物具有增产抗病的功效，是一种新型环保的化学制剂。针对国内外亚磷酸盐作为杀菌剂和功能性肥料在农业上的应用研究及作用机制进行综述。目前，亚磷酸盐在国外已经广泛应用到植物病虫害防治及植物营养领域，而我国对其相关研究及应用则较为滞后。亚磷酸盐用作杀菌剂在抑制茄属、芸薹属及其他叶菜类等卵菌纲病菌方面均有很好的效果，同时在增加草莓、马铃薯等作物开花、产量、果实大小及可溶性物质含量等方面具有很好的肥效。作用机制研究证实，亚磷酸态磷可在作物木质部和韧皮部进行双渠道运输，加快营养吸收和利用；在抗病方面，人们普遍认为亚磷酸态磷能诱导作物产生抗御毒素及病程相关蛋白（PR 蛋白），可能依赖水杨酸（SA）开启防御机制，使作物对病原菌产生持续免疫力。

（五）壳聚糖

生物源农药壳聚糖是甲壳素脱乙酰化处理的产物，壳聚糖的分子量为十几万至几十万，是迄今发现的唯一天然碱性多糖。由于形成有序的大分子结构中大量2-氨基葡萄糖和部分 2-乙酰氨基葡萄糖的存在，前者含量一般超过 80%，其特殊的分子组成和结构赋予壳聚糖多种生物活性和功能，与甲壳素相比各种性能得以大大改观。据文献报道，生物源壳聚糖具有杀虫、杀菌、调节作物生长、生物官能性和易于成膜等特殊性能，在农业中主要可以用作杀虫剂、杀菌剂、植物生长调节剂、农药缓释剂、果蔬保鲜剂以及可降解地膜和种子处理等；而使用的壳聚糖对作物无药害，对人畜无毒害、对环境无公害，是一种对环境友好、性能优良的生物源农药，具有广阔的应用前景。

壳聚糖是植物—病原体相互作用过程中的重要信号分子，不仅能抑制病原菌的生长，还能激活植物的多种抗病基因，诱导植物产生抗病性。它作为植物体内的诱导物，能诱导各类植物产生抗性因子，有效地防治真菌、细菌和病毒性病害；同时又能有效地活化植物细胞，调节和促进植物生长，特别是对目前化学农药无法控制的某些农作物的特殊病害，如枯萎病、黄萎病和病毒病等，有明显而独特的效果，受到人们的关注。

第四节　水溶氨基酸药肥研制工艺

根据农药及肥料原料的来源、物理化学特性等，目前药肥使用最多的剂型是颗粒型、粉体型、干悬浮、清液型、悬浮剂、缓释剂等剂型。

一、固体颗粒型氨基酸药肥及工艺

固体颗粒型药肥是将农药原药与肥料、载体、黏着剂、分散剂、润湿剂、稳定剂等助剂混合造粒所得到的一种固体剂型。它的性能要求主要有细度、均匀度、贮存稳定性、硬度、崩解性等。由于药肥进行肥料、农药双登记，其剂型要求基本要参照农药颗粒剂的标准。一般颗粒直径 0.3~1.7 mm，具有使用简单、向外扩散小、药效持久的优点。

将农药原药与肥料、载体、黏着剂、分散剂、润湿剂、稳定剂等助剂与其他包裹层粉状物料经计量、研磨粉碎混合充分后待用，尿素颗粒批量经计量后放入包裹造粒机圆盘内作为造粒核心，以水蒸气、水、表面活性剂或添加高分子材料等为黏结剂，在包裹造粒机中用包裹层粉状物料进行包裹造粒，已造好的湿颗粒加热干燥，再经冷却、筛分后即得包裹型颗粒药肥。如果农药包裹层物料和肥料尿素核心物料接触时出现化学反应等情况，则可将包裹层粉状物料分两批混合，先用没有农药的那部分粉状物料包裹尿素，以起到肥药相互隔离作用，然后再用混有农药的粉状物料继续包裹。包裹材料可选择白土、膨润土、磷矿粉、硫黄粉、滑石粉、风化煤、沸石粉、硅藻土等作为包裹层粉状物料（图9-10）。采用包裹造粒，考察颗粒药肥包裹率、抗压强度、崩解时间等性能。也可以选用挤压造粒机进行挤压造粒。

二、粉体氨基酸药肥及工艺

粉体药肥其构成主要包括农药原药、肥料及载体和助剂。对农药原药无明确要求；肥料及载体须与药剂相容，无明显反应现象，可对药剂有一定的吸附作用，粒度均匀；助剂为润湿剂、分散剂、展着剂等（王小会，2008；汤建伟和许秀成，2000）。

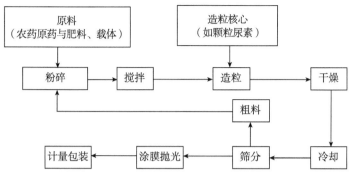

图 9-10　颗粒药肥包裹造粒工艺流程示意图

粉体药肥要求（主要参照农药可湿粉）：有效成分不低于标明含量；粒径小于 44 μm 的颗粒占比一般要求≥95% 或 98%；农药润湿时间在 1~2 min，且肥料须全部溶解或在水中分散，悬浮率 70%；热贮稳定性，在（54±2）℃贮存 14 d 有效成分的分解率<10%（图 9-11）。

干悬浮药肥是粉体药肥的一种，是由肥料、农药原药、纸浆废液、棉籽饼等植物油粕或动物毛皮水解下脚料（氨基酸）、腐植酸等工农业原料加工而成。其特性在于其在水中分散度高、粒度小、节省有机溶剂，便于贮存、运输，减少污染。

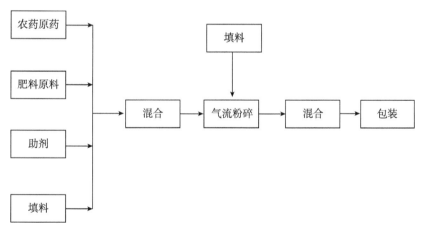

图 9-11　原料全部为固体的粉体药肥工艺流程示意图

干悬浮药肥的加工方法是将水不溶的农药原药，通过机械分散、加热溶解和乳化剂乳化的方法，首先分散至体系中，形成胶体溶液，再利用分散剂将农药包裹，形成稳定均一体系，而后通过干化脱水或喷雾干燥等方法制成粉状或片状的干悬浮剂（路福绥，2007）。干悬浮药肥的质量标准要求有以下几点：干悬浮药

113

肥要求有效成分（养分、农药）含量达到一定要求；外观及粒度呈粉（粒）状松散颗粒或乳浊液滴；粒径 $1 \sim 5\ \mu m$ 的颗粒占比大于 70%，粒径大于 $8\ \mu m$ 的颗粒占比小于 10%；悬浮率大于 85%；可任意比例与水混合成悬浮液；冷藏热贮稳定性、pH 值等指标稳定。

该剂型配制需关注三大问题：一是产品贮存过程中吸潮结块问题，粉状药肥比表面积大，易发生吸潮结块，增加使用难度，降低肥效；二是肥料组分全水溶问题；三是农药组分易发生润湿、悬浮、分散、展着等问题。

三、缓控释型氨基酸药肥

缓控释型氨基酸药肥主要是根据病虫害发生规律、特点及作物养分需求、环境条件，通过加工手段即物理或化学的方法，将活性氨基酸类农药贮存于具有孔隙或吸附能力的肥料中，施入土壤后随着肥料及农药吸附材料以及包膜材料等的降解矿化而逐渐释放使农药和肥料按照需要的剂量、特定的时间持续稳定地释放，以经济、安全、有效地控制病虫害，并满足作物养分需求。缓控释药肥可以分为两类：物理型缓控释药肥和化学型缓控释药肥。对于缓释型药肥，关键需解决药肥进入土壤后释放及随水分散问题。相对于水中解体分散型颗粒药肥，水中不解体型颗粒药肥具有包膜缓释、高毒农药低毒化、有效期长等优点，但需考虑其水解释放速率的问题。

（一）物理型缓控释药肥

目前，常见的缓控释药肥通常利用黏土矿物和高分子材料做载体以及包膜材料，可以分别单用或复合应用，已达到较好的缓控释效果。

黏土矿物是构成沉积岩、页岩和土壤的，呈细分散状态的（粒度<2 μm），含水的层状硅酸盐矿物或层链状硅酸盐矿物及含水的非晶质硅酸盐矿物的总称。其特性是具有良好的吸附性、离子交换性、膨胀性、分散性、凝聚性、稠性、黏性、触变性和可塑性等。常见黏土矿物主要包括高岭石族、伊利石族、蒙脱石族、蛭石族以及海泡石族等矿物。黏土矿物可用作药肥的颗粒剂，一是载药，二是缓释。农药载体矿物可以防止挥发性农药向大气扩散，防止农药被土壤吸附而丧失活性，防止农药落入水中或随气流带走而污染环境，控制药效缓慢释放。

黏土矿物在药肥加工中的应用主要是作为农药成分的囊材料和载体材料。比如海藻酸盐类黏土，此类材料性能稳定、无毒且成膜性好，是很好的囊材料。有研究黏土矿物以及土壤中的有机物对除草剂异丙甲草胺和普杀特释放行为的影响，表明除草剂在钙蒙脱石上的吸附等温线符合 Freundlich 方程。异丙甲草胺在钙蒙脱石和腐植酸不同比例的复合物上的吸附研究表明：钙蒙脱石与腐植酸的相互作用降低了自身对农药的吸附，这不但使除草剂的有效期更长，而且利用率更高。将酸处理过的蒙脱土作为藻酸盐莠去津的改良剂，比未添加酸处理蒙脱土改良藻酸莠去津盐除草剂的释放比率低，因而可以有效地减少土壤中农药的残留量，保护环境。用有机金属阳离子处理蒙脱土，使蒙脱土的亲水性降低，同时也提高了蒙脱土的阳离子交换量，使蒙脱土对除草剂的吸附作用更强，有效地控制了土壤中除草剂的析出。以黏土矿物作为杀虫剂控释的载体，用天然的蒙脱土和用 H_2SO_4 处理过的蒙脱土制备杀虫剂试样，在水底进行振荡释放试验，与未添加蒙脱土的杀虫剂比较，添加天然蒙脱土和用 H_2SO_4 处理过的蒙脱土的杀虫剂释放时间分别比原杀虫剂长 1.4 h 和 4.3 h。随后又用藻酸盐处理过的有机金属蒙脱土和杀虫剂制成试样，在相同时间内，该试样的杀虫剂滤出量只有上述两种试样的 50% 和 75%，有效地控制了杀虫剂的释放。用一种高分子材料胶质与黏土制成一种黏土-高分子复合材料，这种复合材料在一定时间内对杀虫剂的释放率为 88%，达到了相关要求。黏土矿物缓控释药肥制造工艺有挤压造粒、包膜等方式（图 9-12）。

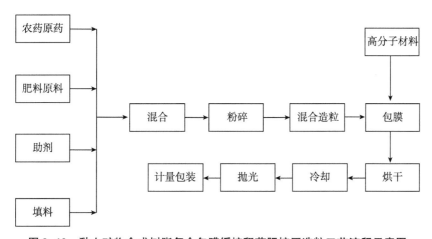

图 9-12 黏土矿物合成树脂复合包膜缓控释药肥挤压造粒工艺流程示意图

合成树脂包膜控释药肥是指在肥料或农药颗粒表面涂覆高分子合成树脂聚合物材料制成的，由高分子聚合物膜包裹的能按照预期释放养分或农药有效成分的新型药肥。树脂包膜可控制养分、农药的释放，减少肥料、农药与外界的直接接触、改善药肥的理化性能，提高利用率、减少环境污染。合成树脂包膜材料的包膜厚度可以控制，养分及农药的扩散速率主要由聚合物的化学性质决定。其作用机理为物理控释，影响因子主要是温度和水分。养分释放可控性强。树脂包膜的弹性好，不容易破碎，适合于机械化施肥。合成高分子树脂包括热塑性聚烯烃类（如聚乙烯、聚丙烯）、热固性树脂（如醇酸树脂、聚氨酯类）等树脂。包膜常见的辅助材料包括添加剂：如稳定剂、抗氧化剂、增塑剂、蜡和润滑剂；填料：滑石粉、碳酸钙、硅藻土、高岭土、膨润土、二氧化硅、金属氧化物、淀粉及亚丁烯基双脲等。药肥包膜的一般方法有造粒塔喷雾法、流化床涂布法、转鼓或圆盘包覆法、浸润离心法等。

（二）化学型缓控释药肥

化学型缓控释药肥主要是利用农药本身的活性基团（如 $-COOH$、$-OH$、$-SH$、$-NH_2$ 等），在不破坏原化学结构的条件下，自身缩聚或与天然或合成的高分子聚合物直接或间接化学结合，形成在自然界可以逐步降解的新高分子农药，进而再利用此类高分子农药与肥料复合形成药肥。以固体居多、大多不溶于水，本身不表现生物活性，不伤及作物，对人畜毒性也低，只有在使用的自然环境中，逐渐发生化学或生物降解，释放出有效剂量的活性成分，才能显示药剂的生物活性。释放速度决定于新结合的化学键的稳定性、分解和扩散的速率，即连接键的种类和新化合物的亲水性，高分子侧链的体积、立体结构、交联程度以及外界环境因素等，而连接底物的农药量决定有效释放所维持的时间。

化学型缓释药肥类别包括农药自身缩聚体；与高分子聚合物的直接结合体；与高分子聚合物的架桥结合体；与无机或有机化合物反应生成络合物或分子化合物等几种。例如通过辐射聚合可制得五氯苯酚作为悬垂侧链的聚合物农药（图9-13）。

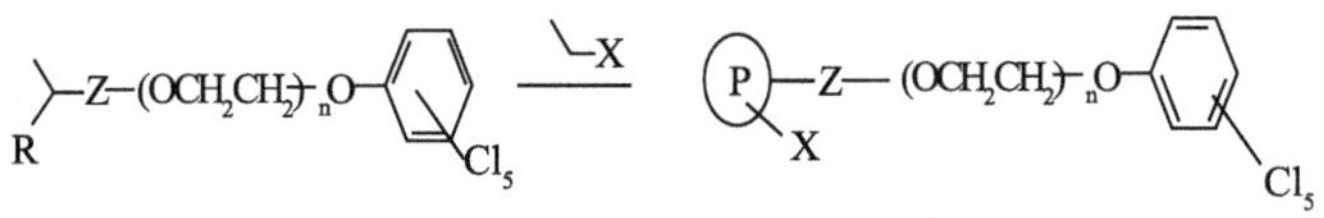

图9-13　五氯苯酚聚合物农药

又如以氯乙酸作架桥剂与纤维素进行反应，产物再与 α-萘乙酸反应，得到如下聚合物农药（图9-14）。

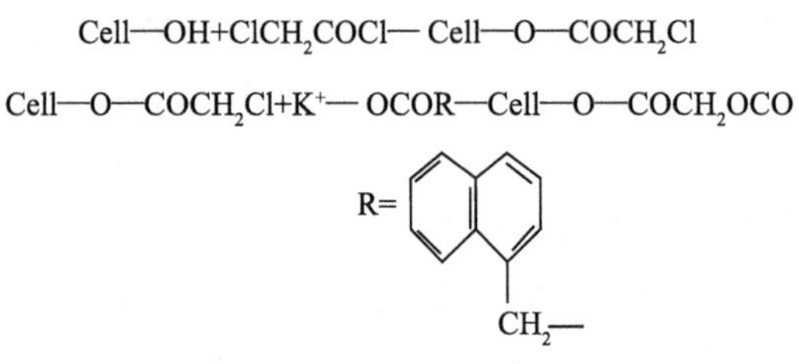

$$Cell—OH + ClCH_2COCl— Cell—O—COCH_2Cl$$

$$Cell—O—COCH_2Cl + K^+ —OCOR—Cell—O—COCH_2OCO$$

图9-14　α-萘乙酸聚合物农药

四、泡腾型氨基酸药肥

泡腾制剂在我国是一种较新的药物剂型，与普通制剂不同，泡腾制剂利用有机酸和碱式碳酸（氢）盐反应作泡腾崩解剂，置入水中，即刻发生泡腾反应，生成并释放大量的二氧化碳气体，状如沸腾，故名泡腾制剂。泡腾技术作为一种加速制剂崩解，促进药物溶出及在水中分散的技术，常用于速释制剂中，随着相关技术的不断发展创新与研究的深入，人们更热衷于安全、友好、高效、经济和方便的当代，泡腾技术越来越广泛地应用于农药制剂的相关领域。泡腾药肥就是这一技术在农业上的应用，其在水中可以使药分迅速溶解，从而提高在农田中的生物利用率。泡腾剂的开发解放了使用者，减轻了使用者的劳动强度，提高了劳动效率，同时避免了农药在使用过程中因漂移而对周围环境非靶标作物的不良影响和对环境的污染。

泡腾药肥主要原料包括农药、肥料载体、填料、黏合剂、崩解剂、润滑剂和其他辅料组成，其中使用的填料、黏合剂、润滑剂和其他辅料类型与普通颗粒药肥相同，只需根据制备工艺选择合适品种。与普通颗粒药肥不同，泡腾药肥中使用的崩解剂为泡腾崩解剂，包括酸和碱，常用的酸有柠檬酸、苹果酸、硼酸、酒石酸、富马酸、无机矿酸（盐酸）等；常用的碱有碳酸氢钠、碳酸钠及其二者的混合物。酸碱比例对泡腾药肥的制备及稳定性影响显著，一般认为酸的用量超过理论用量，有利于泡腾药肥的稳定。

泡腾药肥常规制备方法有湿法制粒、干法制粒、挤压造粒 3 种。① 湿法制粒：当黏合剂为含水溶液时，为避免制粒过程中发生酸碱反应，宜将泡腾崩解剂的酸和碱分开制粒，干燥，混合均匀后压片。从理论上讲，使用无水乙醇等有机溶剂制粒有利于制剂的稳定，但很难保证它们完全无水，从而可能影响制剂的稳定性和增加成本。② 干法制粒：干法制粒可连续操作、耗能低、产量高。最大的优点是在制粒过程中不需要加入黏合剂，从而最大限度地避免了泡腾崩解剂的酸和碱与水接触，非常有利于提高泡腾片的稳定性。③ 挤压造粒：选择适当的药物、肥料组分和辅料，直接进行挤压造粒，具有省时节能、工艺简单、可以避免与水接触而增加泡腾片稳定性等优点。但该法对物料的流动性和压缩成形性要求较高，所以在实际应用过程中受到一定限制。

五、清液氨基酸药肥

清液型药肥主要通过溶解、螯合等工艺，将各种营养组分、助剂、活性氨基酸农药或其他农药成分溶解到水中，形成稳定透明的液体肥料。清液型药肥一般由液体聚磷酸铵基础溶液通过添加氮肥、钾肥、微量元素及杀菌剂、杀虫剂、氨基酸等配制而成。清液肥的优点是施用简单，利于喷施；缺点是因受制于各原料的溶解性，其养分含量不高，并存在结晶、分层、胀气、黏度增加以及流动性变差等常见问题。实践上已经有针对不同作物，将微生物活性菌群与肥料、杀虫剂、隔离剂等混合，研制稳定的杀虫与降解农残专用液体药肥，具有增产、杀虫、降解农残的作用，并能降低生产成本。

六、悬浮态氨基酸药肥

悬浮态氨基酸药肥是将选用的活性氨基酸农药或其他种类的农药与高浓缩悬浮肥混配形成的一种新型药肥，悬浮药肥养分含量更高、更全面，施肥效率更高，与其他冲施肥相比溶解性更好，对作物更安全。悬浮药肥研发过程中的稳定性是衡量产品质量的重要指标。

水基高浓度悬浮药肥组成主要包括肥料、农药（要求有效成分在水中溶解度<100 mg/L，溶点高于60 ℃，化学性质稳定）、防冻剂、润湿分散剂、水抗结晶剂、增稠剂、防腐剂、消泡剂、螯合剂、化学稳定剂等。一般采用超微粉碎法（湿磨法）、凝聚法（即热熔-分散法）。悬浮药肥研发过程中的稳定性是衡量产品质量的重要指标。水基高浓度悬浮肥的质量标准指标为外观、有效成分（养分、农药）含量、pH 值、粒度、悬浮率、黏度、冷藏热贮稳定性、分散性和离心稳定性。

沈飞等（2010）通过加入一定量的助剂使质量分数为5%氯氰菊酯乳油与营养型液体肥料复合，形成稳定的药肥体系。悬浮药肥的制备过程中发现通过控制研磨的时间、悬浮肥中固体的粒度大小、助剂的用量及 pH 值，可以控制悬浮肥的黏稠度，从而生产稳定的悬浮肥，悬浮肥与药物组合后形成的悬浮药肥具有稳定性高、高浓缩等特点，对于高效"立体施肥"具有重要的实践意义。

七、微胶囊缓释药肥

微胶囊缓释药肥是以高分子材料作为囊壁或囊膜，通过化学、物理或物理化学的方法，将农药、肥料等活性物质包裹起来，并将它们稳定地分散、悬浮在水中形成的一种半透性的缓释微型胶囊制剂。在农药与肥料的混合过程中，某些微生物农药如阿维菌素、杀螟杆菌、青虫菌、白僵菌等与化肥复配极易杀死农药中的活性物质，从而降低药效，而将农药制成微胶囊剂，再与肥料复配形成悬浮药肥避免降低药效的问题。微胶囊药肥根据其形态不同，可以分为微胶囊液体药肥和微胶囊颗粒药肥两种。微胶囊液体药肥是将农药微胶囊粉末或农药悬浮剂与清液肥或者悬浮肥按一定比例混合，其特点是高浓缩、流动性好、适合喷施，是水肥药一体化应用的大趋势；微胶囊农药存在诸多优点，同时也存在着囊皮材料贵、制造费用高、经济上缺乏竞争力等问题。研究人员为解决囊皮贵的问题做出了许多的努力，如北京分子科学国家实验室利用改性的淀粉为囊皮，采用预混料玻璃膜乳化技术，研究不同的工艺参数对微胶囊形态、农药质量分数、尺寸的影响，研制出了均匀的、较小尺寸的阿维菌素淀粉微胶囊，解决了微胶囊批量制作和囊皮材料贵的问题。法国里尔大学采用阿拉伯胶和壳聚糖做微胶囊，添加三聚磷酸钠（NATPP）做交联剂，筛选出最佳的工艺参数，制备出高性能的微胶囊。随着水肥一体化技术的深入推广与应用，农药微胶囊因其可以在喷灌、滴灌等技术上应用，将具有广阔的发展前景。

第十章　氨基酸水溶性肥料的研制与加工

　　肥料是农业发展中不可或缺的一个元素，人类认识和利用肥料经历了漫长的历史。肥料研制加工的发展历程可视为一个国家科技历史的缩影，从某种意义上看，肥料行业的科技状况也标志着一个国家的科技整体水平、国民经济实力和核心竞争力。当今世界，肥料研制与加工不仅仅是直接关系到作物生产和粮食安全，更是关乎一个国家资源利用、能源消耗、环境保护、食品安全等诸多方面，成为涉及多行业和多学科的一个重要领域。

　　目前环境问题日益突显，保护生态平衡是面临的重要任务。在肥料研制与加工方面，大力发展优质作物专用肥、增效肥料、功能性水溶肥等新型肥料，均可减缓肥料所带来的环境污染问题。氨基酸水溶肥作为当前研究较多的新型肥料，进入土壤生态系统后，在适当的水分、温度、pH 值等条件下，促进土壤生态系统的碳、氮、氧的有益循环，从而达到修复土壤生态的目的。

　　为了维护全球生态安全、改善全球气候条件而在农业领域推广节能减排技术、固碳技术、开发生物质能源和可再生能源，达到"低能耗、低排放、低污染"的目标，因此低碳农业开始被重视。而肥料的研制与加工研究要朝"环境友好与可控释放"方向发展，研发耗能低、效率高的生产工艺，合理配比肥料、提高肥料的利用率，达到肥尽其用和养分资源高效利用。节能减耗少排有利于实现农业农村部近期提出的"到 2020 年我国化肥使用量零增长"之战略目标。

第一节　氨基酸肥料加工与研制的目标

一、适应现代农业发展需要

　　现代农业对农业投入品的要求不断提高，这是人们日益增长物质生活的需要，也是人类对健康倍加关注的结果。就肥料产品而言，人们希望施用肥料能达到提高农作物产量、改善农产品质量、增加经济收益、保护生态环境、培肥地力等多重目标，显然这是普通化学肥料或有机肥料难以实现的，因为肥料类型自身的局限性还起着重要作用。一般认为肥料剂型和施肥技术在决定肥料效应方面的作用各占 1/2，就目前科学施肥技术的研究和应用而言，肥料剂型在限制肥料综合效应的发挥方面似乎更加突出。因此，从我国自然资源特点来看，南方水热资源丰富，适合多种经济植物（特别是收获叶、茎、果、根等的植物）生长，山地丘陵区需要开发适应不同类型植物营养需要和施肥方法的各种专用肥料和新型肥料；北方平原区光照充足，是重要的粮食生产基地，需要研制适应新型高产栽培技术、机械化施肥、飞机施肥等方式的新型肥料。近年来设施栽培在我国发展很快，北方地区较为普遍应用的大棚栽培经济植物，西北地区的经济植物棉花、果树、蔬菜等采用滴灌节水栽培特别是肥水一体化管理技术，南方果园滴灌设施栽培技术等的应用，迫切需要研制与这些新型农业相适应的肥料新产品（如高效水溶性肥料）和施肥新技术。

二、促进养分资源高效利用

充分发挥氨基酸肥料研制加工对科学施肥、养分资源高效利用的促进和保障作用，研制和加工适合植物营养需要的高效、长效肥料产品，满足科学施肥的需要；研制和生产低成本、高效益的新型肥料产品，满足农民经济施肥的需要；开发和研制无公害缓控释专用肥料产品，满足环境友好（环保）施肥的需要；研制和生产优质有机无机复合肥料、功能性生物肥料，满足简化施肥和培肥地力的需要；研制和生产高度水溶性系列套餐式专用肥料，满足植物生长期间精准调控施肥的需要。

三、节能减排保护生态环境

氨基酸肥料作为一种新型肥料，必须正确认识肥料特别是化学肥料的客观属性。化学肥料虽是化工产品（商品），但更重要的是农用物资。在我国肥料产品的应用对象主要是农作物、农田土壤和种田的农民，因而产品必须以满足提供植物需要的养分、农田高产高效、生态安全、可持续发展和农民用肥经济、节省劳动力等基本要求，而无须过分追求肥料的高浓度或高纯度或高缓控释特性。因为肥料养分的高浓度并非完全符合植物营养特性而达到养分利用的高效率，高纯度通常成本太高而最终要进入到土壤中，长时间的缓控释作用必然大幅度提高肥料制造成本而土壤的水、热、肥等理化特性往往会显著改变这种作用。但是必须强调在农田应用的高度安全性，这是研制新型肥料的关键之一。因此，氨基酸水溶肥的研发应当以弥补现有肥料的不足或挖掘肥料资源潜力为着眼点，针对养分总量低、供肥速率低的有机肥料和针对物理特性、农业化学特性等不稳定的化学肥料，如热敏性肥料碳酸氢铵和硝酸铵、水敏性肥料尿素和硝酸铵进行改型改性的研究，集有机肥料和化学肥料的优点开发新型肥料，特别是要充分利用各种有机肥料资源，达到减少化学肥料生产和施用、节能减排、保护生态环境。此外，针对新的社会需求如近年来出现的室内生态墙和生态家具、街道旁花卉植物悬挂式栽培、阳台楼顶蔬菜作物的框式栽培、袋式栽培等新型植物栽培和利用方式，开发适应这些条件要求的新型肥料，不仅可以扩展肥料资源应用范围，也可以优化人类有限的生存空间。

第二节 氨基酸水溶肥的原料选择

液体氨基酸原料主要有动物蛋白、植物蛋白、微生物蛋白类，动物蛋白主要是一些动物内脏蛋白、血液、家禽羽毛、鱼鳞、鱼皮及蹄等废弃的蛋白质资源。植物蛋白包括一些榨油厂、淀粉厂、醋厂等加工副产物及下脚料等，如大豆分离蛋白经酶解得到复合氨基酸液等。此类原料含多种氨基酸、原料易得、价格低，且各其中单体氨基酸的占比含量基本是固定的，但氨基酸有效含量不高（一般10%~18%），原液中还含有其他伴随物质（如硫酸根、铵根、氯离子等）。

粉状氨基酸主要是以上述氨基酸母液为原料，进行喷雾干燥制得，有效含量高（一般30%以上），含多种氨基酸，且含少量多肽（在喷雾干燥过程进风的高温形成的）。还可以选择单体的氨基酸，根据各氨基酸的功能特点，螯合反应时进行不同比例的复配。

氨基酸水溶肥料按照农业行业标准要求可分为：氨基酸（微量元素型）水溶肥料、氨基酸（中量元素型）水溶肥料、有机水溶肥料等，其他中微量元素营养元素的原料可供选择种类较多。微量元素原料：金属元素锌、铁、铜、锰的硫酸盐、硝酸盐、氯化物等，硼酸、硼砂、四水八硼酸钠、钼酸铵、钼酸铵等；中量元素原料：钙镁的硝酸盐、氯化物、有机物等；及其他含氮、磷、钾元素的尿素、磷酸氢二铵、磷酸二氢钾等常规原料，可以在有机水溶肥中复配添加。各原料种类的选择及溶解特点可参考表10-1、表10-2、表10-3。

表10-1 可选择的养分原料种类

类型	种类
含氮水溶性肥料	尿素、液氨、氨水、尿素硝铵（UAN）、硝酸铵、硝酸钾、硝酸铵钙、聚磷酸铵、硫酸铵、硝铵磷等
含磷水溶性肥料	磷酸、聚磷酸、磷酸二铵、磷酸一铵、偏磷酸铵、磷酸二氢钾、聚磷酸铵、聚合磷钾、亚磷酸钾、硝铵磷等

（续表）

类型	种类
含钾水溶性肥料	硝酸钾、氯化钾、硫酸钾、聚磷酸钾等
含钙水溶性肥料	硝酸铵钙、糖醇钙、EDTA-Ca、硝酸钙、氯化钙等
含镁水溶性肥料	EDTA-Mg、硫酸镁、氯化镁等
含锌水溶性肥料	硫酸锌、氯化锌、EDTA-Zn 等
含铁水溶性肥料	EDTA-Fe、硫酸亚铁等
含硼水溶性肥料	硼砂、硼酸等
含铜水溶性肥料	硫酸铜、EDTA-Cu、氯化铜等
含锰水溶性肥料	EDTA-Mn、硫酸锰等
含钼水溶性肥料	钼酸铵

表 10-2 常用氮磷钾原料的溶解特性

原料种类	20 ℃ 100 L 最大溶解度（g）	溶解时间（min）	溶解pH 值	不溶物（%）	备注
尿素	105	20	9.5	忽略不计	溶解时温度下降
硝酸铵	195	20	5.6	—	对铜有腐蚀作用
硫酸铵	43	15	4.5	0.5	对低碳钢有腐蚀作用
磷酸一铵	40	20	4.5	11	对碳钢有腐蚀作用
磷酸二铵	60	20	7.6	15	对碳钢有腐蚀作用
氯化钾	34	5	7.0~9.0	0.5	对铜和低碳钢有腐蚀作用
硫酸钾	11	5	8.5~9.5	0.4~4.0	对低碳钢、混凝土结构有腐蚀性
磷酸二氢钾	213	—	5.0~6.0	<0.1	不具有腐蚀性
硝酸钾	31	3	10.8	0.1	溶解时温度下降

注：1. 温度下降到 0 ℃ 以下，所以尿素完全溶解的时间更长。2. 数据来源肥料运输时分析和参考不同供应商资料。

表 10-3　不同原料之间的互溶性

	尿素	硝酸铵	硫酸铵	硝酸钙	硝酸钾	氯化钾	硫酸钾	磷酸一铵	硫酸铁、锌、铜、锰	氧化铁、锌、铜、锰	硫酸镁	磷酸	硫酸	硝酸
尿素	√													
硝酸铵	√	√												
硫酸铵	√	√	√											
硝酸钙	√	√	×	√										
硝酸钾	√	√	√	√	√									
氯化钾	√	√	√	√	√	√								
硫酸钾	√	√	R	×	√	R	√							
磷酸一铵	√	√	√	×	√	√	√	√						
硫酸铁、锌、铜、锰	√	√	√	×	√	√	R	×	√					
氯化铁、锌、铜、锰	√	√	√	R	√	√	√	R	√	√				
硫酸镁	√	√	√	×	√	√	R	×	√	√	√			
磷酸	√	√	√	×	√	√	R	√	√	R	√	√		
硫酸	√	√	√	×	√	√	R	√	√	√	√	√	√	
硝酸	√	√	√	√	√	√	√	√	√	×	√	√	√	√

注：√表示相溶，×表示不溶，R 表示降低溶解性。

第三节　氨基酸液体肥料加工

一、氨基酸液体肥料的优点

（1）生产时不需要蒸发，干燥过程，因而能耗与操作费用低，同时工艺流程简化，生产设备减少，投资省。

（2）在生产、运输和施用时，不会出现粉尘、烟雾等对环境的影响。

（3）产品不存在吸湿和结块的问题。

（4）可根据作物特性及当地土壤养分状况，按需配方生产和施用。除主要营养元素（氮、磷、钾）外，还可视农业生产的需要，适当添加中量营养元素（钙、镁、硫）、微量营养元素（硼、铜铁、锰、钼），以及杀虫剂、除草剂、植物生长促进剂（植物激素）等。实行配方施肥，以充分满足作物生长的需要，从而获得优质和高产，增加农业收益。由于微量营养元素、杀虫剂、除草剂、植物生长促进剂用量少，当根据需要加入液体复混肥料或在生产液体复混液肥料时配合原料加入，均可混合均匀。使液体复混肥料成为多功能的产品，施用时方便，既省工又省时。若将肥料微量营养元素或农药等加入固体肥料时，就难以混合均匀。将其施用就将造成部分作物短缺，而另一部分过剩，严重时甚至出现中毒，进而造成减产。

（5）土壤中的亚硝化细菌和硝化细菌使施用到土壤中的铵态氮肥硝化而增加损失，在液体复混肥料中添加硝化抑制剂，就可以通过施肥抑制硝化菌的作用，减少氮肥损失、提高利用率，达到节肥增产的目的。因硝化抑制剂的用量通常仅为氮素的百分之几，要求它与氮素均匀分布，以起到抑制的作用。要将少量的硝化抑制剂与肥料混合均匀，液体肥料自然较固体肥料容易实现。

（6）固体肥料在贮运过程中，由于颗粒的形状与密度的差异常产生离析，因而造成质量参差不齐，影响施用后的肥效。液体肥料则不会出现这样的问题。

（7）施用液体复混液的方法较多，既可直接放入灌溉水中，也可放进喷灌水中进行喷施或滴灌，还可以稀释后作为叶面肥喷施，对于大面积的农田则可用飞机喷施。当前田间的智能施肥机已经逐渐在新疆维吾尔自治区、内蒙古自治区等地方应用，农业中智能化一体设备需要水溶性更好的液体肥料。因此，液体肥料施用便捷，省费用，收益快。

（8）液体肥料的贮运、装卸、施用所需的劳动力较固体肥料少。

二、液体混合肥料的缺点

（1）生产液体复混肥料的原料必须是水溶性的，并要求各原料组分之间的化学反应不产生沉淀物，所以液体复混肥料对原料的选择具有局限性。

（2）液体复混肥料的原料因其不同的组成而有不同的盐析温度，因此在配料时要考虑到能够耐可能最低温度，以免复混肥料在低温时产生结晶并沉淀。这一要求同样使其对原料的选择受到一定约束。

（3）液体复混肥料的贮藏和运输需要特制的容器和运输车辆，费用较高。

三、氨基酸液体水溶肥的加工

（一）氨基酸液体水溶肥的剂型加工

剂型的加工是肥料工业体系的重要环节，也是水溶肥商品化的最后一步。当前液体肥料的加工工艺主要采用简单掺混和溶解混合方式，较为单一，混配技术的开发、助剂的筛选与功能活性物质的作用机理方面研究不足。产品稳定性检测标准的缺乏导致产品良莠不齐。

液体水溶肥分为清液型和悬浮型。氨基酸清液型液体水溶肥一般养分含量低、水溶性好，加工较为容易，直接搅拌混合即可，一般使用常规的反应釜就能满足加工要求。悬浮型液体肥作为一种高浓缩的液体肥料，相比较清液肥具有成本低、原料来源广、易互配、易溶解、易加工、营养全面、污染小等优点，其加工难度较高，工艺较为复杂。

氨基酸水溶肥往往需要与专性活性物质或生物刺激素、生物农药相结合，更加有利于市场化的功能定位以及产业应用，未来以肥料为载体的活性增效物质与化肥协同作用的混配产品将受到市场的欢迎。功能活性物质的种类丰富，主要来源有植物提取、微生物发酵和人工合成 3 条途径，为了更好地配伍和保证产品稳定性，应该尽量选择水溶性好的活性物质。但某些疏水性活性物质往往具有高效的促生、抗逆、防虫、抗病等特定功能，这类物质专性效果强，但配伍困难大，肥料体系中较高的 EC 值和成分复杂的液体有机废弃物对复配工艺带来很大的挑战。

液体肥的良好功效和应用是以稳定的加工工艺制备一定性状的制剂为前提的。因此，剂型的好坏直接影响水溶肥的效果和应用。进入 21 世纪，随着农药以及化肥引起的面源污染问题和生态农业关注日益突出，功能性悬浮液体肥制剂的创新已经成为制剂领域的热点。悬浮液体肥主要构成有其他活性物质或功能载体（根据需求）、养分元素、氨基酸以及助剂，助剂主要有分散剂、增稠剂、防结晶剂、消泡剂（图 10-1），也可能还要借助惰性填料的吸附与填充作用，然后通过高剪切力作用超微分散制备而成，主要加工设备有胶体磨、分散机、研磨机等。图 10-2 为菱花集团的氨基酸液体水溶肥的生产工艺流程。

图 10-1　氨基酸水溶肥加工示意

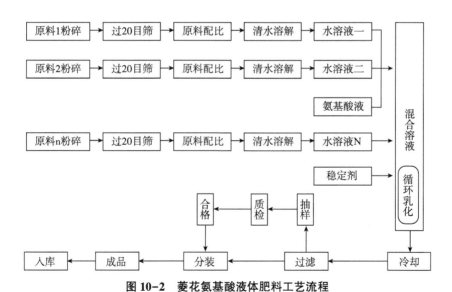

图 10-2　菱花氨基酸液体肥料工艺流程

（二）液体水溶肥的助剂

功能性水溶肥的加工离不开悬浮助剂。悬浮助剂被称为"工业味精"，是保证功能性水溶肥悬浮稳定性的关键因素之一。

1. 润湿剂

润湿剂的主要功能是将液体覆盖到固体颗粒的表面，从而使固-液界面代替固-气界面。疏水性的功能活性物质无法直接应用到肥料溶液中。润湿剂可以很容易地在分散颗粒表面形成两亲性膜，从而降低悬浮颗粒间的表面能和界面能，帮助非水溶性颗粒稳定地存在水溶肥溶液中。

2. 分散剂

在一定的工艺条件下，分散剂促使不溶或难溶的活性微粒物质均匀地分散在溶液中，形成稳定性悬浮体系。悬浮液是一种介于胶体与粗分散体系之间的热力学不稳定体系。分散相粒子小，具有很大的界面能和表面能，粒子有缩小界面积和降低界面的趋势，所以发生相互团聚，从而导致悬浮体系不稳定。加入适当的分散剂能够有效阻止不可逆的絮凝。分散剂附着在颗粒的表面抑制奥氏熟化防止晶体长大。悬浮稳定的三种途径主要是通过静电稳定、空间位阻以及二者的共同作用，阴离子型的分散剂主要是通过电荷排斥来实现静电稳定状态，非离子型分散剂则是吸附在悬浮颗粒表面并提供空间位阻，使剪切面向远离颗粒表面方向移动，导致 zeta 电位减小，而体系悬浮稳定性的升高说明提供空间位阻是稳定的最主要作用。在悬浮体系中十分复杂，单一的分散剂往往无法满足要求，需要多种分散剂的协同作用来实现。

3. 吸附填料

一些活性物质不能直接应用于水溶肥中，往往需要通过填料将其吸附后，再加以应用。填料一般选用具有较大的比表面积和较强的吸附性能的特殊结构的多孔矿物材料，主要功能是作为活性物质的载体。在加工过程中作为功能活性物质的微小容器或稀释剂；在施用过程中，发生崩解将有效成分释放出来。填料多选用无机矿物填料，其在水溶肥体系中更加稳定和环保。常见的无机矿物填料主要有硅藻土、白炭黑、膨润土、淀粉和蒙脱石。这类填料吸附能力强，具有很多微孔，比表面积大，并且液体吸附能力很强，吸水量为自身质量的 1.5~4 倍，在农药可湿粉剂和水分散剂中应用较多。白炭黑比表面积一般都在 200 m^2/g，超高表面积而具有极高吸附力，在农药制剂和高效喷施肥料中使用可以提高水分散剂的悬浮率，而且有良好的亲和性及化学稳定性。

四、氨基酸液体肥的稳定性

(一) 液体肥的物理稳定性

悬浮物理稳定性影响水溶肥的外观形态，对使用过程也会有直接影响。悬浮剂固体颗粒粒径在 0.1~0.5 μm 范围内，是介于胶体和粗分散体系之间，该体系既为动力学上不稳定也为热力学不稳定。重力沉降、颗粒聚结合和奥氏熟化作用是影响悬浮剂物理稳定性问题的三大主要原因。在悬浮剂贮存过程中的物理稳定性需要多方面考虑沉降与聚结的问题，可能是多方面原因共同作用的结果。粒径分布范围较广则会发生奥氏熟化作用，导致晶体长大的现象，也是造成悬浮剂体系不稳定的重要原因。选用合适的悬浮助剂以及加工工艺的优化是解决该问题的核心。

1. 沉降作用

活性物质与分散介质的密度不同，从而在重力作用下会发生重力沉降。沉降规律符合 stockes 定律。筛选出合适的悬浮助剂后，通过调整工艺减小悬浮剂的颗粒粒径和粒径分布、降低分散相与介质间的密度差和增大介质黏度有利于减缓沉降，从而提高悬浮剂的悬浮稳定性。在介质中加入一些惰性溶质如尿素、蔗糖等可以降低悬浮粒子与分散介质间的密度差。加入羟甲基纤维素钠、聚乙烯醇、黄原胶、阿拉伯胶等增稠剂，增加体系黏度，从而减小粒子的沉降速率。

2. 聚结作用

颗粒间的聚结符合 DLVO 理论，该理论是由前苏联科学家 Deryagin 和 Landau 与荷兰科学家 Verwey 和 Overbeek 共同提出的，他们提出悬浮微粒之间的作用能和双电层排斥能的计算方法。经典的 DLVO 理论认为颗粒的团聚或分散取决于颗粒间的范德华作用能与双电层静电作用能的相对关系。当范德华作用能大于双电层静电作用能时，颗粒会相互接近而团聚；当范德华作用能小于双电层静电作用能时，颗粒互相排斥形成稳定的分散体系 (肖进新等，2015；齐利民等，2017)。DLVO 理论只适用于理想条件下，具有局限性，在实际的溶液中并不能全部解释颗粒间的团聚作用。颗粒间的团聚作用应该更加复杂，是范德华作用、硬球作用、双电层作用和位阻作用的共同作用 (郝丽霞等，2017)。

分散剂完全吸附在颗粒表面，形成厚的吸附层，悬浮颗粒稳定地处于溶液当中是防止不可逆絮凝作用的基本条件。在静电稳定悬浮体系中，由于电解质浓度低，有较厚的双电层，颗粒间的相互作用主要是双电层间的斥力作用。电解质浓度低，不可逆絮凝作用越低。zeta 电位绝对值越大，悬浮剂的稳定性越高。分散剂吸附在悬浮颗粒表面，能提供固体颗粒空间位阻，可以有效防止不可逆絮凝，同时能够很好地抑制颗粒的晶体生长，能够保持悬浮剂在较长的时间范围内贮存的物理稳定性。

3. 奥氏熟化

在长期的贮存过程中，悬浮颗粒出现晶体长大现象，该现象被称为奥氏熟化。晶粒的溶解度与其粒径有关，溶解度随着粒径的减小而增大。工艺的原因导致悬浮剂中的粒径分布较宽，在同一体系中，对粒径较大的颗粒属于饱和体系，而对于粒径较小的颗粒则属于不饱和体系。大颗粒不断结晶析出，小颗粒不断溶解，从而造成了悬浮剂的悬浮率下降。克服奥氏熟化作用可以调整研磨工艺，增加研磨时间，从而使粒径分布更加均一。合适的分散剂则可以吸附在颗粒表面，阻止颗粒间的相互吸附。

（二）悬浮型液体肥的化学稳定性

复配工艺最重要的一个原则是复配后不能够引起活性物质药效的降低，而且还应该具有协同或增效的作用。水溶性肥料的功能是通过活性物质来实现的，活性物质的生物活性的表达是由于其特定的化学结构而实现其特定的功能。活性物质在水溶肥体系中复配后，其体系发生了很大的变化，活性物质可能会发生光解和水解。农药水解的影响因素很多，如介质溶剂化能力的变化、有机溶剂量的改变和离子强度都会影响溶剂化。特殊的介质效应、pH 值、温度和黏度矿物对活性物质水解的影响都会改变水解效率。

pH 值常常决定了水解反应速率的大小，有人将水解催化反应分为酸性、中性、碱性催化三个过程。活性物质的最适 pH 值不同。在热降解过程中，主要表现在化合物结构体的解聚和断链，提高温度有利于水解的进行。电解质离子、肥料体系中存在大量的离子，均对活性物质的水解起到重要影响。表面活性剂能降低表面张力，可以使原药颗粒润湿分散于水中，但其分散能力取决于分子量和疏水基，高浓度的十二烷基磺酸钠促进了吡唑醚菊酯的光解。黏土矿物对农药的降解具有催化作用，蒙脱石能够明显提高丁硫克百威的水解速率，也能抑制氯苯胺灵的水解反应。

五、液体水溶肥加工设备

（一）混合槽

液体肥料工厂的混合槽主要是竖式混合槽（大多数是敞口的），其容积在 3 800 ~ 19 000 L（可贮 5~25 t 的物料）。这种类型的混合容器可供生产液体肥料的间歇式或连续式的生产之用。这类设备的制作材料一般采用中碳、低碳钢板（即软钢板），偶尔用不锈钢，以防腐蚀。不锈钢容器价格虽昂贵，但比较容易清洗，且经久耐用。在容器底部安有排放产品的出口并备有混合时能循环溶液的接口。混合容器中应具备一台搅拌或循环装置。搅拌机可选用单桨或多桨或涡轮型。循环液可用循环泵，一般采用大容量离心泵。现在这种设备已成为一种标准装置。设备的底部是圆锥形，还备有挡板及喷洒器等设备，以强化混合。

（二）反应器

液体肥料工厂采用的反应器有下列几种形式。

（1）"Ⅱ"型反应器

"Ⅱ"型反应器由若干管段组成，段数为2~4段。为了降低温度和减少内壁结垢，第一段甚至第二段都设有水夹套。最后的管段插到混合槽中液体肥料的液面以上或以下，这段管的下端开有很多孔眼，一般孔的直径为18~26 mm，使气液混合分布更均匀。"Ⅱ"型反应器用不锈钢或耐锈合金等材料制成，按液肥的生产能力选用相应的规格。

（2）喷射型反应器

喷射型反应器有加压和常用两种。每小时生产能力相当于3~4 t P205的喷射型反应器，装有一根直径为102 mm和长为1.7~3.2 m的管子，垂直插入混合槽的液面以下。氨分布管位于反应器的中央，它的下端是氨分布孔，针对反应器的喉孔——熔体。

（3）防结垢型反应器

这是喷射型常压反应器的一种结构。反应器装有冷却夹套的外壳，内部设有若干单独的管段相接，组成一组反应器，前一段的管径为后一段管径的0.840~0.990，它们的长度等于或大于直径。各管段的连接处有一条宽为2~10 mm、长为50 mm的垂直向的环形缝隙，用来将溶液由冷却夹套送入反应区。反应器顶部装有末端带有咬嘴的氨分布管、磷酸进口管和清液循环进口管。反应器外壳顶部管段的内表面设有30°~45°的导向板，使磷酸均匀分布，与来自氨分布管的氨充分接触反应。由于反应区处于多层液流包围之中，而反应区的内表面可形成液体保护层，因此可以防止无机盐的沉积，并降低壁温、减少腐蚀。另外由于气液相形成附加湍流作用，因而增强了传热和传质过程。这种反应器制造简单，使用可靠，维护方便。

第四节　氨基酸固体水溶肥料加工

氨基酸固体水溶肥的主要生产工艺有掺混法及混配干燥法。掺混法类似复混肥生产工艺，其氨基酸或蛋白粉与养分元素直接进行混合，混合的过程不经过化学反应，物理混匀即可。该方法混合并不均匀，所有的原料都应该是干燥的、颗粒均匀且强度高，以防产品在贮存和运输过程中吸水、结块和颗粒分离。在储运过程中，不同密度的物料颗粒容易分层，会造成包装内养分分布不均匀，容易出现养分检测结果与实际偏差较大的情况。混配干燥法，一般是指通过液相混配后通过干燥工艺然后加工成粉体，当前的主要干燥方式有喷雾干燥和真空低温干燥。

一、干燥工艺

（一）喷雾干燥

喷雾干燥是从溶液、悬浮液等有液体原料生成粉状、颗粒状固体产品的工艺过程。当对成品的颗粒大小分布、残留水分含量、堆积密度有较高要求时，喷雾干燥是优选的生产工艺，工艺流程图如图 10-3 所示。

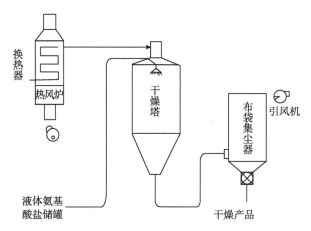

图 10-3 喷雾干燥工艺

工艺要求为：先将氨基酸（中微量元素水溶肥）溶液浓缩为固形物含量 40%~55% 的浓缩液体，pH 值 2~5，黏度 150~400 cp，温度为 70~90 ℃；流量设计为进料 1 000 kg/h，干燥蒸发速率 500 kg/h（水蒸气）。浓缩液由（四氟内衬防磨损）耐腐泵输送至雾化器，新鲜空气经过滤后由鼓风机送到换热器中加热到所要求的温度，该温度需要根据工艺要求进行计算。干燥系统热风温度范围可达 160~300 ℃。热空气再进入干燥塔内的热风分布器。经雾化器雾化的雾滴和来自热风分布器的热风相接触，在摩擦减速阶段自由水快速自动蒸发而使雾滴干燥，水分脱除使液滴的重量、容积、尺寸大大降低，干燥后的氨基酸水溶肥粉剂产品与废气一起进入布袋集尘器分离下来，废气由引风机排入大气。

喷雾干燥工艺的技术要点之一在于雾化器类型的选择，雾化器是喷雾干燥装置中的关键设备，料液雾化的好坏，不仅影响干燥速度，而且也影响产品的质量。一般采用离心式雾化器，离心式雾化器操作简单、对物料的适应性强、操作弹性大、产品粒度分布均匀。热风选用中等速度的旋转方式进入干燥器，即热风通过空气分散器，形成旋转气流后，再作直线型流动。可使雾滴的大部分水分在水平区域除去，在到达塔壁之前就随气流向下降落，既可减少粘壁，又可提高产量。此外还要注意离心雾化得到的雾滴与热风之间的接触方式应为并流，并流能使雾滴首先和高温气流接触，水分汽化的同时气流逐步冷却到接近出口温度，这样干燥后的产品只和低温废气接触，不至于使温度过高而使产品分解变质，同时得到蓬松、粉末状的产品。

此外，泵与干燥器之间等各连接管道必须防腐蚀，根据实际经验，材质最好采用玻璃纤维；干燥器部件需采用 316 不锈钢，其中与液体接触的部件需采用高镍合金。氨基酸粉剂水溶肥成品具有较强的吸湿性，必须采用密封袋包装，包装袋选用含聚乙烯衬里的牛皮纸袋（或编织袋），采用袋口对折交叠并胶合，保证密封包装，防止吸潮结块。

（二）真空低温干燥

在常压下的各种加热干燥方法，因物料受热，其养分到一定损失。若在低压条件下，可在较低温度对物料进行干燥，能有效地减少损失。这种方法称为真空干燥。真空低温干燥的主要原理是由于气压愈低，水的沸点也愈低，因此，只有在低气压条件下才有可能用较低的温度来干燥物料，当压力低至 $0.1 \sim 2$ mmHg（或 $13 \sim 266$ Pa）的高真空度时，物体内的水分以冰晶体状态直接升华干燥，这就是真空低温干燥，由于高真空干燥装置的设备造价高，操作费用大，我们称之为真空干燥实际上是在非常稀薄的空气（低压）中进行的，真空干燥时的干燥速度取决于真空度和物料受热强度。真空干燥室内热量通常借助传导或辐射向物料传递。

制品经完全冻结，并在一定的真空条件下使冰晶升华，从而达到低温脱水的目的，此过程即称为冷冻干燥，简称冻干。冻干的固体物质由于微小的冰晶体的升华而呈现多孔结构，并保持原先冻结时的体积，加水后极易溶解而复原，制品在升华过程中温度保持在较低温度状态下（一般低于 -25 ℃），有利于制品的长期保存。制品干燥过程是在真空条件下进行的，故不易氧化。

真空干燥系统由真空室、加热系统、真空系统和水蒸气收集装置等四种主要组件组合而成。

（1）真空室。真空室的结构设计上要充分考虑外界大气压力和内压差，真空室是物料干燥场所，真空室的高度和体积是物料干燥量的限制因素。

（2）供热系统。真空室通常装有放物料用的搁板或其他支撑物，这些搁板用电热或循环液体加热食品，但对上下层重叠的加热板来说，上层可以用加热板，同时还会向下层加热板上的物料辐射热量，此外，也可以用红外线、微波以辐射方式将热量传送给物料。

（3）真空系统。真空系统是指真空的获得和维持的装置，包括泵和管道，安装在真空室的外面。有的用真空泵，有的则用蒸汽喷射泵。

（4）水蒸气收集装置。冷凝器是收集水蒸气用的设备，可装在真空室外并且还必须装在真空泵前以免水蒸气进入泵内造成污损，用蒸汽喷射泵抽真空时，它不但从真空室内抽出空气，而且还同时将带出的水蒸气冷凝，因而一般不再需要装冷凝器。

真空干燥设备可分为间歇式和连续式两种。间歇式真空干燥最常用的设备为搁板式真空干燥设备，圆筒搅拌型和双滚筒型的真空干燥设备都属于此类。它们间歇操作，能维持较高真空度，操作时间较长，适宜各种液状体、浆质体、粉末、块状的物料。连续式真空干燥连续真空干燥时，进出干燥室的物料连续不断地由输送带传送通过。为了保证干燥室内的真空度，进出料装置必须有密封性。带式真空干燥机是连续式的，有单层输送带和多层输送带之分，该机是由一连续的不锈钢带加热滚筒、冷却筒、辐射元件、真空系统和加料闭风装置等组成。干燥机的供料口位于下方钢带上，靠一个供料滚筒不断将物料撒在钢带的表面，由钢带在移动中带动料层进入下方的红外线加热区，使料层因内部产生的水蒸气而膨松成多孔状态，使之与加热滚筒接触前已具有膨松骨架。经过滚筒加热后，再一次由位于上方的红外线进行干燥，达到水分含量要求后，绕过冷却滚筒骤冷，使料层变脆，再由刮刀刮下排出（图10-4）。

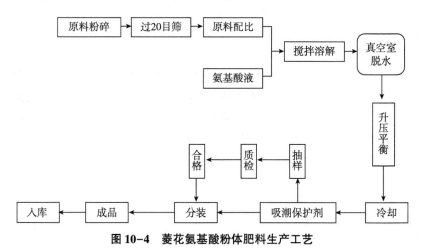

图10-4　菱花氨基酸粉体肥料生产工艺

二、造粒工艺

水溶肥料造粒的目的是为了防止成分分离，防止施肥过程中粉尘散失，提高肥料性能，延长肥效，并防止贮藏过程中因吸湿和重压而凝固。造粒方法有干法造粒和湿法造粒两种。根据造粒设备和方法的不同，湿法造粒法包括滚动造粒法（盘式造粒法、回转窑造粒法）、搅拌造粒法（鼓式造粒法）、颗粒法（挤压造粒法）、喷雾造粒法、喷雾流化床法等；干法造粒法包括压块法（压缩造粒法）和熔融造粒法等。

（一）转鼓造粒

转鼓造粒法是将原料颗粒用水或造粒促进剂在圆盘或滚筒等造粒容器中，将原料颗粒造粒成所需粒度的方法，属于湿法造粒。其生产过程是将原料粉粒连续送入造粒容器中，如慢速旋转的圆盘或转鼓，在该容器中喷洒水溶液或造粒促进剂，颗粒沿造粒容器的旋转方向滚动，与另一颗粒碰撞，结合并变大，最后长成所需大小的颗粒。转鼓造粒法的特点是：颗粒在滚动过程中生长，具有球形或近似球形的形状，表面光滑，湿法造粒颗粒强度不高，但通过干燥形成固架桥状态，从而使其获得高硬度颗粒。另外，该产品的颗粒大小容易控制，生产效率高。转鼓造粒设备分为圆盘造粒机和转鼓造粒机。

1. 圆盘造粒

圆盘造粒机是将原料颗粒物放入倾斜旋转的盘中，根据情况给它加水或加造粒促进剂（液体），并进行滚动造粒的机器，其结构简单、操作方便、便于维护。特别是，由于可以直接看盘内造粒情况，所以更换和调整操作方便快捷。具有分类效应，由于离心力的作用，盘内物料滚动轨迹随着粒径的增大而越滚越小，当达到要求的粒径时，自动从圆盘边缘弹出。产品的粒度比较均匀，颗粒强度高，质量好。由于颗粒在滚动摔打过程中逐渐增大，其密度高，表面光滑，不易粉碎。所需安装面积小。在同等产量的情况下，圆盘制粒机本身的价格是转鼓造粒机的 2/3，安装面积是转鼓造粒机的一半左右。缺点是由于圆盘是开放式，所以不适合对粉尘多的原料和那些在造粒过程中会发生化学反应、释放出有害气体的原料进行造粒。

圆盘造粒机由圆盘、电机、减速机、旋转轴、仰角调整装置、臂杆、喷淋、刮板等组成。电机输出通过旋转轴使圆盘转动。减速器控制速度。倾角调节装置可以调节圆盘倾角。安装在圆盘顶部的机械臂上装有喷雾器和刮刀，通过喷雾器将水或造粒用的液体加入到颗粒中，刮刀将粘在盘底和边缘的配料刮掉(图 10-5)。

圆盘造粒机中的颗粒形成过程可分为以下 3 个阶段。

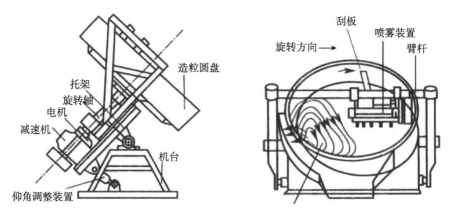

图 10-5　圆盘造粒机

（1）晶核的形成。原料颗粒被送入盘中，与喷雾器喷出的液体接触，使颗粒表面湿润，颗粒之间形成不连续的液体交联，从而使颗粒结块。形成的粗颗粒骨料通过圆盘的旋转滚动，逐渐被压缩，形成近乎球形、黏度及强度稳定的粒芯。由于液体被喷到盘内固定区域内，粒芯也只在该区域内形成。在这个阶段形成的晶核数量与未来造粒结束时颗粒数量基本相同。晶核的强弱还与粒子生长的稳定性有关。由高强度核子生长出来的粒子，也能长成高强度的大颗粒。

（2）颗粒生长。形成的晶核表面有一层液膜，当晶核与其他小颗粒接触时，晶核与其他小颗粒的黏附性也很强。另外，粒子之间存在空隙，具有一定的可塑性。由于颗粒的滚动，吸附在表面的小颗粒被重新排列，颗粒之间的液体开始浸入，表面张力使整体变成一个个颗粒。此外，在滚动过程中，由于摩擦力和引力的作用，以及在与其他粒子碰撞力的作用下，粒子逐渐被压缩，变得更加致密，呈现球形。这个过程反复进行，颗粒得以逐渐变大。

（3）颗粒成型和完成。当颗粒生长到预定的粒径时，颗粒间的液体量达到理论饱和值的85%~90%，多余的液体从颗粒表面渗透到颗粒内部，增加了颗粒表面的毛细管力，使颗粒内部的结合力更强。在这个阶段，停止供水或造粒促进剂，颗粒表面液膜变薄，而颗粒失去了附着较小颗粒的能力，进而停止生长。但是，随着颗粒的不断滚动，颗粒进一步被压缩和致密，在摩擦力的作用下，其外在形状变成了光滑球状。最后将它们从圆盘边沿上排出，然后运送到下一道干燥工序。

2. 转鼓造粒机

转鼓造粒机包括圆柱形的旋转滚筒、电机、减速机等，按一定角度布置。在转鼓旋转的同时，原料颗粒以及水或造粒促进剂液体从转鼓的上端进料，通过滚筒的滚动实现造粒。在转鼓中，原粉粒从转鼓下端排出，经过颗粒核的形成、生长、定型及完成等阶段。转鼓造粒与圆盘造粒的主要区别在于：转鼓造粒对造粒颗粒的粒径没有分级作用，所有造粒颗粒都是从进料口进入，造粒后的粒径分布倾向于近乎正态分布。与圆盘造粒机相比，转鼓造粒机的造粒成本较高，需要的安装面积较大，在造粒过程中颗粒情况不明显、不分类，废品颗粒多，需要返料制粒，所以目前在引进新的制粒机时，往往优先考虑圆盘制粒机。

转鼓造粒机的主要结构如下。① 滚筒。是一个造粒容器。它是用钢板制成的圆柱形，内部通常贴有橡胶板，防止高黏性材料黏附在筒壁上。滚筒的长度和直径取决于造粒物料的质量要求和造粒颗粒的质量要求，其计算方法将在随后章节介绍。在滚筒的外圆周上安装了一个旋转的驱动齿轮和一个保持位置稳定的旋转挡轮。② 电机、减速机和传动辊。电机为滚筒旋转提供动力。电机输出通过减速齿轮减速，并通过减速齿轮驱动滚筒旋转。③ 倾角调整装置。这是一种调整滚筒倾斜角度的装置，用于调整滚筒倾斜放置的角度。小型转鼓造粒机通常采用手动调节，而大型滚筒造粒机则采用电动调节器。④ 材料输入口。通常情况下，在给料机上安装一个料斗，从输送带上输送的颗粒物被储存在料斗中，然后在给料机的转鼓中喂入。⑤ 颗粒物出口。颗粒出口安装在滚筒的底部，用于接收颗粒，并将其送入干燥设备或筛分机（图10-6）。

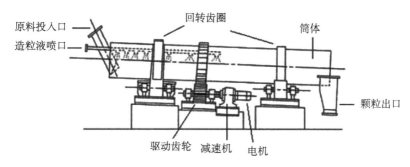

图 10-6 转鼓造粒机

（二）挤压造粒

挤压造粒是利用压力使固体物料进行团聚的干法造粒过程，可分为对辊式和轮辗式两种形式，对辊式挤压是将物料通过由两个反向旋转的辊轴挤压，固体物料在受到挤压时首先排除粉粒间的空气使粒子重新排列，以消除物料间的空隙。这种装置的能力大、颗粒强度高、能耗低，在国内外使用广泛。而轮辗式挤压是将物料在压模盘中直接挤压成圆柱条形再切断成柱形颗粒，由于其生产规模小，且造粒强度有限、模具易损坏，圆柱形颗粒流动性差，很多肥料企业已经逐渐淘汰了轮辗造粒。

干物料在压力作用下团聚成致密坚硬的大块（饼料），称为挤压过程；饼料再被破碎筛分后成为颗粒料称为造粒过程。挤压的作用是将颗粒间的空气挤掉，另外是使颗粒间距达到足够近，以产生如范德华力、吸附力、晶桥及内嵌链接等吸引力。挤压造粒的颗粒主要是靠分子之间的作用力形成的颗粒强度。挤压造粒生产肥料的形状是不规则颗粒，但不规则颗粒形态对化肥的施用并没有影响。用挤压造粒生产的肥料有足够的强度、粉尘少、不结块、颗粒尺寸分布范围窄、流动性好。

对辊挤压造粒机具有技术先进、设备合理、结构紧凑、新颖实用、耗能低的特点，与相应设备配套，组成小型生产线，能形成一定产能的连续化，机械化生产。对辊挤压造粒机由电动机驱动皮带和皮带轮，通过减速机传递给主动轴并通过对开式齿轮与被动轴同步相向工作，经过模具挤压成型、脱模造粒、破碎分离实现均匀造粒。挤压模具采用优质防腐的耐磨材料精心锻造，模具形状采用扁球形状（图10-7）。

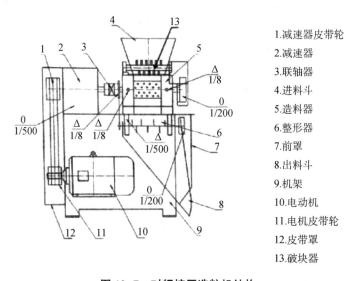

1.减速器皮带轮
2.减速器
3.联轴器
4.进料斗
5.造料器
6.整形器
7.前罩
8.出料斗
9.机架
10.电动机
11.电机皮带轮
12.皮带罩
13.破块器

图10-7 对辊挤压造粒机结构

（三）喷浆造粒

喷浆造粒是指把料浆（混合物、溶液与溶质）中的水分（能汽化的液体总称），通过喷射到一设备中，用加热、抽压的方法，使料浆中的水分汽化并分离后，留存的不会汽化（在一定条件下）的固体形成粒状的过程称喷浆造粒。

喷浆造粒工艺在复合肥料领域应用最为广泛，应用喷浆造粒工艺生产有机肥料的企业通常都有液相量较大的有机原料资源，普通企业因原料资源的局限而无法采用喷浆造粒工艺进行生产。新型喷浆造粒工艺生产有机肥料的主要核心技术点在于以下几个方面。

（1）料浆具备一定的流动性，即保持一定的液相量，保证流动性的前提下，水分含量越低越好，可节约一定能耗成本。

（2）料浆需具备一定黏度，黏度过低，无法成粒，造粒机负荷过重；黏度过高，大颗粒较多，粉碎系统负荷过大，黏度需恰到好处，才能连续生产。

（3）料浆必须达到一定温度，利于料浆中水分挥发，确保造粒烘干一体化效果。

（4）料浆内各原料组分须分布均匀，不允许有分层现象，确保肥料养分含量均匀一致。

（5）料浆需达到一定细度，干物质过粗，无法涂布成粒。

喷浆造粒实验效果较为理想，各企业可根据自身原材料配伍性进行上述技术点的调整。例如，有机物料不溶于水，易分层，料浆养分分布不均匀，可添加悬浮剂确保养分含量分布均匀；有机物料料浆黏度低，不易相互粘连涂布成球，可添加黏结剂进行调整等。生产过程中出现的工艺异常点，逐步解决即可确保正常生产。

第十一章　氨基酸螯合肥制备工艺

第一节　氨基酸螯合物的基本结构

螯合物是由一定数量的可以提供孤对电子或电子的离子或分子（统称配体）与可以接受孤对电子或 p 电子的原子或离子（统称中心原子）以配位键结合形成的具有一定组成和空间构型的化合物。而螯合物是络合物的一种特殊形式，是指同一配位体中有两个或两个以上的配位原子或离子与同一中心离子（金属离子,）通过配位反应所形成的环状结构的化合物。螯合肥一般分为配位体和金属离子，肥料中常用的金属离子，如中量元素钙、镁和微量元素铁、锌、锰、钼、铜等，配位体也就是常说的螯合剂，金属元素在土壤环境中，容易受土壤pH值和其他离子干扰而被固定，不利于作物吸收。EDTA、HEDTA、DTPA、HDDHA是目前常用的螯合剂，但由于该类物质在土壤中存在难降解的问题，木质素磺酸钠、黄腐酸、柠檬酸、氨基酸这类有机螯合剂受到农资市场的欢迎。

氨基酸具有良好的螯合性能，近年来越来越多研究深入到氨基酸螯合肥中。氨基酸作为螯合剂稳定常数适中，氨基酸螯合肥化学性能稳定，生物效价高，分子内电荷趋于中性，其特殊的结构使其避免了与土壤间的离子交换，可以快速到达作物根系表面；若作为叶面肥喷施也具有较好的流动性，易于吸收利用。同时微量元素氨基酸螯合物作为肥料兼有微量元素肥料和氨基酸肥料二者的共同优势。此类肥料的本身是一种氨羧配合物，这类肥料不但能够抵抗土壤内电荷的干扰、缓解金属离子间的拮抗作用、具有良好的化学稳定性及易被植物吸收利用外，当其进入植物体内释放出金属离子后，氨基酸本身也具有营养作用，可作为促进植物生长的优质氮肥，来代替一部分氮肥的施用，且可以与其他肥料掺混使用。大量研究表明，经氨基酸螯合的微量元素吸收率要远高于无机微量元素。

金属氨基酸螯合物是可溶性金属盐的金属离子与氨基酸以一定数量的摩尔比［通常为1∶（1~3）］共价化合的产物。氨基酸的氨基和羧基与金属元素离子螯合，是以氧和氮作配位原子，配位体2个配位原子之间相隔2个或3个以上原子与中心金属离子共同形成螯合环。螯合环的形成导致螯合离子比非螯合离子在水溶液中稳定性提高。水解氨基酸螯合物的平均分子量为150。如甘氨酸螯合铁结构，两个甘氨酸分子中的氨基和羧基中的氮，氧原子与 Fe^{2+} 螯合形成了具有 2 个五原子环的螯合物。一般而言，五原子环、六原子环的稳定性大于四原子环、七原子环。可作为螯合物中心离子的比较常用的有铜、铁、锌、锰等金属离子，常使用的配位体有蛋氨酸、赖氨酸和甘氨酸等。中心离子同氨基酸按一定的摩尔比例以共价键结合而成，因金属离子与氨基酸分子通过配位键结合后生成稳定的螯合物。这种特殊的结构使分子内趋于电中性，不易与其他物质形成不溶性化合物或被吸附在不溶性胶体上，具有良好的化学稳定性。

生产使用时必须要考虑到成本和效果，其增产效果已有多方面试验证明。但是由于氨基酸原料紧缺，单体氨基酸生产成本高，且养分单一，很难在大范围内投入使用。因此，可以利用废弃蛋白质水解制备复合氨基酸螯合肥，例如鱼蛋白水解液和羽毛水解液等，使生产成本大幅降低，同时也符合环保及农业可持续发展的方针。

第二节 氨基酸螯合肥制备工艺

一、螯合工艺

无论是单一氨基酸还是用蛋白质水解得到的复合氨基酸，当其与金属离子螯合时，螯合工艺大致相同。主要的螯合方法有：水体系合成法、微波固相法、室温固相法及电解合成法。

水体系合成法是目前使用最广泛的一种方法（图11-1）。主要分为溶解、合成、沉淀、过滤、干燥等步骤，有机溶剂可回收利用。具体螯合工艺根据实际情况略有不同，在肥料生产中需控制成本，且螯合物纯度要求不高，一般有机溶液沉淀步骤很少应用。往往在水相合成后，直接作为液体螯合肥或干燥成粉体后应用。这种方法的主要缺点是工艺周期长、螯合反应温度和 pH 值较难控制、易被废液污染等；但利用此法可获得较高的产率。用该方法制备的甘氨酸锌螯合物，产率在92%以上。鲢鱼小肽为配位体与硫酸锌合成低值鱼小肽螯合锌，其锌离子的螯合率为55%。且由于其可获得较高产率的优点，一直是应用最为广泛的螯合工艺，且螯合工艺不断得到优化，属于较为成熟且成本较低的工艺。此工艺是氨基酸螯合肥生产较为理想的选择。

图11-1 水体系合成法制备

固相法分为微波固相法和室温固相法。固相法在氨基酸与金属离子螯合领域的应用并不多，此方法主要用于纳米材料的合成，该方法成本较高，且对螯合原料纯度要求较高。室温固相法的原理为：在室温下固体与固体的反应，是由两个反应物分子充分接触，在此过程中化学键断裂并重组，形成新的产物。产物分子分散在原反应物中，当积累到一定大小后，出现产物的晶核，随着晶核的长大，达到一定大小后出现产物的独立晶体，即固相反应经历扩散、反应、成核、生长4个阶段，有人用乙酸锌和甘氨酸以1∶2的摩尔比在常温下充分混合制备了甘氨酸螯合锌。该反应可以在微波辐射下进行，能够加快反应速率，被称为微波固相法。该方法主要是利用微波这种电磁波，促使分子极化旋转，加速反应物分子的碰撞频率，以促进化学反应的进行。其基本工艺为原料粉碎后混合，加入引发剂后，微波催化合成反应后，用有机溶剂（乙醇或乙醚）或水洗涤，纯化产物后干燥获得（图11-2）。此法的优点是合成操作简便省时，制得的产品纯度较高，但易产生副产物且在微波下易焦糊炭化，同时在反应过程中需要对反应物进行不断的研磨而降低了效率，很难达到大规模生产的要求，且能耗与造价较高。因此，该方法在实际生产中应用不多。

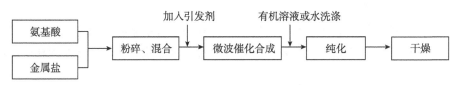

图11-2　微波固相合成法制备

二、水相合成法工艺影响因素

1. 配位比

氨基酸中含有多个可以与中心金属离子生成配位键的基团，氨基酸与金属离子存在多种结合配位比，其配位比在1∶（1~3）不等。反应液中投加原料的质量比不同，形成不同结构的氨基酸金属螯合物分子，不同结构的氨基酸金属螯合物之间稳定性及性质都存在较大差异。研究表明，当浓度较低时，微量元素与氨基酸易形成配位数为1∶1的螯合物，当浓度较高时，可形成配位数为2∶1的螯合物。通常情况下认为氨基酸与金属离子的配位数1∶1时形成的具有电荷的络合物易被胶体吸附固定。而当形成2∶1的内络盐（即螯合物）时，电荷趋于中性，螯环较为稳定，且易被植物吸收利用。同时，大量文献也指出金属离子与氨基酸易形成二齿的配合物（图11-3、图11-4）。但此配位比根据氨基酸的种类不同也会有所差异，如蛋氨酸其本身结构中含有一个硫原子（图11-4），在与金属离子螯合时，硫原子很有可能也参与成环（图11-5），使得蛋氨酸与金属离子的配位比略小于2：1。蛋氨酸与锌螯合时硫原子参与了成环，蛋氨酸与锌的配比为1.88：1。因此，对于氨基酸与金属离子螯合配位比，虽在原则上氨基酸应过量，但为不造成过多浪费，应对其最佳配位比进行考察，以确保用量最少，降低生产成本的同时螯合效果最好。

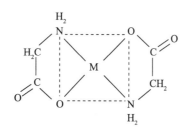

图 11-3 甘氨酸螯合物结构

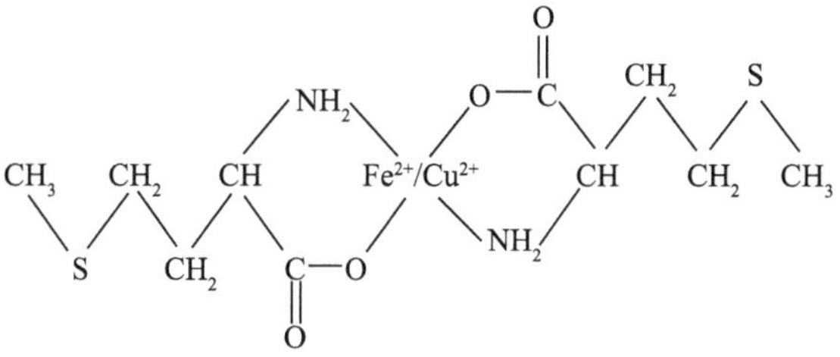

图 11-4 蛋氨酸螯合物结构

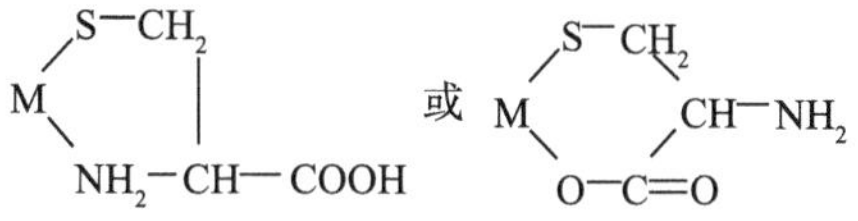

图 11-5 硫元素参与螯合时的蛋氨酸螯合物结构

2. pH 值

螯合反应受酸度的影响很大，pH 值的大小影响反应液中 H^+ 与 OH^- 的浓度，从而影响溶液中心金属离子的存在状态。当 H^+ 溶度较高时，H^+ 与金属离子呈竞争关系，争夺与氨基酸分子中的供电子基团的结合，阻碍氨基酸金属螯合物的形成。当 OH^- 的浓度过高时，OH^- 与金属离子结合生成金属氢氧化物沉淀，降低反应液中金属离子的浓度，影响氨基酸金属螯合物的产率。在氨基酸叶面肥的国家标准中也规定其 pH 值应在 3~9，不同的氨基酸与金属离子螯合的最适 pH 值有所差异，因此选择适当的 pH 值一方面为了提高氨基酸螯合物的产率，另一方面需要考虑国家标准对 pH 值的要求范围。

对于氨基酸亚铁螯合物的制备，Fe^{2+} 在空气或溶液中的存在形式由溶液 pH 值和氧化还原电位共同决定。在强酸性溶液中 Fe^{2+} 不易被氧化，但当 pH 值超过 2 时氧化逐渐增加，在 pH 值为 4 时氧化变得剧烈，当溶液碱性增强时氧化速率加快，pH 值>6 时 Fe^{2+} 基本都以 Fe^{3+} 的形式沉淀。因此，在制备氨基酸螯合铁时与其他金属离子不同，需在溶液中加入一定量的抗氧化剂或在整个过程中隔绝空气，以防止亚铁离子的氧化。

动物羽毛酸解氨基酸液与金属离子氯化铜螯合时，pH 值控制在 4.8~5.5，对于氨基酸螯合铜来说在较高的碱性条件（pH 值 11）下，铜离子并不一定以沉淀形式析出，而是发生 Biuret 反应，该反应产物也是以螯合态存在，此螯合物的存在会严重干扰氨基酸螯合铜的质量，对于氨基酸螯合铜要严格防止此类副产物的生成。植物蛋白酸解液螯合硫酸亚铁，pH 值控制在 6~7；动物羽毛硫酸解氨基酸液与硫酸亚铁螯合时，pH 值控制在 4 左右；由于亚铁离子易氧化，故在加入亚铁前先加入少量的抗氧化剂抗坏血酸和还原铁粉，再加入亚铁盐进行螯合物的制备。以赖氨酸（95%）为主的复合氨基酸螯合硫酸锌，pH 值控制在 5~6；以谷氨酸为主的复合氨基酸螯合硫酸锌，pH 值控制在 6~7；用蛋氨酸螯合乙酸锌，控制 pH 值 5~6，制备高纯蛋氨酸锌。氨基酸螯合中量元素钙镁，豆粕水解氨基酸液螯合骨粉提取钙液，pH 值控制在 6~8。采用罗非皮胶原蛋白小肽螯合氯化钙，pH 值为 8 左右，螯合温度为 50 ℃，螯合时间为 30 min，在该条件下螯合率为 78.04%。

3. 螯合温度和螯合时间

螯合温度与螯合时间对氨基酸金属螯合物合成的影响并不如配位比与 pH 值显著。理论上氨基酸金属螯合物合成过程所需时间较短，在室温条件下，氨基酸金属螯合物的形成也仅需 30 min。氨基酸螯合反应过程中温度的控制对螯合率也有一定影响，一般复合氨基酸（甘氨酸、谷氨酸、蛋氨酸等）螯合锌、铁等离则建议螯合温度 80~90 ℃，螯合反应时间则以 0.5~1 h 为宜，但以赖氨酸为主螯合锌的话，温度控制在 60 ℃ 即可。反应液温度的升高有利于螯合反应进行，通过提高反应温度的方式，可提高反应效率，缩短反应时间。然而温度过高会对氨基酸金属螯合物的环状结构造成破坏，致使螯合物解环，使产率降低。

一般情况下温度和时间都可以不予考虑，因为螯合反应为快速反应，仅需考虑配位比和 pH 值。因此，张晓鸣等（1997）利用单因素试验分别考察了配位比和 pH 值对螯合率的影响，结果证明蛋氨酸与锌最佳配比为 2:1，pH 值 7 的条件下产率为 96.7%。李德广等（2009）以甘氨酸和硫酸铜为原料，在 2:1 的配比下考察了 pH 值、反应温度和时间对螯合率的影响，结果表明：甘氨酸与硫酸铜在 pH 值为 7、反应温度 50 ℃下反应 30 min，甘氨酸螯合铜的产率高达 90% 以上。魏凌云等（2009）以谷氨酸钠和氢氧化钙为原料，考察了物料比、反应温度和时间对螯合产率的影响，结果表明：氢氧化钙与谷氨酸物料比为 0.48∶1，在 89 ℃下反应 32 min，氨酸钙的收率可达 98.75%。谷氨酸钠和氧化锌为原料经考察得到最佳合成条件为：谷氨酸钠与氧化锌摩尔比 1.12∶1，反应温度 90 ℃条件下 5 h，结晶 7 h。汪芳安等（2002）以氯化亚铁和 L-蛋氨酸为原料合成蛋氨酸螯合铁，由于二价铁易氧化，因此在试验中加入适当的还原铁粉和抗氧化剂，最终得最适反应条件为 L-蛋氨酸与氯化亚铁的配位比 2∶1、反应 pH 值为 6.5、反应温度 80 ℃、反应时间 4 h，最终产品得率为 68%。

第三节　氨基酸金属螯合物的鉴定

螯合反应本身具有分步性和不完全性，加上在生产过程中螯合工艺及产品纯度的问题，使得氨基酸与金属离子不可能完全反应。当前国家行业标准只是规定了氨基酸微量元素的氨基酸、金属元素以及其他理化指标，目前市场上很多氨基酸螯合肥仅仅是金属离子和氨基酸的混合，产品良莠不齐，对氨基酸螯合物的鉴定困难，对于螯合工艺和螯合物的鉴定研究并不多。

一、螯合率的表征

螯合率的高低可反映螯合反应的完成程度及螯合工艺的优劣等品质指标。此外，螯合率还可以作为调节工艺条件及研究微量元素作用机理的一个指标。螯合率反映的是氨基酸螯合物中螯合态组分与非螯合态组分间的比例，比例的高低可以直接反映产率的高低及螯合条件的好坏。螯合率是代表螯合性的表征值，采用有机溶剂无水乙醇来分离提取复合氨基酸螯合物，复合氨基酸亚铁、铜、锌、锰在乙醇等有机溶剂中溶解度极小，而游离金属离子和氨基酸均能溶于乙醇等有机溶剂，利用二者在无水乙醇中溶解度的差异将其分离。然后利用原子吸收分光光度法测定乙醇溶液中的微量元素含量。从而测定螯合金属盐的含量，螯合金属盐含量与总盐含量的比重即为氨基酸的螯合率。

螯合率的计算公式如下：

$$螯合率（\%）= \frac{螯合态微量元素含量}{微量元素总含量} \times 100$$

$$= \frac{微量元素总含量-游离态微量元素含量}{微量元素总含量} \times 100$$

二、化学法

1. 双硫腙显色法

双硫腙是一种常用的金属离子的指示剂，可以指示溶液中存在的多种金属离子。若氨基酸金属螯合物溶液中含有其他金属离子，就会影响双硫腙试剂对氨基酸金属螯合物中金属离子的检测。通过实验探究发现，在不同的 pH 值环境下，双硫腙指示金属也会不同，在碱性溶液环境中，双硫腙易与铅螯合，形成红色指示。在酸性溶液中，Cu^{2+}、Fe^{2+}、Zn^{2+} 则更易与双硫腙试剂反应，指示金属离子的存在。反应液本身有颜色也会影响双硫腙指示判断。若反应液无色，滴加双硫腙试剂后，溶液呈螯合物颜色；若反应液本身带有颜色，则呈现溶液原色与螯合物的混合色。双硫腙可指示痕量金属离子存在，可以通过稀释原液的方式，降低本身色度的干扰。

2. 茚三酮显色法

茚三酮是一种常用试剂，可用来指示氨或者胺的存在。溶液中存在的游离态的氨基或胺可与茚三酮反应，所生成的物质称为 Ruhemann 紫，呈蓝色或紫色口羽。利用茚三酮试剂检测溶液中是否存在游离氨基酸。游离的氨基酸分子在弱酸性条件下可与茚三酮发生反应，反应产物呈蓝紫色。指示反应的具体过程为：氨基酸分子在茚三酮作用下，发生氧化反应，脱去分子中的氨基，分解成 NH_3、CO_2、醛等小分子物质。茚三酮还原产物再与氨基酸分解所得 NH_3 反应生成紫色指示物。

3. Na_2S 化学鉴定法

Na_2S 化学鉴定法是利用金属离子与 S^{2-} 发生反应，生成金属硫化物沉淀，检测溶液中氨基酸金属螯合物的存在。此方法具有反应灵敏、重复性好、操作简便易行等优点。氨基酸金属螯合物中氨基与羧基与中心金属离子配位，形成稳定的环状结构。将氨基酸金属螯合物放入水中，在极性水分子作用下，氨基酸金属螯合物中的正负离子可形成水合离子，使其易溶于水，因此纯净的氨基酸金属螯合物的水溶液中，不会存在游离的金属离子和氨基酸。由于氨基酸金属螯合物中金属离子与供电子基团结合的稳定性远小于金属硫化物，当在纯净的氨基酸金属螯合物溶液中加入 Na_2S 时，S^{2-} 会夺取氨基酸金属螯合物中的金属离子，形成金属硫化物沉淀，破坏氨基酸金属螯合物的螯合结构，致使氨基酸分子游离出来。

三、光谱法

1. 紫外光谱法

紫外可见分光光度计可以产生一定波长范围的紫外光，将待测物质置于紫外光照射下扫描，可测定该物质的紫外吸收光谱，进而对待测物质进行定性或定量分析，此类方法又可称为紫外光谱法。待测物质吸收紫外光后，价电子发生能级跃迁，从低能级跃升至高能级。由于待测物质结构及性质不同，对不同波长的紫外线的吸收不同，将会产生不同的紫外吸收光谱。能够在紫外光区吸收光谱能量形成特征吸收峰的物质均含有共轭双键，π 键上的电子容易吸收光谱能量而被激发，发生能级跃迁。紫外光谱法所利用的光线波长可分为两个区段：10~380 nm的紫外光谱区，400~750 nm 波长范围的可见光谱区。其中紫外光谱中，在 10~200 nm 区段所产生的紫外光易被空气中的 N_2、O_2、CO_2、H_2O 吸收，所以待测物质检测需在真空条件下进行，在此波段下的紫外扫描又可成为真空紫外法。

2. 红外吸收光谱法（IR）

红外吸收光谱法（IR）是利用待测物质在红外光照射下，吸收与所含原子或基团振动频率相当的红外光发生能级的跃迁，来鉴别分子结构的方法。不同的官能团及化学键结构存在不同的振动频率，所以对红外线的吸收也会不同。每个分子只能吸收与其振动频率相一致的红外光。红外吸收光谱分析主要针对物质的某些化学基团的吸收峰消失或新的基团吸收峰的产生来判断是否有新的物质产生。

四、其他方法

1. 扫描电镜（SEM）

利用细聚焦电子束在样品表面扫描时激发出来的各种物理信号来调制成像的方法。可以在高放大倍数下观察样品的表面形貌特征。复合氨基酸螯合物的生成导致了分子结构及化学键构成发生变化，物质的表观结构也会发生变化，通过扫描电镜对样品进行高倍数放大观察，从物质表面上证明氨基酸金属螯合物的生成。

2. X 射线衍射

X 射线衍射法是通过 X 射线入射、反射及干涉的相互作用，形成 X 射线衍射光谱图，用以分析物质晶体结构。物质晶体中原子或者分子呈现规则排列，当一束 X 射线投射至晶体上，产生一个不连续的散射图像。每种物质的化学结构和晶体排列都不同，得到不同的 X 射线图。晶体的晶格对 X 射线的衍射原理依赖布拉格方程，对比 X 射线晶体结构的差异可以用于氨基酸螯合物的鉴定。

3. 热分析法

在持续加热条件下，一些物质的质量会随时间变化，这是因为物质在高温下发生分解和挥发。热重法（Tremogravimery，TG）就是利用物质这一特性，分析物质热稳定性或对它们进行定性分析。利用热重分析获得温度与样品物理和化学变化之间的关系，可以揭示在此温度范围内不同物质的性能。但是样品的失重过程相对的温度范围特别宽，这给利用热重法来鉴别位置化合物带来了困难，特别是当两个化合物的分解温度范围十分靠近时尤其如此。差热分析法适宜于定性分析，进行定量分析比较困难，加热的速率、热电偶的位置也会影响定量的准确性。为获得准确的定量数据，应该使用差示扫描量热法。差示扫描量热法将样品与参比物各自独立加热，分析样品与参比物之间的温差。

第十二章　氨基酸水溶性肥料稳定性检测与评价

第一节　肥料稳定性

肥料稳定性是功能性水溶肥料的重要指标，是保证正常的肥料效果和功能活性物质作用的重要前提。目前，水溶肥料加工工艺多以经验混配为主，市场上的水溶肥料产品质量参差不齐。肥料施用与作物生长周期和季节相关，水溶肥贮存提出更高的要求和更长的贮存时间，长时间的贮存势必会引起水溶肥理化性状的变化，导致产品质量降低，水溶肥料稳定性测试是肥料产品的一个重要环节。水溶肥料稳定性主要包括物理稳定性、化学稳定性和生物稳定性。水溶肥料分为固体肥料和液体肥料，固体水溶肥在贮存过程中可能发生吸潮、结块现象，液体肥料可能发生分层、析水等现象。

一、固体水溶性肥料的稳定性

（一）胀气

固体水溶性肥料胀气主要是由于两种或两种以上的物料发生化学反应，释放气体导致的，主要与化学稳定性相关。水溶肥料的一些原料、助剂或杂质在长期贮存的过程中可能会引起胀气。

硼砂在生产过程中有少量的碳酸盐，遇到酸性物质易放出二氧化碳。水溶肥料中的铵盐原料，遇到高温或是碱性物质，会分解释放出氨气，导致养分的损失。所以在贮存和生产过程中，避免和碱性物质混合，同时注意避免暴晒，在阴凉处贮存。氨基酸等有机类水溶肥，其产品水分控制不好的情况下，也可能因为微生物的活动，碳源和氮源被微生物利用而导致养分含量降低，同时微生物呼吸作用产生二氧化碳引起胀气。硝酸钾中的碳酸钾可能遇酸分解释放二氧化碳。

为防止胀气现象，需注意以下问题：① 合理搭配原料，避免原料间的化学反应以及调整合适的 pH 值；② 购买合格原料，避免使用杂质较多的不合格原料；③ 严格控制水分或加入一些防腐剂，防止功能性活性物质被微生物利用而分解；④ 使用透气性更好的包装材料。

（二）结块现象

肥料结块现象一般出现在肥料的加工、贮存和运输过程中。主要是因为微观肥料晶体发生吸湿吸潮现象，表面溶解（潮解）蒸发，再结晶而导致，在这个过程中形成晶桥，导致小颗粒变成大颗粒。结块问题主要与原料、温度、湿度、外加压力以及时间等有关。目前认为结块的原因为晶桥理论和毛细管吸附理论。晶桥理论认为物体间的水分使物体表面溶解或重结晶，在晶粒之间的相互接触点上形成晶桥，随着时间的推移，使晶粒黏结在一起，逐渐形成巨大的晶块。毛细管吸附理论认为，由于晶粒间毛细管吸附力的存在，使毛细管内壁的饱和蒸汽压低于外部，具有吸湿性的肥料在临界湿度以上吸收水分，而导致颗粒间的黏结成块。

肥料的结块分为轻度结块、部分结块和严重结块。轻度结块通过轻微震动可以恢复到自由流动的状态；严重结块，出现大部分结块；部分结块，选择结块率40%为定量评价标准（温度60℃，相对湿度90%条件下）。水溶性肥料要求肥料完全松散、自由流动状态，结块现象导致难以迅速溶解，甚至会堵塞设备滴头。

固体水溶肥结块的原因主要有以下几点：① 加工原料的铵盐、磷酸盐、聚磷酸盐、微量元素盐、钾盐等，大部分含有结晶水，易吸潮结块。如硫酸铵易结块，磷酸盐与微量元素混配易结块且变为不溶性物质，尿素与微量元素盐易析出水分而结块，主要原因是尿素置换出微量元素盐中的结晶水而称为浆糊，然后结块。② 干燥的氨基酸粉也容易吸收空气中水分，导致相互黏结。目前固体水溶肥生产一般采用非密闭性生产，生产过程中空气湿度越大，肥料越易吸潮结块。③ 存放温度越高，原料溶解性越强，原料中的结晶水溶解自身而导致结块。但当存放温度过高，结晶水会蒸发。④ 长时间的堆置或是外界压力的增加，能够促进晶体之间相互接触，导致结块。

防止结块主要有以下途径。① 控制水分，合理配伍。固体水溶性肥料生产过程中原料的含水率应该控制在3%以内，避免选用吸湿性强或带结晶水的原料，如硝酸铵、七水硫酸镁、七水硫酸锌等。同时注意物料之间的混配，如尿素和七水硫酸镁会增加吸湿性。② 添加防结块剂，防结块剂可以起到断桥作用。一些表面活性剂，例如十二烷基硫酸钠、三聚磷酸钠等。③ 造粒，提升造粒技术可以防止结块，圆粒之间的接触面积小，不易结晶结块。

（三）沉淀

固体水溶肥在使用过程中，由于原料中的不溶性杂质或者养分元素之间的拮抗沉淀，例如镁、锌、铜、铁、锰等金属离子，遇到磷酸根会生成沉淀，钼酸铵遇到磷酸盐也会生成沉淀，所以原料的选择需要注意元素之间的反应或者可以选用螯合态原料或采用螯合工艺。盐析现象也会导致沉淀，氨基酸或多肽类物质与硫酸锌混配后，硫酸锌会使氨基酸类物质沉淀析出。锌、铜、铁、锰对氨基酸和腐植酸均具有盐析作用。溶液酸碱度会导致沉淀现象，所以需要选择合适的 pH 值溶解。金属盐类易溶于酸性溶液，在碱性条件容易沉淀。然而腐植酸在酸性条件容易沉淀。所以既需要考虑原料之间的溶解性和相容性，又要考虑灌溉水的影响。

（四）固体水溶肥产品稳定性测试

固体水溶性肥料在生产、储运过程中会存在吸湿、胀气和结块等诸多问题。其稳定性测试方法主要有以下几种。

（1）热贮试验

通常将固体水溶性肥料在典型环节条件下，保存 7 d 或在 54 ℃下保存 7 d 后而不出现大量结块、分解或是肥料颗粒的外观变化，则表明该固体水溶性肥料的产品性状是稳定的。"保存"通常指在基本不透水的容器内。

（2）冷冻试验

将固体水溶肥在 −1 ℃、−10 ℃、−20 ℃条件下保存 7 d 后不发生结块、分解的现象，则表明该固体水溶肥在低温下稳定性是合格的。

（3）加速结块试验又称为堆压试验

固体水溶性肥料产品实验室结块试验：通常采用聚乙烯样品袋中称约 75 g 的样品，将样品袋贮存于 40 ℃的加热器内，放置于尺寸为 15 cm×15 cm 的木板上，用重 10 kg 的铁块压在上面，一段时间后检查产品结块现象和外观变化。当袋中的产品出现明显的结块现象，导致失去原有的流动性时，则表明该产品大量结块。在生产过程中，常常采用堆包试验，堆包试验所用包装袋的规格与材料应符合要求和防湿，堆包试验因试验的对象是包装袋，所以其不仅针对袋装贮存，而且包括散装贮存。堆包试验通常分为大包法和小包法。

美国肥料发展中心推荐的大包法试验如下。

① 采用 25 kg 的肥料包，包装材料选择为 0.18~0.20 mm 的聚乙烯单层膜，密封防水。

② 第一至第五包肥料整齐地堆叠在同一木板上，然后于上方堆叠 10 包 45 kg 的沙袋，使底包压力为 24.5~27.5 kPa，相当于 20 包堆叠的肥料包。

③ 试验场所模拟敞开厂仓库存条件，在第 1、3、6、9、12 月检查，如果第一个月检查有结块现象，则认为继续堆置会产生严重结块现象，如果第一个月未发生结块现象，则需要进一步考察。

对于防结块效果的检查如下。

① 用手按压包装袋，记录其软硬性：无变化为 O、轻度变硬为 L、中等变硬

为 M、很硬为 H，然后与空白样对比，得到结块程度的直感信息。

② 如果手按压包装袋外面结块为中等硬度以上，则采用摔包测试，即模拟一般装卸操作，把试验的固体水溶肥料包侧面从 1 m 处掷落在水泥地上，然后打开肥料袋，全部过筛，测试大于 1.3 cm 的团块重量百分比，与空白样对照。

③ 团块硬度可用手捻搓确定，分为三档：轻度 L、中等 M、严重 H。

④ 对散装存放的试验样品，可以针入度法测量其吸湿结块强度，即用针入度计在相同质量、相同高度自由落下，根据针入深度进行判定散装存放的结块现象。

⑤ 堆包试验结果记录包括固体水溶肥料包的软硬性、团块量、团块硬度等。

大包试验直观但试验周期长，需要较大的场地和耗费更多的劳动力。小包试验需要的样品较少，包装规格 12 cm×7 cm×25 cm，每袋装 1.4 kg，材料与大包试验一致，整齐堆叠 5~10 包，上面压 60 kg 的重物，底包的压力相当于 27.5 kPa，检查周期和检查方法与大包试验一致，掷落操作由一次改为两次，试验结果基本与大包试验相符合。由于试验规模小，所以可控温条件下进行，可以设置较高温度，从而结块趋势。

二、液体肥料稳定性

液体肥料贮存稳定性要求更高，其在生产和贮存过程中可能会发生以下现象：① 结晶：在液体环境中，营养元素处于过饱和状态，当遇到外界环境的变化，特别是温度的改变，一般来说在低温条件下，原料的溶解度降低，会导致饱和盐溶液的结晶析出；② 分层：液体肥料，尤其是悬浮肥料，长时间的放置，由于肥料粒子大小不均匀导致发生沉降现象；③ 表面膏化：表面絮凝，黏度增加，从而导致流动性变差。当温度降低时，悬浮液体肥料黏度升高，导致产品不易倒出；④ 胀气：其跟固体肥料胀气的原因相似，一方面，由于原料化学性质的变化，导致氨气挥发；另一方面，可能由于微生物的影响，导致肥料的变质和腐败的现象。液体肥料产品质量的稳定需要综合考虑其物理稳定性、化学稳定性和生物稳定性。

三、液体肥料的物理稳定性

物理稳定性直接影响到产品的外观形态和使用，贮存物理稳定性问题主要来源于重力沉降、颗粒聚结和奥氏熟化作用，其体系的流变性、颗粒逐渐聚结变大、结晶长大、沉降析水、稠化结块等贮存物理稳定性问题严重制约其健康发展。Rao（1997）研究 pH 值在 3~10 范围内，氧化铝、二氧化钛的水分散体系中，氧化铝和二氧化钛颗粒在悬浮液中沉降率与电荷相关，流体的整体稳定性与絮凝程度有关。Luckham（1999）曾指出悬浮剂物理稳定性受到破坏，轻则影响其悬浮稳定性，致使悬浮率明显下降；重则出现不可逆的絮凝，甚至聚结致密层，"黏土化"板结。不溶性固体物质颗粒粒径分布为 $0.1\sim0.5\ \mu m$，介于胶体与粗分散体系之间，易于受重力作用而沉降分层，另外其比表面积大，具有较大界面能，有自动聚结的趋势，属于动力学和热力学不稳定体系。因而在液体水溶肥的贮存物理稳定性研究中需要综合考虑沉降与聚结两方面的问题。

1. 动力学因素

（1）沉降作用

液体肥料是悬浮体系，属于粗分散体系，具物理不稳定性，长时间放置会出现粒子沉积和分层现象。悬浮稳定性差的原因是分散介质与活性物质的密度不一，在受到重力的作用下与分散介质发生了相对沉降。对于牛顿流体，单个粒子在重力场中沉降的速率符合 stockes 定律：$v=2r^2\ (\rho-\rho_0)\ g/9\eta$，式中 v 为沉降速度，r 为分散相粒子半径，$(\rho-\rho_0)$ 为分散相与分散介质间的密度差，η 为介质黏度和 g 为重力加速度。依公式可知，悬浮剂颗粒的沉降速度 v，随着相对密度差 $(\rho-\rho_0)$、颗粒半径 r 的增大及黏度的降低而加快，是减缓重力沉降的关键性因素。在选定了适当助剂和工艺确定条件下，通过调整工艺减小粒径和粒径分布、降低分散相与介质间的密度差和增大介质黏度有利于提高悬浮剂的悬浮稳定性。降低原药粒子与分散介质间的密度差，一般在介质中加入一些惰性溶质，如尿素、蔗糖等。另外还可以通过加入增黏剂增大黏度，例如在悬浮剂中加入羟甲基纤维素钠、聚乙烯醇、黄原胶、阿拉伯胶等增稠剂，使介质黏度增大，从而减小粒子的沉降速率。减小析水体积与沉降率，从而提高悬浮体系的稳定性。

通常来讲，粒子越小，其表面的水化层越厚，因而空间排斥作用也越大，就不易由于重力作用而发生下沉，体系相应越稳定。何林等（2002）在回归处理中以粒径分布、平均粒径为自变量，制剂分层率为因变量，得到了悬浮剂常温贮存 4 个月的分层率与粒径分布、平均粒径的关系 Y（分层率）$=-23.2078+11.2566X$（粒径分布）与 Y（分层率）$=0.0023+0.0167X$（平均粒径），两直线相关系数分别为 $r=0.9928$ 与 $r=0.9934$，证明了平均粒径越小，粒径分布越窄，制剂分层越小。处于 $2\sim5\ \mu m$ 粒径的粒子，室温下的布朗运动在一定程度上能抑制重力沉降，保持分散粒子随意运动，当悬浮剂体系中含有较大粒子时，其重力作用会抵消布朗运动，从而使粒子发生沉降。所以，粒径最好尽可能小（悬浮剂分散体系要求 $1\ \mu m\leqslant D_{90}\leqslant10\ \mu m$），改进悬浮剂的生产工艺，但该措施受生产设备的限制。悬浮剂中颗粒的粒径、粒谱与研磨时间均有直接关系，随着加工时间延长，悬浮率和悬浮稳定性逐步提高，达到一定时间后，加工时间对悬浮率和悬浮稳定性的影响将不再显著。Luckham（1989）指出悬浮颗粒过大或粒径分布不均一，容易导致体系发生奥氏熟化、颗粒沉聚等物理变化，从而导致悬浮剂体系的贮存不稳定。因此，利用调整加工工艺、减小粒径分布来克服因粒子大小引起的奥氏熟化等物理变化。

重力对胶体本身物理性状的影响不大，但如果体系中混合物较多或者近临界状态，重力则常常破坏体系的机械稳定，从而引起沉降。布朗热动力只有当粒子在介质中分布不均匀时才能发生，它的趋势是使粒子在介质中混合得更均匀。胶体体系稳定，体积分数适宜，当颗粒扩散速率大于沉降速率时，布朗运动起决定作用（重力与布朗力的比值足够小），颗粒缓慢沉降分散；当颗粒间作用力较弱时，在沉淀出现的同时结构重新排列（布朗运动分散作用），从而形成可逆性沉淀；当颗粒间作用力较强，布朗运动可忽略，而颗粒间的作用力可在网络结构中传递，网状形态的聚结体因受到重力挤压，形成了不可逆沉淀。颗粒在大量聚结前，由于布朗运动作用使颗粒间发生碰撞、聚结，当聚结体尺寸越来越大，重力作用越明显，较大聚结体带着下方较小聚结体下降并更快长大。这一连锁效应由碰撞与聚结速度决定，当然还与颗粒尺寸有直接联系。

（2）流变学研究

悬浮液体肥料属于流变学领域。研究表明，加入一定量非吸附性大分子于悬浮剂中，体系可形成弹性凝胶，具有一定触变性能，形成连续网状结构，有效抑制了颗粒沉降速度。其流变性符合流变学上的剪切变稀现象——正触变性：当作用于悬浮体系剪切力较小时，不足以破坏"絮凝物"的形状和结构，因此悬浮体系表现为稳定；当作用力大于某一值时，"絮凝物"结构开始被影响并破坏，表观黏度会随着剪切时间逐渐下降，从而表现出较好的流动性；表观黏度后期得以恢复，源于剪切力消失，悬浮体系再次得到稳定。戴肖南（2002）认为是由于电解质压缩了粒子的双电层，相对削弱了粒子间的静电作用；Mg^{2+}、Al^{3+} 或水解离子吸附在高岭土粒子表面，电性因而减弱，同时也减小了静电吸引力，致使减弱粒子间的结构强度。电解质对触变性的影响其主要原因可能是影响了粒子间相互作用。pH 值也可以改变颗粒表面的电性，从而影响粒子在体系中存在的结构状态，最终影响体系的触变性。悬浮体系的分散相具有触变性，主要是活性物质与惰性填料的相互作用。可以通过添加表面活性剂来改变流动类型：含阴离子 SAA 的所有配方中，流变图均从假塑性流动转变到塑性流动行为，并伴有较好的触变现象；而非离子 SAA 则形成塑性体或宾汉体；添加增稠剂没有触变现象，但能增加体系的黏度和触变程度。Foernzler（1960）等研究了触变性对悬浮稳定性的影响，在采用膨润土和绿坡缕石这两种悬浮剂的情况下，通过研究物理悬浮稳定性的相关性和悬浮剂的触变性程度，得到其沉降速度与触变面积的倒数呈正比。当悬浮颗粒间形成网状结构，使其流动所需的最小剪切力称为屈服值，即悬浮体系的流变性，它包括黏度、流动性和触变性。悬浮体系同时具有黏性和弹性，黏度现象产生于能量的损失，弹性主要映射形变过程中储存机械能的能力。稳定的悬浮体系，其黏弹性主要与体积分数 Φ、粒径 α、电解质浓度 c 三个参数有关。悬浮剂的黏弹性与体系的体积分数 Φ 有密切关系，当 Φ 接近于 Φr 时，其中 Φr 值由吸附层或接枝层的厚度 δ 和颗粒直径 α 决定，随着 α 的增大而增大，小颗粒具有更大的弹性本质，当吸附层或接枝层发生相互重叠时，颗粒之间方出现相互作用，此时可产生较强烈的空间位阻。当颗粒直径较大，同时存在一定量的电解质情况下，可获得的悬浮液具有高体积分数且弹性较低。在粗悬浮体系中加入微细无机材料（如黏土和氧化物等）时，可消除黏土化问题，其原因是微细无机材料粒子可在液体分散介质中形成一个三维的凝胶网，其能有效增加分散介质的黏度，从而阻止体系分层。为了有效增大体系黏度，添加黏度调节剂可以增加悬浮体系黏度，形成网状结构，"托住"颗粒不使下沉，以减缓沉降速度，常用水合性强的无机物或高分子聚合物作为黏度调节剂，如黏土矿物、黄原胶、聚乙烯醇、羟甲基纤维素钠、阿拉伯胶、氧化物（如二氧化硅、氧化铝）或膨润土与聚合物混合，可更持久抗沉降。因此，结合使用无机矿土和有机高分子化合物，其目的是增加体系的稳定性和触变性。同时，Malcolm（2003）认为非吸附性聚合物分子仅为一个重要因子。体系的沉降分层情况与流变学之间并没有较直接的关系。体系的微观立体结构以及悬浮颗粒的表面状态真正决定其触变性和稳定性。

2. 热力学因素

静态悬浮体系中，通过机械手段分散固体颗粒，在水介质中形成多相分散体系。超细粉末中，常会有一定作用力结合一定数量的颗粒形成微粒团，称团聚体。按团聚的成因，分为软团聚和硬团聚。分散相与分散介质间存在着巨大的界面积和表面能，为减小表面能，分散相颗粒有自发相互聚结的趋势，发生相互聚结，即属于热力学不稳定体系。颗粒间可通过自发聚集来降低自身系统自由焓的趋势，进一步变大，形成二次颗粒，称软团聚。软团聚常靠静电引力、范德华力等较弱的力同时聚在一起构成，其通常产生于液相反应阶段，通过机械与化学作用即可消除；另在内部化学键的作用下易形成硬团聚体，其结构则不容易被破坏。粒子间相互碰并后，不但会使粒子的平均大小不断长大，而且也会使粒子数密度减小，先形成软团聚再形成硬团聚，以致后期的不可逆。决定悬浮肥料产品质量好坏的关键因素取决于颗粒间的聚结情况，严重情况下会影响贮存期间的物理稳定性，产生分层。悬浮体系颗粒间的相互作用主要有范德华力、双电层作用、静电斥力、位阻作用。

（1）范德华力

范德华力（Van der Waals）普遍存在于各种分散体系中，存在于极化与非极化的原子或分子之间。对于介质是连续相的悬浮体系中，粒子间的相互作用存在一个引力与斥力势能的平衡，而范德华力是引起引力的主要原因。正因为受到粒子间存在的范德华吸力使其自发聚集、总界面积缩小，进而界面能降低，悬浮体遭受破坏。若要减轻团聚现象，则需降低范德华力，相应增加颗粒之间的排斥力。根据胶体化学得知，由于溶液分散相中的颗粒表面优先吸附某种正电荷或负电荷离子，从而形成了扩散双电层于颗粒表面，在布朗运动的碰撞过程中，该种颗粒间相互产生排斥作用，从而阻止了团聚的发生。引力势能大于斥力势能，总势能上升，体系稳定，仅当粒子间接近到一定距离时，斥力才起主要作用。此外，吸附在固体颗粒表面的活性剂或大分子产生效应，也会对分散颗粒产生稳定作用。Harbour 等（2007）研究表明，有天然有机物（来源于水或土壤）存在下，氧化铝悬浮液稳定性受到了 pH 值与粒子间相互作用影响。其数据显示，大多数的腐植酸和富里酸样品吸附在平坦的氧化铝表面，是通过静电和化学的相互作用提供吸附自由能。而分散剂能防止因范德华力存在于胶态分散体，它由三个结构稳定悬浮液凝固，静电、静电位和空间位阻，这些因素的综合结果将决定分散颗粒的沉降速率。对于一定的分散体系，范德华力以及由粒径与溶剂引起的斥力是一定的，因此，增大空间位阻效应具有重要意义。

（2）双电层理论

微小悬浮粒子一般都带电荷，气溶胶粒子所带电荷可正可负，水溶胶粒子却只带同号电荷，且在每个粒子表面形成反号的离子云，称为双电荷层。Grahame 在 1947 年将 Stern 的双电层概念进一步发展，内层分为内 Helmholtz 层和外 Helmholtz 层，外层为扩散层。指出自内 Helmholtz 层到外 Helmholtz 层，再到扩散层，电位呈指数关系下降趋势（冯建国，2009）。悬浮体系中，双电层作用为低电荷体系，仅存在于具有扩散双电层的稳定的静态颗粒之间。电解质浓度与化合价决定了双电层厚度，前者浓度低时，产生较厚的双电层，颗粒间的相互作用主要是双电层间的斥力作用；化合价决定了颗粒间能量的大小，颗粒间表面相互接触时，斥力缓慢增加。

（3）Zeta 电位

悬浮颗粒表面常常带有正电荷或负电荷，在电场的作用下分散介质与分散相做相对运动，产生于滑动面上的电位称为 ζ 电位（电动电位），即从吸附层到递质内部的电位差。很多研究表明，Zeta 电位的绝对值越大，悬浮剂的稳定性就越高。Zeta 电位较低时，颗粒间斥力减小，粒子间在引力的主导下逐步靠近，发生团聚；Zeta 电位较高时，颗粒间能维持一定距离，削弱或抵消范德华引力，提高悬浮液稳定性。双电层厚度易受到体系分散相含量、pH 值、无机盐含量等的影响，从而改变颗粒表面的 Zeta 电位，降低静电斥力，进一步影响颗粒悬浮体系的稳定性。有研究证明，提高 pH 值，PAA（聚丙烯酸类）分子量及其浓度能增加吸附层的厚度；PAA 吸附后能明显改变表面电荷密度、漫电荷密度和二氧化钛的 Zata 电位，体系变得稳定。因此，Zeta 电位的测定值常常可以用作提供悬浮剂稳定性机理方面的证据。体系中加入高分子聚合物或非离子表面活性剂，它们吸附于颗粒表面产生空间位阻，致 Zeta 电位不变或者减小，体系的悬浮稳定性升高，表明此刻空间位阻作用是体系物理稳定机理。非离子表面活性剂，水溶性纤维高分子聚合物在药物表面的吸附量因聚苯乙烯与异丁苯丙酸疏水性不同而有所差异；空间稳定性取决于表面活性剂的吸附厚度与成分。离子型表面活性剂聚合度较高，当吸附于颗粒表面时，因长碳链的分子结构可以提供足够的空间位阻，并增加周围的双电层厚度，增加静电斥力，相互排斥靠近的粒子，表明此时静电斥力作用是体系物理稳定机理。

（4）奥氏熟化

奥氏熟化即粒子在制剂中出现晶体长大的现象。根据物理化学原理，晶粒的溶解度与其粒径有关，粒径愈小，其溶解度愈大。粒度分布较宽的粒子处于同一介质中，对于大粒子来说为过饱和溶液；对于小粒子，则为不饱和溶液。小粒子不断溶解，大粒子不断结晶长大，从而造成悬浮剂悬浮率降低。克服奥氏熟化作用的措施是调整悬浮剂的生产工艺，使生产的农药悬浮剂产品粒度控制在较窄的分布范围内；利用合适分散剂使其牢固地的吸附在粒子表面上，阻碍溶质分子在晶体表面的吸附，从而抑制晶体的生长。

奥氏熟化，指悬浮剂中大、小结晶因具有不同溶解度而引起的晶体长大现象，其结果加剧了颗粒的沉降，促使胀性沉淀的生成（成家壮，2007），在高含量制剂中更容易出现；晶体的错位、缺陷、晶面特性及杂质都会导致农药悬浮剂在贮存期间晶体的长大，促使了奥氏熟化现象的发生。一般来讲，水中原料溶解度低于 100 mg/L 时，很少出现奥氏熟化现象。选择适宜的分散助剂，可以抑制晶体的生长。① 肥料悬浮体系复杂易受到温度、pH 值的影响，还需考虑到基础肥料的溶解—析出问题，因而奥氏熟化现象更加严重；② 原料电解质浓度高，且不稳定，对颗粒表面静电力影响较大，静电斥力无法抵消范德华力，导致两颗粒间易发生相互聚结；③ 高电解质浓度压缩颗粒周围的双电层使黏弹性降低；④ 同时影响活性剂与大分子聚合物在颗粒表面的吸附，致包裹不完全，不能形成完整的空间位阻；⑤ 在体系中，原料颗粒一直存在溶解—析出问题，研磨过程中易产生机械热，促进部分颗粒溶解，待冷却后测定粒径时，部分颗粒发生重结晶，粒径会再次变大，且粒谱较宽，重力沉降占主导作用；⑥ 体系中固体体积含量大，电解质浓度高，属于粗分散体系，因此体系弹性较差，抵抗力弱；⑦ 还存在着原料纯度低，重金属、大颗粒型杂质较多。

（5）聚结作用

颗粒间的聚结是决定悬浮剂产品质量的关键因素，在悬浮质点粒径、体积分数、黏度等参数合适的条件下，悬浮颗粒在重力作用下的沉降速度决定于颗粒间的聚结程度。描述分散与团聚状态的经典理论是前苏联学者 Deryagin、Landau 与荷兰学者 Verwey、Overbeek 分别提出的关于各种形态微粒之间的相互作用能与双电层排斥能的计算方法，即 DLVO 理论（VT＝VA+VR）。该理论认为颗粒的团聚与分散取决于颗粒间的 Vander Waals 作用能与双电层静电作用能的相对关系。当 VA>VR 时，颗粒自发地互相接近最终形成团聚；当 VA<VR 时，颗粒互相排斥形成分散状态。DLVO 理论是建立在对理想体系之上的，并不能完全解释颗粒间的团聚作用。团粒间的聚结作用应该是范德华作用、硬球作用、双电层作用和位阻作用的共同作用结果。

防止悬浮剂不可逆絮凝作用的基本条件是：分散剂完全覆盖于颗粒表面、吸附作用强、厚的吸附层、稳定部分处于良好的溶剂条件下。对于静电上稳定的分散体，防止不可逆絮凝作用的基本条件应该是：ζ 电势高、电解质浓度低。许多研究表明：zeta 电位绝对值越大，悬浮剂的稳定性越高。在静电稳定悬浮体系中由于电解质浓度低，有较厚的双电层，颗粒间的相互作用主要是双电层间的斥力作用。

表面活性剂吸附在悬浮颗粒表面，能提供固体颗粒分散稳定作用，可以有效防止悬浮颗粒的聚结和絮凝，同时对颗粒的晶体生长具有很好的抑制作用，悬浮剂贮藏期间的贮存物理稳定性具有重要作用。体系中加入非离子表面活性剂或高分子聚合物，它们在颗粒表面吸附产生空间位阻作用，使剪切面向远离颗粒表面方向移动，导致 Zeta 电位减小。Zeta 值减小或不变，而体系的悬浮稳定性升高则表明空间位阻作用是体系的主要稳定机理。

四、液体肥料的化学稳定性

液体肥料的化学稳定性主要取决于以下几点：化学养分的变化、有机养分（例如氨基酸类活性物质）的变化以及增效活性物质的变化。

（一）化学养分的损失

水溶性复合肥料在碱性情况下主要是 NH_3 的挥发导致氮素部分损失，pH 值在 7~8 时，氨气挥发较慢；pH 值≥8 以后，挥发较快，并且热贮会加速 NH_3 的挥发。水溶肥中总氮的测定原理与国标方法 GB/T 8572—2001 复混肥料中总氮含量的测定一致，采用凯式定氮仪蒸馏后滴定法，该方法检测的准确度和精密度均符合国家标准的要求。若配方中含硝酸根，酸性环境中与部分氢离子结合成硝酸，按照测定总氮标准方法在硝酸根未被完全还原时加入浓硫酸消煮，该过程中将发生上述反应，导致部分酰胺态氮以 N_2 挥发，因此测定的总氮量较理论值相差较大。

（二）增效活性物质的化学稳定性

增效活性物质主要是有机活性物质，目前越来越多的微生物代谢产物、农药原药、植物提取液、植物激素应用到液体肥料中。这些有机活性物质在长时间的贮存中，其性质也会发生变化。例如一些抗虫活性物质和抑菌活性物质容易发生水解和光解。杀虫剂的水解活性高于除草剂、杀菌剂，氨基甲酸酯类和有机磷酸酯类农药较有机氯类农药易发生水解，一部分拟除虫菊酯类农药也易发生水解，尤其在紫外光和太阳光下极易发生光解作用。影响水解的因素很多，如介质溶剂化能力的变化，有机溶剂用量的改变和离子强度均能影响溶剂化的能力。另外，还可能存在普通酸、碱及痕量金属催化的特殊介质效应，以及 pH 值、温度和无机矿物对有机活性物质水解的影响，因而改变水解速率。

1. pH 值

pH 值常常决定了水解反应速率的大小。因此，一部分研究人员将水解分为酸性、中性和碱性催化三个过程。有些原药在 pH 值为 8~9 的溶液中水解，pH 值每增大一个单位，水解反应速率增加 10 倍左右。不同 pH 值条件下单甲脒、克草胺、甲基异硫磷、嘧啶氧磷的水解速率不同，单甲脒在碱性和中性中不稳定，克草胺在碱性环境比酸性环境中稳定，甲基异硫磷则相反，而嘧啶氧磷在中性环境较不稳定。较多研究表明，磺酰脲类化合物在酸性 pH 值溶液中水解较快，而在中性条件下相对稳定。单嘧磺隆的水解半衰期随着 pH 值的增加而延长，在酸性环境下水解更快，在 pH 值 5 条件下半衰期只有 13.1 d，中性和碱性条件下，有更长的半衰期，pH 值 7 条件下为 192 d，pH 值 9 条件下为 347 d。在 45 ℃ 条件下氯嘧磺隆的水解速率常数随着 pH 值增大而下降。氯磺隆、甲磺隆和醚苯磺隆在 25 ℃ 时在不同 pH 值的缓冲液中的水解研究也表现出类似的趋势，这与该类物质呈弱酸性有关。

毒死蜱的降解随着 pH 值升高，降解越快。在 20 ℃、6 d 后，在 pH 值=9 的河水和 pH 值=5 的去离子水中的降解率分别为 77.2% 和 58.4%。碱性水解主要发生了亲核取代反应。pH 值也能明显影响有机磷类原药的水解，在 25 ℃，蒸馏水 pH 值分别为 5.9、6.11 和 9 中，毒死蜱的水解半衰期依次为 33 d、14 d 和 10 d，证明在水体中毒死蜱主要是碱性水解。单甲脒在 pH 值为 5 以下稳定，pH>6 时明显发生水解，水解反应速率常数随着 pH 值的增加而增大，半衰期可以从 pH=6 时的 15.9 d 缩短到 pH=9 时的 1.4 d，说明单甲脒在酸性或弱酸性条件下较稳定。烯啶虫胺在 pH=9 的缓冲液中降解较快，在 pH=5 和 7 的缓冲液中降解缓慢。吡虫啉和烯啶虫胺属于碱性水解，在碱性条件下容易受 OH^- 的进攻，发生亲核取代反应。

2. 温度

温度是影响水解的重要因素，但不是最主要的因素，原因是稳定的环境系统内温度差的变化不显著。在热降解过程中主要表现出化合物结构体的解聚、断链等。一般来说，提高反应温度能促进水解，温度每升高 10 ℃，水解速率常数增加 2~3 倍。温度是影响毒死蜱在水体中降解的主要环境因素，温度每升高 10 ℃，毒死蜱的降解速率增加 2 倍。烯啶虫胺在 15 ℃、25 ℃ 和 35 ℃ 的水解半衰期分别为 67.9 d、20.3 d、7.6 d，温度升高烯啶虫胺的水解速率加快。苯醚甲环唑的水解规律与烯啶虫胺一样，随温度升高而增加，水解作用随 pH 值增大而增强。温度对单甲脒水解反应速率也具有明显的影响，温度升高 10 ℃，水解速率常数增加 1.9 倍。单嘧磺隆在 25 ℃ 时，在 pH 值 9 缓冲溶液中的水解半衰期为 347 d，较难水解，50 ℃ 时只有 7.1 d，水解受到温度的影响显著。

3. 电解质离子

液体肥料中大量的溶解性离子有可能对活性物质的水解起到了影响。百菌清的水解随着电解质浓度的增加而显著加快，Ga^{2+}、Mg^{2+}、Fe^{2+} 这些离子可能促进了百菌清的水解，其主要作用是催化。硝酸盐和亚硝酸盐对戊唑醇的降解均具有明显的光猝灭反应，亚硝酸盐强于硝酸盐，且猝灭效应随着添加浓度的增加而逐渐增强；具有光猝灭反应还有 3 种卤素离子，其中碘离子>溴离子>氯离子；3 种金属离子的光敏化作用大小顺序为锰离子（35.18%）>镁离子（25.08%）>铜离子（18.24%）；铵根离子对戊唑醇有光敏化反应，随浓度增加而增加，半衰期最小为 17 min。

4. 表面活性剂

表面活性剂能降低表面张力，将原药活性物质颗粒湿润分散于水。分散能力由分子量和疏水基的特性决定，分子量大的疏水表面活性剂往往扩散至粒子表面速度较慢，但吸附能力较强，不易转移，能提供长期稳定性。表面活性剂能影响吡唑醚菌酯的光解速率，添加浓度为 1% 和浓度为 0.1% 的十二烷基磺酸钠以后，其光解半衰期分别为 8.6 min 和 10.7 min，高浓度的表面活性剂促进了其光解反应。十二烷基磺酸钠对涕灭威水解也有一定影响，它能增大涕灭威的溶解，增大其水解速率。十二烷基磺酸钠添加后百菌清的水解速率比未添加表面活性剂时增大了 69.5%。

5. 黏土矿物

黏土矿物对降解有催化效应。蒙脱石可以明显促进丁硫克百威、涕灭威和克百威的水解，减缓氯苯胺灵的水解速率。以丁硫克百威为例，黏土矿物催化效应与溶液 pH 值有关，pH 值较低时催化效应不明显，此时酸催化水解农药为主要机理；pH>4 时黏土矿物对水解催化作用，表面催化效应主要是表面酸化机制（surface-acidity mechanism）与表面螯合机制（surface-chelate mechanism）。另外，黏土矿物的不同阳离子饱和的催化效应也是不同的，丁硫克百威在水溶液中的半衰期为 72.2 h，而在 pH=6 的钠、铝、铜的蒙脱石的悬浮液中的半衰期依次为 0.96 h、0.42 h 和 1.09 h。

6. 光解

有机活性物质在一定波长范围内的光化学反应是随着光强度的增大和光波长的逐渐变短，光解速率会逐渐增加。一些有机分子直接吸收太阳辐射能使自身产生结构上的分解反应，这个过程为直接光解。据报道，大多数农药都能通过对太阳能的吸收而发生直接光化学降解，如哒螨酮、甲霜灵、阿维菌素、硫肟醚等，光解呈一级动力学反应。尹君静等（2014）在 25 ℃恒温试验条件下，以氙灯光照度为 3 720 ~ 4 300 lx，紫外强度 59.8~62.4 μw/cm^2，得到戊唑醇水中光解半衰期为 29.1 h。光照强度能严重影响戊唑醇在水相中的光解程度，4 000 lx 处理光解半衰期为 53.3 h，8 000 lx 处理为 22.4 h。

多菌灵主要是间接光解，光敏剂（如核黄素、0.5%丙酮、Fe^{3+}）能加快光解速率。很多有机农药会随着酸碱值的变化光解速率常数也会随之变化，例如胺苯磺隆在高压汞灯照射下，其光解速率常数由于 pH 值的增大而减小。NO$_3^-$ 浓度在 0~20 mg/L，可作为己唑醇的光解催化剂，且浓度增大促进作用增强；NO$_2^-$ 在低浓度下，有一定促进作用，在 10~20 mg/L 高浓度时，为抑制作用。

有些活性物质由于不能直接复配到液体肥料中，所以常常需要先溶到有机溶剂中。在光化学过程中，有机溶剂不仅会影响药物本身的光解速率常数大小，同时可以影响其迁移及转变行为变化，表面活性剂改变了反应体系吸收的光谱。不同药物之间也能相互影响，甲基对硫磷对氰氰菊酯、溴氰菊酯具有强烈的光敏降解效应。不同药物间除了光敏化作用，也存在光淬灭反应，如光照下克百威、丁草胺和三唑酮单独与多菌灵混合时，均对后者产生强烈的光淬灭反应。

五、液体肥料的生物稳定性

有机功能载体在液体水溶性肥料中应用越来越多，丰富的有机营养活性物质为微生物提供了良好的生长生存环境。在长时间的贮存过程中，液体肥料可能受到外源微生物的影响，一方面有机活性物质被微生物分解利用而降低有机养分含量，导致肥料效果降低，另一方面液体肥料可能腐败变质，反而会产生一些有毒有害物质，所以为保证肥料良好的生物稳定性，最好在密闭密封阴凉处储存或是添加一些微生物抑制剂或者防腐剂。

当前市面出现一些生物型有机液体水溶肥产品，在液体肥料中添加微生物菌种，例如芽孢杆菌属的枯草芽孢杆菌、地衣芽孢杆菌、胶冻样芽孢杆菌、侧孢短芽孢杆菌；酵母菌属的酿酒酵母、毕赤酵母等。由于液体肥料的高盐特性和体系复杂，势必会对功能微生物活性造成影响，所以对于微生物液体菌肥产品在贮存过程中，必须监测微生物的活性，保证产品的生物稳定性。目前微生物液体有机肥料的贮存周期一般不超过 6 个月。

第二节　水溶肥稳定性检测与评价方法

一、物理指标

（一）粒径及粒径分布

D_{10}：小于此粒径的颗粒占总量的 10%；D_{50}：也叫中位径或中值粒径，小于此粒径的颗粒占总量的 50%，大于此粒径的颗粒也占 50%；D_{90}：小于此粒径的颗粒占总量的 90%。D_{50} 越小，粒径越小。跨距 =（$D_{90}-D_{10}$）/D_{50}，跨距越小，粒度分布越集中。用 D_{50} 和跨距的平均值来整体评价粒度分布情况。

实验步骤：将蒸馏水加入干净样品池，使水面高度达到样品池的 2/3 左右，用有标记的一面进行背景测试。用 1 mL 注射器吸取适量悬浮剂，直接注射 1~2 滴于盛有蒸馏水的样品池中，并用干净的玻璃棒缓慢搅拌至均匀，再将样品池放入激光粒度分布仪中进行浓度的测定。系统允许的质量浓度范围在 10~60 μg/mL，以 20~30 μg/mL 为佳。

（二）黏度

表观黏度都可预示贮存物理稳定性，简单适用，一般情况下，黏度越大，体系稳定性越好，但黏度太大会影响流动性，甚至不能流动。因此要有一个合适的黏度悬浮剂黏度一般在 500~1 000 mPa·s 最佳。黏度的测定方法如下。

1. 旋转黏度仪

先大约估计被测样品的黏度范围，高黏度的样品选择小体积（3、4 号）转子和慢的转速，低黏度的样品选用大体积（1、2 号）转子和快的转速。每次产量的百分计标度扭矩在 20%~90% 为正常值，在此范围内测得的黏度值为正确值。否则要更换转速和转子，同时要根据选用的转子改变转子号 SP（即低黏度用 1 号转子，高黏度用 4 号转子）。

当估测不出被测样品的大致黏度时，应先设定为较高的黏度。试用从小体积到大体积的转子和由慢到快的转速。且低速测黏度时，测定时间要相对长些。

2. 涂 4 黏度仪

涂 4 黏度仪主要用于测定牛顿型或近似牛顿型流体的运动黏度，也可根据需要做比较测量使用。是一种便携式黏度计，使用方便、性能稳定，流量杯和流出口由耐腐材料制成。相比之下，更能直观反映肥料的流动性。

试验应在（25±1）℃的恒温室内进行，调整支架平台保持水平位置。在测量前应使杯的内壁和流出孔保持洁净。将试液注入涂4杯，用手指堵住流出孔（如有腐蚀性液体杯上挡块），将被测液慢慢倒入杯内，用清洁的平玻璃板沿边缘平推一次，除去凸出的液面及气泡，使被测液的水平面与流量与上边缘在一水平面上。将手指放开（或推开挡块），试液垂直流出，同时用秒表计时。测得时间即代表其黏度，单位为秒。二次平行试验误差不超过平均值的3%。

若需将流出时间（s）换算成运动黏度厘斯（mm²/s）：

$$v = \frac{(t-11)}{0.154} \qquad (t<23 \text{ s})$$

$$v = \frac{(t-6)}{0.223} \qquad (23 \text{ s} \leqslant t<150 \text{ s})$$

其中：t 为流出时间（s）；v 为运动黏度（mm²/s）。

（三）分散性测定

参考 GB/T 14825 规定方法进行。在 250 mL 量筒中加入 249 mL 标准硬水，用注射器取 1 mL 待测样品，从距离量筒水面 5 cm 处滴入水中，观察其分散情况。

1级：在水中不能自动分散，成团块快速下降，无浑浊液出现，全部样品沉到底部。

2级：在水中不能自动分散，成团块下降，有浑浊液出现，全部样品沉到底部。

3级：在水中不能自动分散，成团块下降，有明显浑浊液出现，部分样品沉到底部。

4级：在水中自动分散，成团块、颗粒团缓慢下降，量筒中有1/3的浑浊液出现，部分样品沉到底部。

5级：在水中自动分散，成云团缓慢下降，量筒中有1/2的浑浊液出现，部分样品沉到底部。

6级：在水中自动分散，成云团缓慢下降，量筒中有3/4的浑浊液出现，部分样品沉到底部。

7级：在水中呈云雾状自动分散，无明显颗粒团缓慢下降，浑浊液迅速扩散。

8级：在水中呈云雾状自动分散，浑浊液迅速形成。

（四）悬浮性

按照国标 GB/T 1485—2006 的实验方法测定样品物理悬浮率。称取适量样品（精确到 0.000 1 g）放入装用 200 mL 的水温为 30 ℃ 的标准硬水的锥形瓶中，用手摇荡做圆周运动，再将其放入 30 ℃ 的水浴锅中放置 4 min，然后将液体移至 250 mL 的具塞量筒中，加入相同温度的标准硬水至刻度，盖紧塞子。再将量筒上下颠倒 30 次，在 1 min 内完成，再将量筒放置在 30 ℃ 的环境中静置 30 min，再用真空泵在 10~15 s 内准确吸出上部 9/10 的液体，再将量筒中余下的 25 mL 转移到培养皿中，干燥至恒重，计算悬浮率。

$$w = \frac{(m_1 - m_2)}{m_1} \times \frac{10}{9} \times 100\%$$

其中：w 是试样的物理悬浮率；m_1 为配制悬浮液所称取的样品质量，单位是 g；m_2 为余下底部 25 mL 悬浮液烘干后的质量，单位是 g；10/9 是计算公式中的换算系数。

（五）水不溶物

固体样品经多次缩分后，取出约 100 g，将其迅速研磨全部通过 0.5 mm 孔径筛，混合均匀，置于洁净、干燥容器里；液体样品经多次摇动后迅速取出约 100 mL，置于洁净、干燥的容器中。

取 1 g 样品（精确到 0.001 g），置于烧杯中，加入 250 mL 水，充分搅拌 3 min。用预先在（110±2）℃ 干燥箱中干燥至恒重的玻璃坩埚式过滤器过滤，用尽量少的水将残渣全部转移到过滤器中。将带有残渣的过滤器置于（110±2）℃ 干燥箱内，干燥后冷却至室温称重。空白对照不加试验样品，重复以上步骤。

$$w = \frac{(m_1 - m_0)}{m} \times 100\%$$

其中：m_1 为水不溶物质量，单位是 g；m_0 为空白试验水不溶物质量，单位是 g；m 为试验样品质量，单位是 g；液体肥料水不溶物含量 ρ 以质量浓度 g/L 表示：

$$\rho（水不溶物）= 10wc$$

w 为试样中水不溶物质量分数，单位是%；c 为液体样品的密度，单位是 g/mL。

（六）pH 值和 EC 值

按 NY/T 1973—2010 规定方法，采用精密 pH/EC 计。称取 1 g 试样（精确至 0.001 g），置于烧杯中，加入 250 mL 去二氧化碳水，充分搅拌 3 min，静置 15 min，测定 pH 值和 EC 值。测定前，应使用 pH 值标准缓冲液对 pH 计进行校准。pH 值应在 3~9，且在长期储存过程中 pH 值的变化应小于 1。EC 值应在

0.4~1 ms/cm，且储存前后的变化应小于 5%。

（七）流动性

按照 GB/T 34775—2017 规定方法进行。按图 12-1 所示，安装好试验筛，将装有待测样品的烧杯加盖后，将烧杯倒置，小心地将样品转移到试验筛上，如果试样自动地通过试验筛，则记录完全通过，流动性为 100%，如果试验筛上还残留样品，则将试验装置抬高 1 cm，然后放开实验装置，如此重复 20 次，记录第 20 次试验筛上的试样质量。

$$w = \frac{(m_1 - m_2)}{m_1} \times 100\%$$

式中：w 为试样的流动性，（%）；m_2 为振荡 20 次后试验筛上的试样质量，单位为 g；m_1 为试样的质量，单位为 g。

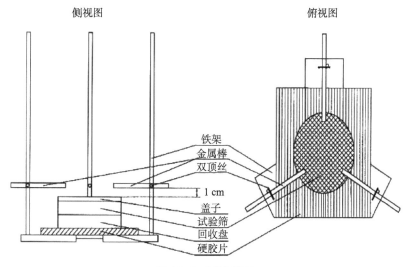

图 12-1 试验装置

（八）Zeta 电位和电导率

Zeta 电位（Zeta potential）是指剪切面（Shear Plane）的电位，又叫电动电位或电动电势（ζ-电位或 ζ-电势），是表征胶体分散系稳定性的重要指标。目前测量 Zeta 电位的方法主要有电泳法、电渗法、流动电位法以及超声波法，其中以电泳法应用最广。目前 Zeta 电位多采用 Zeta 电位仪测定。

Zeta 电位的重要意义在于它的数值与胶态分散的稳定性相关。Zeta 电位是对颗粒之间相互排斥或吸引力的强度的度量。分子或分散粒子越小，Zeta 电位的绝对值（正或负）越高，体系越稳定，即溶解或分散可以抵抗聚集。反之，Zeta

电位（正或负）越低，越倾向于凝结或凝聚，即吸引力超过了排斥力，分散被破坏而发生凝结或凝聚（需注意的是，Zeta 电位绝对值代表其稳定性大小，正负代表粒子带何种电荷）。

Zeta 电位的主要用途之一就是研究胶体与电解质的相互作用。由于许多胶质，特别是那些通过离子表面活性剂达到稳定的胶质是带电的，它们以复杂的方式与电解质产生作用。与它表面电荷极性相反的电荷离子（抗衡离子）会与之吸附，而同样电荷的离子（共离子）会被排斥。因此，表面附近的离子浓度与溶液中与表面有一定距离的主体浓度是不同的。靠近表面的抗衡离子的积聚屏蔽了表面电荷，因而降低了 Zeta 电位（表 12-1）。

表 12-1　Zeta 电位与胶体稳定性

Zeta 电位（mv）	胶体稳定性
0~±5	快速凝结或凝聚
±10~±30	开始变得不稳定
±30~±40	稳定性一般
±40~±60	较好的稳定性
超过±61	稳定性极好

Maxwell 电磁理论认为电解质悬浮液中粒子质量分数和电导率存在一定关系，悬浮剂的电导率可以粗略估计悬浮剂的贮存寿命（表 12-2）。

表 12-2　电导率与贮存稳定性关系

电导率（μΩ/cm）	贮存 3 个月
>20 000	极好的贮存稳定性
20 000~30 000	较好的贮存稳定性
30 000~45 000	有少量沉淀出现
45 000~65 000	严重的沉淀

二、化学稳定性

（一）活性物质分解率

激光粒度分析仪检测原药的粒径，分光光度计扫描紫外区间，确定活性物质液相色谱的检测波长。分光光度计扫描确定波长调整流动相配比、流速、柱温液谱参数，确定悬浮液中活性药物的最佳分离条件。将活性药物分别制备一定浓度的溶液，测定添加回收率。药物分解率=（药物总浓度−实际浓度）/药物总浓度。氨基酸类活性物质的测定参考 NYT 1975—2010《水溶肥料游离氨基酸含量的测定》，可以采用氨基酸分析仪测定。腐植酸的测定可以参考 NYT 1971—2010《水溶肥料腐植酸含量的测定》，酸性沉淀后采用重铬酸钾法测定。

（二）养分损失

一般情况下，在长时间的贮存过程中，液体肥料中的有机养分和氮养分可能被微生物消耗而造成损失，所以可以监测其有机质含量和总氮含量的变化。水溶肥总氮磷钾含量的测定参考 NY/T 1977—2010《水溶肥料总氮、磷、钾含量的测定》，总氮采用蒸馏后滴定法（仲裁法），总磷含量采用磷钼酸喹啉重量法测定；总钾含量采用四苯硼酸钾重量法测定。水溶肥中有机质含量的测定参考 NY/T 1976—2010《水溶肥料有机质含量的测定》，采用重铬酸钾-硫酸溶液氧化法。

三、生物稳定性

一般的有机液体水溶肥可以通过目测法判定表观是否变质和霉变，也可以通过味道来判定。对于生物有机液体肥料，需要监测目标微生物的菌种活力。微生物菌种存活率测定，即将微生物菌种复活后，进行计数；微生物菌种活性测定，通常是将菌种复活后，培养一段时间，定期取样计数，测定其生长曲线。两种测定方法都需要进行微生物计数，目前计数方法除了传统的活菌染色显微镜计数、平板计数等方法外，还有浊度法和噻唑蓝（MTT）法。浊度法的原理是细菌生长，浊度增加。但是，由于浊度的分辨率较低，且不同微生物数量与浊度的关系也不同，因此常常发生以下两个问题：一是菌悬液浊度很低，但是实际菌悬液中微生物数量已经大量增值；二是虽然两种菌浊度数值非常相近，但是实际菌悬液中两种菌的数量相差 3 个数量级以上，从而造成浊度法计数微生物时出现浊度与微生物数量不一致情况，因此在大规模、重复性测定中一般使用的较少。比色法克服了浊度法的缺点，其原理是在微生物生长一段时间后，加入 MTT 和二甲基亚砜，终止反应，产生蓝色，测定于波长 520 nm 处吸光度，其吸收值与微生物数量呈正比。

四、贮存稳定性

（一）热贮稳定性

取 50 mL 液体肥料样品置于有刻度的具塞血清瓶中，在（54±2）℃的恒温箱（或恒温水浴）中放置 14 d，观察并记录样品是否出现膏化、析水、分层、胀气和沉淀现象，于 24 h 内完成对有效成分含量等规定项目的检验。

（二）低温稳定性

取 50 mL 液体肥料样品置于有刻度的具塞血清瓶中，在-（4±2）℃的冰箱中冷藏14 d，取出后，恢复至室温，观察肥料是否有析出现象，测试筛析、悬浮率或其他必要的物理化学指标。

（三）常温稳定性

取100~150 mL样品于250 mL塑料瓶中，密封于室温下贮存6个月，观察肥料的表观性状，检测析水率及结底情况，并可以测试相关理化性质及稳定性指标。

（四）冻融试验

取100~150 mL样品于250 mL塑料瓶中，密封后放置于−25~−20 ℃下冷冻，然后取出在室温下自然解冻，反复进行3次，观察液体肥料前后的性状差异，并可以测定相关稳定性指标。

第十三章　氨基酸及蛋白质水解产物在农业中的应用

氨基酸是含有胺官能团和羧酸官能团的一类生物化合物的总称。蛋白质结构中只有 20 种氨基酸，但是在植物体中有 250 多种不同功能的氨基酸及其衍生物，包括抵御生物或非生物胁迫、氮的储存、植物金属螯合物的载体。市场上见到的氨基酸生物刺激素大多数是多种氨基酸和多肽的混合物而不是纯物质。这些叫作蛋白质水解产物的混合物，是从植物、动物、微生物的蛋白质中提取出来的，这些蛋白质常常来自一些工业、农业废弃物，如庄稼残渣和动物皮毛、羽毛、血液等。蛋白质水解产物经常作为生物刺激素应用于叶面喷施、土壤冲施、种子处理。当前在农业中对单体氨基酸、复合氨基酸和蛋白质水解产物（一般指多肽与氨基酸的复合物）都有研究与应用，单体氨基酸由于成本较高，往往单独使用较少，本书将纯氨基酸和蛋白质水解产物都称为氨基酸，不做详细区分，一般用英文大写字母 AA 表示。

第一节　植物对土壤中氨基酸的吸收与利用

一、氨基酸是土壤中重要的有机氮

在很早以前，人们就知道土壤有机质的黑色是土壤肥沃的标志。在使用化学肥料之前，有机肥的投入是作物高产的重要保证。土壤有机质与作物的产量有密切关系。因此，当时的农学家和生理学家认为构建植物有机体的碳直接来源于土壤中的有机质。这就是"腐殖质营养学说"。1840 年李比希在《化学在农业和植物生理学上的应用》书中，批判了"腐殖质营养学说"，创立了矿质营养学说，使农业化学的发展产生了一个质的飞跃。然而，这却使人们走向另一个极端，忽视了植物对有机态养分吸收及其效果的研究，认为有机态养分只有分解成无机离子才能被植物吸收利用。李比希指出："所有根系的细胞膜，对于这些液体的红色物质（指腐殖质），完全不能渗透"。这一观点显然是错误的。在土壤中，氮和磷主要是以有机形态存在的，在施入的有机肥中，氮磷也主要是有机态的，在土壤有机物质分解过程中会产生一系列种类繁多的中间化合物。既然土壤中存在着数量可观的有机态养分，作物能否直接吸收利用这些有机态养分？其吸收机制和生理效应如何？对植物生长有何意义？目前对植物有机营养的研究远不如矿质营养那么广泛和深入。

生物固氮和施肥是土壤有机态氮的主要来源，土壤中 90% 以上的氮是有机态的，主要为蛋白质、氨基酸、氨基糖及一些未知的含氮化合物。在土壤中，结合态的氨基酸占全氮的 20%~40%，氨基糖占 5%~10%，另外 50% 左右的含氮化合物尚不清楚。所以氨基酸态氮在土壤中占着很大一部分。但是游离态氨基酸在土壤中含量较少，很少超过 2 mg/kg。根际土壤中游离的氨基酸含量约为非根际土壤的 7 倍，表明氨基酸在植物根际起着重要作用。在无外源氨基酸类有机氮的添加下，矿化作用使大分子蛋白质逐渐被微生物和酶降解为易于吸收的大小不等、种类繁多的有机氮。

施肥对土壤中的有机氮组分和含量有显著影响。有机氮的引入常通过有机肥的使用，有机肥中的游离氨基酸含量较低，只有 0.7 mk/kg 左右。鸡粪中氨基酸总量最高约为 2.40%，牛粪约 0.98%，羊粪最低，只有 0.15%。绿肥中的细绿萍最高，约 1.09%，苕子约为 0.13%，紫苜蓿最低为 0.07%。就氨基酸含量来看，以谷氨酸和丙氨酸含量最高。这些肥料中氨基酸含量较低，且很容易被微生物降解。随着水肥一体化近根或近叶施用技术的普及，氨基酸类生物刺激素的应用越来越广泛，人们通过外源施用氨基酸来提高植物对有机氮的吸收，使作物对氨基酸的利用更加高效。

二、植物对氨基酸的吸收与利用

当氨基酸溶于水中并进入木质部，植物可以通过根部特定的运输方式，直接用根吸收氨基酸或进入叶片。植物可以将氨基酸作为氮源，而且某些植物某些情况下将氨基酸作为主要氮源。严格意义讲，当氨基酸作为氮源时，它就不能被称作生物刺激素。然而，氨基酸作为生物刺激素使用时剂量非常小，它们的作用效果不能满足植物对氮的需求，所以往往需要与无机氮配合使用。例如，Schiavon 等人于 2008 年将 0.1 mg/L 和 0.01 mg/L 的包含 2.29% 的 N 的氨基酸加到含有 600 μmol/L N 的营养液中，刘敬娟等（2006）利用从巴西原始森林采集的野生有益微生物菌与新鲜动、植物残体发酵制备而成的氨基酸营养液应用在蔬菜上，具有较显著的增产效果，同时，蔬菜质量安全得到保障。

（一）植物对氨基酸的吸收机制

目前，对氨基酸的吸收机制知之甚少。一般认为氨基酸是以整个分子状态进入植物体内的。植物吸收氨基酸（天冬氨酸）后，培养液 pH 值变化不大，也没有出现游离态 NH_4^+，且 C/N 比保持不变。天冬氨酸 C/N 比的理论值为 3.43，培养液 C/N 实测值为 3.48，经吸收后的 C/N 值仍为 3.48。因此认为天冬氨酸的吸收应该是以完整分子形态进入体内的。张夫道（1984）研究了水稻对氨基酸的吸收，结果表明，在水稻根表面及根分泌物内不存在谷草转氨酶、氨基酸分解酶和脱羧酶。因此，氨基酸不可能在吸收之前分解，其吸收只能是以分子态进入植物体内，氨基酸的吸收是个主动过程。

刘庆城等发现氨基酸可被芹菜茎叶直接吸收。许玉兰等用 ^{15}N 标记甘氨酸和亮氨酸，证明氨基酸分子可直接进入植株内。Schiller 等发现生长于纳米比亚的一种植物（Chamaegigas intrepidus）在缺乏无机氮源时能吸收氨基酸作为氮源，且主要吸收甘氨酸和丝氨酸。Falkengren-Grerup 等用生长于酸性土壤的 10 种草本植物，研究了在溶液培养条件下对有机氮的吸收，发现根对氨基酸混合物（丙氨酸、谷氨酰胺和甘氨酸）的吸收率为 1.6~6.3 μmol/（g·h）。莫良玉等在无菌砂培条件下研究表明，小麦能吸收甘氨酸、谷氨酸及赖氨酸等氨基酸态氮，而且小麦苗期对氨基酸态氮的吸收量与对铵态氮的吸收量相当。

（二）氨基酸在植物体内的转化

进入植物体内的氨基酸最终将被转化为蛋白质。进入组织的谷氨酸很快被转化为其他氨基酸，而谷氨酸脱氨后形成 α-酮戊二酸。中间可形成谷胱甘肽，最终形成细胞蛋白，但很少进入核蛋白。据张夫道（1984）的研究结果，^{14}C-甘氨酸进入水稻根以后，立即转化为其他氨基酸。它的转化主要是在植物同化组织内通过谷氨酸和天冬氨酸进行的。进入植株体内的甘氨酸既通过转氨基又经过脱氨基和其他过程而形成各种氨基酸，同时还通过三羧酸循环、糖酵解和其他代谢途径形成有机酸、糖等产物，最后转化为蛋白质等植物的组成部分。Schobert 等试验表明，蓖麻幼苗的根能够从环境中吸收脯氨酸进入木质部，其中一部分转化为谷氨酸和丙氨酸。

许玉兰等研究了 ^{15}N-甘氨酸和亮氨酸在稻苗植株内的分布情况，指出外源氨基酸进入植株初期首先聚集在根部，然后再运输到植株的其他部位，而不是一开始就在植株内均匀分布。Fischer 等指出，氨基酸在植物体内是通过木质部和韧皮部在不同器官间运输的，氨基酸的再分布需要质膜上载体的活化。吴良欢等报道在无菌培养条件下，籼、粳稻整株谷草转氨酶、谷丙转氨酶及谷氨酸脱氢酶活性均为 Gly-N 大于 NH_4^+-N。粳稻根部谷丙转氨酶活性甚至超过叶片 108.4 μmol/（g·h）。这说明水稻吸收的氨基酸可能有很大一部分在根内即发生转氨基作用而被同化。

第二节 氨基酸对植物的作用

一、氨基酸的促生作用

从 20 世纪初开始，就有人进行氨基酸对植物的影响研究。1906 年，Brown 首先观察到大麦可以利用天冬酰胺、天冬氨酸和谷氨酸，其效果与 KNO_3 相当。Crowther 在非灭菌条件下，观察到大麦和芥菜以甘氨酸作氮源时比 $NaNO_3$ 的效果好。由于试验是在非灭菌条件下进行的，其结果并不能证明植物能直接利用氨基酸。1939 年，White 的研究发现在无菌条件下，番茄离体根可以利用甘氨酸作为唯一的氮源。1946 年，Artturi 等研究结果表明，在灭菌条件下，D、L 型谷氨酸及天冬氨酸都能被豌豆和三叶草吸收利用。Spoerl（1948）研究了 19 种氨基酸对兰花胚胎发育的影响，发现在无菌条件下，L 型氨基酸对生长都具有促进作用，而 D 型氨基酸却抑制生长。不同植物对各种氨基酸的反应不尽相同。对红三叶草来说，D-或 L-丙氨酸、L-天冬酰胺、D-谷氨酸、L-组氨酸、L-赖氨酸和 L-苯丙氨酸的效果明显超过 NO_3^- 和 NH_4^+。植物能吸收利用氨基酸，但氨基酸对植物的效应则因氨基酸和植物种类不同而异。张夫道等对各种氨基酸对水稻幼苗生长的影响研究表明，用谷氨酰胺、丙氨酸、组氨酸处理的营养作用超过硫酸铵，谷氨酸、精氨酸和天冬氨酸稍逊于硫酸铵，而蛋氨酸、苯丙氨酸对水稻生长有明显的抑制作用。Arshad 等发现土施 10^{-6} g/kg L-Met 会显著增加豆科植物的株高、茎粗、地上部分和地下部分的干重、分枝数及生物产量，提高植物中N、P、K 的含量；当土施 10^{-5} g/kg L-Met 时，Ca、Mg 的含量达到最高。李潮海等用氨基酸混合液拌种，玉米的主根长、叶面积、叶绿素含量、光合强度均有不同程度的增加；地上部干重有明显的增加。许玉兰等发现施用甘氨酸和亮氨酸能使稻苗干重明显增加。在用氨基酸喷施处理芹菜叶面时发现，混合氨基酸的肥效大于等氮量的无机氮肥（硫酸铵），也大于单种氨基酸的肥效。俞建英试验表明，叶面喷施氨基酸营养液可促进水稻生长，增加分蘖成穗数、株高、穗长和产量。黄玉溢、刘斌试验表明，复合氨基酸螯合物复混肥的水稻产量比对照增加65.2%，表现为有效穗数、每穗粒数、结实率和千粒重增加。郭宗祥于水稻破口期叶面喷施氨基酸螯合肥，较对照增产 342 kg/hm²，增产率为 4.1%。徐文平等试验证明，氨基酸复合微肥对大豆有明显的增产效果，表现为株荚数的增加。赵景泉、潘忠华试验表明，氨基酸生物液肥在促进大豆早熟、提高产量上效果比较显著。吴玉群等研究表明，植物氨基酸液肥可增加爆裂玉米的产量，膨爆倍数和爆花率也有所提高。谷守玉、张文辉试验表明，喷施氨基酸螯合微肥处理的株高、穗长、小穗数、产量较对照均有增加。班宜民、李洪亮等研究表明，施用氨基酸钾肥对小麦有显著的增产作用，穗数、穗粒数、千粒重明显增加。郭宗祥等在小麦齐穗期喷施氨基酸螯合肥，通过提高千粒重而增产效果显著。

氨基酸可以改变根部形态，外部施用氨基酸会影响作物根部形态。根部施用 L-谷氨酸盐抑制主根的生长，刺激侧根的生长，同时也刺激了靠近根尖的根毛的生长。杨红兵研究认为，适宜浓度的谷氨酸和天冬酰胺可以促进荞麦种子萌发及幼苗生长。李艳研究结果表明，含有 16 种氨基酸的复合氨基酸母液在适宜浓度下可显著提高番茄、黄瓜种子的发芽势、发芽指数、活力指数，并显著促进胚根和下胚轴的生长，但二者研究结果均表明。当浓度超过某一数值会对作物生长产生抑制作用。

多项研究结果表明，氨基酸对作物生长的促进作用主要表现为以下 7 个方面：① 促进作物生长，表现为根系发达、根系活力提高、叶面积增加、植株长势健壮；② 提高植株的光合速率和气孔导度，进而促进植物光合作用，增加干物质积累的速度，为产量的提高奠定了物质基础；③ 激活植物体内的酶系统，其中与植物的呼吸作用、光合作用及生长素的氧化密切相关的过氧化物酶含量显著提高；④ 降低了植株体内 MDA 含量，起到维持生物膜稳定的作用，从而延缓叶片衰老、延长叶片的功能期，有利于作物产量的形成；⑤ 提高叶绿素的含量；⑥ 减少化肥用量的 20%，这对于我国化肥消费第一大国有重要意义；⑦ 提高作物产量和品质，降低投入产出比。

二、氨基酸能提高作物对物质的吸收与积累

氨基酸对植物的生长特别是光合作用具有独特的促进作用，尤其是甘氨酸，它可以增加植物叶绿素含量，提高酶的活性，促进二氧化碳的渗透，使光合作用更加旺盛，对提高作物品质、增加维生素 C 和糖的含量都有着重要作用。植物喷施或灌施氨基酸营养液肥可增加植物体内所需的各种营养素，加剧干物质的积累和从植物根部或叶部向其他部位的运转速度和数量，调节大量元素、微量元素以及各种营养成分的比例和平衡状态，从而起到调节植物正常生长的作用。氨基酸还可以起到络合剂的作用，由于 N、P、K 等大量元素和 Zn、Fe、Cu、Mn、B、Mo 等微量元素是作物体内所必需的物质，作物会经常出现缺乏某些元素的症状，其原因是可被作物吸收的有效部分含量太少，而氨基酸可与难溶性元素发生螯合反应，对作物所需元素产生保护作用，并生成溶解度好、易被作物吸收的螯合物，从而有利于植物吸收。

对植物叶片和根部施用氨基酸被认为可以提高大量元素或微量元素营养的吸收量和提高营养吸收效率。试验证明，即使氮供应量减少一半，氨基酸混合物也

可以增加玉米的产量。当钙与氨基酸同时使用时，钙可以更好地被植物利用，并且氨基酸与钙的混合物可以减少苹果和西红柿钙缺素症。氨基酸也可以增加叶喷型微量营养元素的吸收与利用，氨基酸与 $FeSO_4$ 的混合物对于葡萄萎黄病的治疗是有效果的。

有研究表明，甘氨酸、亮氨酸、谷氨酸、色氨酸、丙氨酸、谷氨酰胺和组氨酸等的吸收能促进作物物质积累。甘氨酸、异亮氨酸、脯氨酸单独或者三者混合使用可降低不结球白菜和生菜的硝酸盐含量，提高可溶性糖和蛋白质含量。色氨酸能促进植株对氮、磷、钾的吸收。甘氨酸、谷氨酸和赖氨酸能提高高温胁迫下水稻的抗性。甲硫氨酸是乙烯生物合成的前体，参与植物的生长发育，合适的浓度处理能促进黄瓜种子萌发、幼苗生长及离体子叶成花。氨基酸影响植物物质的积累、转化以及植物的生长发育，不同种类的氨基酸有不同的生理效应。

三、氨基酸对作物的生理作用

氨基酸可以通过植物激素活动来刺激硝酸合成酶。Maini（2006）研究表明市场上的氨基酸叶面肥可以增加硝酸还原酶活性。Schiavon（2008）进行深入的研究，研究表明紫花苜蓿蛋白水解成的氨基酸 0.1 mg/L 施用于霍格兰营养液中生长的玉米，对于硝酸合成酶有显著的影响。在根部和叶中测定的酶包括硝酸合成酶、亚硝酸还原酶、谷氨酸合成酶、谷氨酸转移酶。氨基酸的使用使植物根部和芽所有的硝酸合成酶显著增加。控制总氮的含量不变，但是 NO_3^- 浓度减少，说明氨基酸处理能够减少 NO_3^- 的积累。Ertani（2009）等人研究了从紫花苜蓿蛋白质或肉食类水解得到的氨基酸混合物对硝酸合成酶和谷氨酸合成酶的影响，也测量了根部和芽部的 NO_3^-，发现与对照相比，施用蛋白质水解产物后 NO_3^- 的浓度显著降低，表明氨基酸有助于硝酸盐同化。Schiavon（2008）和 Ertani（2009）认为硝酸盐同化酶有影响的物质是既像植物激素又像赤霉素的蛋白质水解产物。在所有的研究中，用生物检定的方法鉴定植物源或动物源蛋白质水解产物的植物激素或赤霉素类似的活动。

植物体内的甘氨酸通过苹果酸穿梭作用向硝酸还原酶提供 NADH 促进 NO_3^- 的还原，当外源供给甘氨酸时会促进硝酸还原酶的活性。余健维等研究表明，通过真空渗入的甘氨酸会促进烟草叶片中硝酸还原酶的活性。陈振德发现对小麦供给外源甘氨酸后，既提高了硝酸还原酶的活性也增加了 NO_3^- 的吸收。氨基酸部分取代硝酸盐，可以降低植物体内的硝酸盐含量。Gunes 等的试验表明，生长在 N 浓度为 20.25 mmol/L（NO_3^--N 93.8%，NH_4^+-N6.2%）的冬季洋葱，当 NO_3^--N 的 20% 被甘氨酸或混合氨基酸取代后，干重和鲜重无影响，但体内硝酸盐的含量显著降低，总氮量显著增加。Aslam 等用谷氨酸、谷氨酰胺、天冬氨酸和天冬酰胺处理大麦根对硝酸盐吸收和还原的影响，发现当氨基酸浓度为 1 mmol/L、NO_3^- 浓度为 0.1 mmol/L 时，所有氨基酸都抑制了根对 NO_3^- 的吸收，同时，谷氨酸和天冬氨酸还部分抑制了硝酸还原酶的诱导。陈贵林和高绣瑞研究了在采收前 12 d 分别用甘氨酸、异亮氨酸和脯氨酸的不同组合及尿素替代 20% 硝态氮对水培不结球白菜和生菜硝酸盐含量和品质的影响，结果表明，甘氨酸对不结球白菜和生菜硝酸盐含量的降低效果最好，同时，氨基酸处理也提高了两种蔬菜叶片可溶性糖和蛋白质含量，并显著增加了叶片全氮量。氨基酸和尿素都降低了不结球白菜和生菜体内硝酸盐含量，而且对不结球白菜，氨基酸与尿素效果相近，但对生菜而言，氨基酸比尿素更有效，氨基酸部分替代硝态氮不但可以显著降低两种蔬菜体内硝酸盐含量，而且可以改善其品质。

氨基酸具有减轻植物重金属离子毒害作用。熊明礼等（1986）研究结果表明，菌根根系中游离态氨基酸的存在可能会减轻重金属离子对寄主植物的毒害作用，其原因可能是形成氨基酸-阳离子-聚磷酸复合物，减少了重金属离子的移动性。

氨基酸在生物体中具有抗氧化作用。从 20 世纪 70 年代末，人们开始关注氨基酸的生物抗氧化活性，氨基酸已被建议作为活体内潜在的抗活性氧的生物抗氧化剂。张英等（1997）研究发现，在氨基酸中清 O_2^- 活力强的有甲硫氨酸、酪氨酸、谷氨酸、赖氨酸、天冬氨酸、天冬酰胺等；对于清·OH 能力，氨基酸中活力最强的是酪氨酸，其次是谷氨酸和天冬氨酸。

氨基酸可以被植物直接吸收利用，不仅可以为植物提供有机碳和有机氮营养，还可以清除植物体内的活性氧自由基，响应盐胁迫基因的诱导表达，从而提高植物抗盐碱等逆性胁迫的能力。因此，氨基酸类物质可用于盐碱等胁迫条件下改善作物生长状况、提高产量。黄玉溢、刘斌（2003）试验结果表明，施用复合氨基酸螯合物复混肥处理的粗蛋白质含量比对照增加 2311%。刘德辉、赵海燕等（2005）认为小麦和后作水稻施用氨基酸螯合微肥能显著提高小麦籽粒蛋白质含量，而且对水稻蛋白质含量的提高有一定作用。

任海洋（1997）采用喷肥方式发现氨基酸复合微肥对大豆株高、底荚高、株荚数均有不同程度的增加。李潮海等（1996）用氨基酸螯合多元微肥拌种可使玉米叶面积增大、比叶重提高、株高增加、叶绿素含量增加、光合强度提高。路明等（2004）研究发现，经复合氨基酸液肥浸种处理的糯玉米幼苗叶绿素含量均高于对照，丙二醛含量降低，光合速率提高。吴玉群等（2005）研究表明，用植物氨基酸液肥浸泡甜玉米种子可增加幼苗根数和根干重，提高根冠比和根系活力，增加叶绿素含量，起到壮苗作用。植物氨基酸液肥拌种加喷施处理对糯玉米株高有明显的促进作用。吴玉群等（2006）应用复合氨基酸液肥拌种处理爆裂玉米，可提高植株的生理活性，增加叶绿素含量，降低叶绿素的降解速度，提高光合速率的效果；可使过氧化物酶活性增强，降低植株内丙二醛的含量，有防止细胞膜氧化和细胞衰老的作用。氨基酸还能够减缓植物重金属毒害的作用，并且是生物体内的抗氧化剂，能够钝化病原菌毒素。氨基酸以其高效、低毒、无环境污染、抑菌谱广等优点，以及促进作物生长、提高作物抗逆性等作用，近年来在农业生产中受到了广泛的关注和应用。

四、氨基酸能增强作物抗逆性

随着环境问题的日益凸显，植物面临着越来越严峻的生存挑战，在生长过程中将不可避免地受到逆境的影响。氨基酸通过参与植物生理代谢，调节相关基因表达和关键酶的活性等途径，从而提高植物对逆境的适应性。

（一）盐胁迫环境下氨基酸对植物的作用

氨基酸或以氨基酸为前体合成的某些多胺能够提高植物对盐胁迫的适应能力。外源脯氨酸处理可提高盐胁迫下甜瓜幼苗植株各器官中 Ca^{2+}、K^+、Mg^{2+} 等离子含量，降低 Na^+ 和 Cl^- 含量，提高根向茎和茎向叶选择性运输 Ca^{2+}、K^+、Mg^{2+} 的能力，可以增强甜瓜的光合作用从而促进生长，减轻盐胁迫对植株的伤害。给予适量脯氨酸可增强幼苗的鸟氨酸合成，但对谷氨酸合成有一定的抑制作用，进一步提高脯氨酸含量，从而增强幼苗耐盐胁迫能力。研究发现，施加外源脯氨酸或苯丙氨酸能够明显解决由盐害引起的作物干重、含水量、光合色素、可溶性糖、可溶性蛋白等下降的问题，并限制 Na^+ 的吸收，增加 K^+ 的吸收，提高 K^+/Na^+ 比值。利用 γ-氨基丁酸（GABA）浸泡甜瓜种子能提高过氧化物酶、过氧化氢酶和 GABA 转氨酶活性，显著降低丙二醛含量，缓解盐胁迫对甜瓜种子萌发的抑制作用，显著提高种子的发芽率、发芽势、活力指数、总鲜质量、胚根和胚芽长。此外，适宜浓度的谷氨酸和天冬氨酸对盐胁迫下的荞麦种子萌发及幼苗生长亦具有促进作用。

（二）干旱环境下氨基酸对作物的作用

干旱胁迫下，植物体内的脯氨酸含量会上升，以缓解胁迫对植株带来的损伤。一般情况下，抗旱作物品种具有更强的铵离子通过能力，可增加游离氨基酸含量用以渗透调节，尤其是提高脯氨酸含量，更有助于抗旱能力的提高。在荒漠地区，少浆旱生植物体内含有大量游离脯氨酸，是中浆旱生植物的 6～16 倍，是多浆旱生植物的 1.8～25 倍，后两者中脯氨酸积累不占主导地位，所以二者在调节渗透势上并不主要依靠脯氨酸的积累。赖氨酸在植物抵抗干旱胁迫中也可能发挥着重要作用。马兴林等以玉米为试验材料，分为正常供水、轻度干旱胁迫和中度干旱胁迫 3 种处理方式，研究结果显示，中度干旱胁迫下玉米赖氨酸含量最高，这说明伴随着干旱强度的加大，赖氨酸含量呈上升趋势。

（三）低温环境下氨基酸对作物的作用

脯氨酸的积累在植物适应低温环境过程中发挥重要作用，张怀山、王淑杰等研究表明，随着温度的降低，脯氨酸含量呈升高趋势。在低温胁迫下，番茄幼苗叶片中脯氨酸脱氢酶（ProDH）基因表达量显著降低，使叶片中脯氨酸加速积累。Nanjo 等将脯氨酸脱氢酶反义基因 *AtproDH* 的 cDNA 导入拟南芥中，通过降低该酶的翻译水平而抑制脯氨酸的降解，从而提升细胞内脯氨酸的含量，试验显著提高了该拟南芥转基因植株对低温胁迫的耐受性。在小麦抗寒品种选育过程中，通常抗寒性能强的品种在低温胁迫下可以更快地积累游离脯氨酸，这也为小麦抗寒品种选育方法提供了借鉴。

（四）低氧环境下氨基酸对植物的作用

低氧胁迫会抑制植物生长，对植株形态、生物量积累、根系呼吸和光合作用等方面产生不良影响。γ-氨基丁酸（GABA）对缓解植物低氧胁迫损伤有重要作用。外源 GABA 可以提高甜瓜幼苗光合色素含量、净光合速率、气孔导度、CO_2 羧化率，降低气孔限制值，促进根系抗氧化酶和同工酶基因表达，提高抗氧化酶活性，还能提高根系中硝酸还原酶活性，促进硝酸盐、K、Ca、Mg、Zn 的吸收，减少 Mn、Fe、Cn 的吸收，从而缓解低氧胁迫对甜瓜幼苗的损伤。低氧胁迫下植物内源 GABA 和丙氨酸会得到积累，并且二者的积累存在关联性。

（五）氨基酸对植物抵抗病虫害的作用

在提高植物病虫害抗性方面，β-氨基丁酸（BABA）发挥着重要作用。研究发现 BABA 通过诱导烟草体内水杨酸生成、过氧化氢的积累以及产生 PR 蛋白，有效降低了烟草花叶病的发病率和发病指数。且 BABA 可有效抑制番茄细菌性叶斑病和生菜卵菌病害的发生。在虫害防治方面，豌豆经 BABA 蘸根处理后，其蚜虫虫害得以减轻。通过代谢组学分析发现，BABA 对蚜虫的生理活动可能具有直接的抑制作用。在 BABA 的诱导下豌豆可能产生植物性毒素来抵抗蚜虫。Sahebani 等的研究表明，BABA 可提高黄瓜根系的防御应答能力，有效降低根结线虫的感染水平。赵景泉、潘忠华（2001）试验表明，氨基酸生物液肥拌种的处理苗壮、抗药害能力增强，液肥拌种增强了豆苗抵抗药害的能力，受害后喷液肥对豆苗的恢复效果较显著。班宜民、李洪亮等（2003）研究表明，施用氨基酸钾肥能显著改善小麦的碳氮循环，提高小麦的茎秆硬度和弹性，使小麦抗倒伏能力大大提高，抗纹枯病性能显著增强。

植物在遇到根系病虫害时，易感植株与抗性植株相比，总氨基酸的分泌水平较高，但不同氨基酸与植株抗性的相关性却呈现不同情况。以大豆孢囊线虫病为例，苯丙氨酸含量与抗性呈正相关，色氨酸、赖氨酸、缬氨酸等 13 种氨基酸与抗性呈负相关。再以黄瓜枯萎病为例，苯丙氨酸、异亮氨酸等 13 种氨基酸含量与病情指数呈正相关，精氨酸、丝氨酸、赖氨酸与病情指数呈负相关。说明在不同情况下，植物可能采取不同防御应答机制来应对生物胁迫。

第三节　氨基酸对土壤的改良作用

土壤表土层中 90% 以上的氮素是以有机态形式存在的，氨基酸是土壤中主要的有机氮化合物，占土壤全氮的 15%~60%。土壤中氨基酸的最初来源是固氮微生物，其直接来源是土壤中有机质的分解。自然条件下，各类土壤的氨基酸含量和组成无明显差异。随着分析技术的发展，目前从土壤酸水解物中分离出来的氨基酸已不下 30 余种，其中数量较多的约有 20 种（表 13-1）。

表 13-1　土壤中氨基酸种类

种类	氨基酸名称
碱性氨基酸	精氨酸、组氨酸、甲基组氨酸、赖氨酸、鸟氨酸
酸性氨基酸	天冬氨酸、谷氨酸、磺基丙氨酸、牛磺酸
中性氨基酸	甘氨酸、丙氨酸、缬氨酸、亮氨酸、异亮氨酸、苯丙氨酸、脯氨酸、色氨酸、丝氨酸、酪氨酸、半胱氨酸、蛋氨酸、谷氨酰胺、苏氨酸、羟脯氨酸、砜蛋氨酸、亚砜蛋氨酸、α-氨基正丁酸、α-氨基正辛酸、β-丙氨酸、二氨基庚氨酸、3,4-二羟基苯丙氨酸

氨基酸可以通过改善土壤结构间接促进作物对营养的吸收。其作用机制包括如下。

（1）氨基酸能够促进土壤有益微生物菌群和土壤中营养物质的矿化，将氨基酸施用于土壤后可以增加土壤微生物的活动能力，从而可提高土壤物理化学特性。特别是土壤微生物的增加可以提高土壤中有机物质的降解速度，将有机物质转化为植物可吸收利用的矿物质。

（2）氨基酸可以通过螯合作用减少微量营养物质来提高土壤中微量营养元素的溶解能力，氨基酸可以螯合铁、锌、锰、铜等金属，使它们更容易通过特定的途径被植物的根、叶吸收，如赖氨酸、组氨酸、氨基酸通透酶（AAP1、AAP5）。

一、氨基酸提高土壤微生物的活动能力

土壤微生物是土壤组成的重要部分，对土壤有机无机质的转化、营养元素的循环以及对植物生命活动过程中不可少的生物活性物质——酶的形成均有重要影

响。氨基酸是一种小分子的有机物，拥有较高的碳氮比，能够作为有机氮源被植物获取，既能作为土壤微生物的氮源，也能作为其不稳定的碳底物被利用。氨基酸能增强土壤酶的活性，大量研究证实，氨基酸是植物体内合成多种酶的促进剂和催化剂，对植物新陈代谢起着重要作用。在比较土壤微生物与植物获取氨基酸的能力时发现，微生物能够吸收更多的氨基酸。在农业生产实践中，施入添加氨基酸的无机肥时，能够明显增加土壤微生物活性，同时促进无机氮素固持，进而减少氮素的流失。

目前，高强度连作模式和粪肥盲目投入导致土壤氮磷大量累积而引起土壤退化的问题，土壤退化的很大一部分原因是土壤有益微生物的减少。土壤被认为是一个极为复杂的生态系统，一般认为生态系统中的物种越丰富，则生态系统越稳定，越能抵抗环境变化带来的危害。氨基酸施用到土壤中，加速土壤中碳代谢，增加土壤微生物的活动能力，并且改变土壤微生物群落。施用氨基酸增加了根际和非根际土壤中的微生物数量，对根际微生物的影响更为明显，特别是与非根际土壤相比，细菌和放线菌的数量增加更为明显。氨基酸施用到土壤中，有一个起爆效应，由于其生物可用性强，一般不超过一周就被降解利用，短时间内微生物数量迅速增加，一般认为施用氨基酸可使好气性细菌、放线菌、纤维分解菌的数量增加。土壤拥有目前自然界最大的生物多样性，能够加速土壤养分循环以及储存植物有效养分，同时能够快速应对环境变化，是土壤环境质量的重要指标。土壤微生物的增加一方面提高了作物对环境胁迫和土传病害的抵抗力，另一方面土壤微生物作为土壤活动的重要参与者，可以提高土壤中有机物质的降解速度，将有机物质转化为植物可吸收利用的矿物质。

由于土壤微生物的竞争，施用氨基酸时，有人对植物对氨基酸的吸收持否定态度，在短期研究中的确发现植物在与土壤微生物竞争氨基酸的过程中处于明显劣势，只能利用 $0.9\% \sim 4.0\%$ 的外源氨基酸态氮，最多达 12%。但是也有研究给出了合理的解释，土壤中氨基酸有巨大潜在的流通量，植物根系周转慢、寿命长、持氮期长等特点可使植物在与微生物的长期竞争中获取数量可观的氮素。

二、促进土壤团粒结构

土壤是一个疏松多孔的体系，它是由固体、液体和气体三相物质所构成。土壤的固体物质包括矿物质和有机质两部分。液体部分是指土壤的水分，它保存和运动在土壤的孔隙之间，是土壤中最活跃的部分。土壤的气体部分是指土壤的空气，它充满在那些没有被水分占据的孔隙中。其孔隙分大、中、小三种。其中，大孔隙叫充气孔隙。大孔隙不宜太多，太多了水分容易跑掉，小孔隙的孔径太小，不利于植物的透气和扎根。中孔隙也叫持水孔隙，这种孔隙越多越适宜作物的生长，就像我们人体的皮肤一样，保水性、透气性越好就越健康。团粒结构是由若干土壤单粒黏结在一起形成团聚体的一种土壤结构。这种结构体表现为团粒间为大孔隙，团粒内为小孔隙，大小孔隙同时存在且比例适当，总孔隙度高，无效孔隙少。这样才能协调土壤有机质中养分的消耗和积累的矛盾。

土壤退化的主要原因是团粒结构的不断减少。团粒结构是世界公认的最佳的土壤结构。我们一直倡导菜农培育健康的土壤，目的是让土壤拥有更多的团粒结构。因为团粒结构有着最佳的水、气、热、肥等因素的协调能力。团粒结构最理想的粒径在 0.5~10 mm，大小孔隙均匀，结构稳定。使用氨基酸后，可改变土壤中含盐过高、碱性过强、土粒高度分散、土壤结构性差的理化性状，促进土壤团粒结构的形成，大大地改善了土壤透气能力，容易接纳降雨和灌溉水。水分由大孔隙渗入土壤，逐步渗到团粒内部的毛管孔隙中，使团粒内部充满水分，多余的水分继续渗湿下面的土层，减少了地表径流和冲刷侵蚀。施用氨基酸后，土壤容重下降，土壤总孔隙度和持水量相应增加，团粒间空气充足，团粒内部贮存了水分，这样就解决了水分和空气的矛盾，适于作物生长的需要。雨后或灌溉后，团粒结构的表层土壤水分也会蒸发，表层团粒干燥以后，与下层团粒切断了联系，形成了一个隔离层，使下层水分不能借毛细管作用往上输送而蒸发。具有团粒结构的土壤，团粒间大孔隙供氧充足，好气性微生物活动旺盛，因此团粒表面有机质、矿质养分等分解快而养分供应充足，可供植物利用。团粒内部小孔隙则相对缺乏空气，微生物活动缓慢，一些厌氧微生物进行嫌气分解，有机质分解缓慢而养分得以保存。团粒结构外部分解得越快，内部空气就越少，分解也就越慢。所以具有团粒结构的土壤是由团粒外层向内层逐渐分解释放养分，这样一方面能源源不断地向植物供应养分，另一方面可以使团粒内部的养分积存起来。施用氨基酸有助于提高土壤保水保肥的能力，从而为植物根系生长发育创造良好的条件。

三、氨基酸提高土壤养分有效性

螯合微量元素氨基酸可以螯合铁、锌、锰、铜等微量元素，使其更易通过特定的途径被植物的根、叶吸收，如赖氨酸、组氨酸通道 1（LHT1）、氨基酸通透酶（AAP1、AAP5）等。很多叶喷型微量元素水溶性肥料都含有氨基酸类物质，某些氨基酸也可以作为还原剂，提高微量营养物质利用率。Zhou 等研究表明，在水培营养液中，通过对玉米根施用半胱氨酸，可以增加其对 Cu 的吸收，同时半胱氨酸具有还原作用，能将 2 价铜变成 1 价铜，这将更有利于根的吸收。氨基酸螯合物对微量营养物质在植物体内的转移也很重要。氨基酸最佳的用法可能是与微量元素肥料一起叶喷或冲施，从而可以弥补土壤中微量元素的不足。氨基酸可以通过改善土壤结构和影响植物生理机能提高作物对养分的吸收。植物根系，尤其是根尖 1 cm 部分对游离态的氨基酸吸收能力最强，可以通过根部特定的运输方式直接吸收氨基酸并进入植物地上部分，从而实现抵御生物和非生物胁迫的目的和作物增产的目标（表 13-2）。

表 13-2　不同蛋白质水解产物与氨基酸种类对养分有效性的促进

作物	养分	蛋白水解产物及氨基酸种类
玉米	N、NO_3^-	动物表皮水解液、苜蓿蛋白水解液、肉粉
番茄	Fe、Zn、N	组氨酸、甘氨酸、精氨酸
水稻	Fe、Zn、Cu、Mn	羽毛水解液、烟草胺与复合氨基酸
梨	Fe、Zn	复合氨基酸产品
大豆	Fe	3%~15% 的多肽与甘氨酸、甘氨酸+谷氨酸、甘氨酸+精氨酸的混合物
玉米	Cu	半胱氨酸

（一）氨基酸减少微量营养物的损失

某些氨基酸也可以作为还原剂增加微量营养物质的可用性。Zhou（2007）研究表明，在水培营养液中施用半胱氨酸可以增加玉米根对 Cu 的吸收。他们假定半胱氨酸是还原剂，将 2 价铜变成 1 价铜，这将更有利于根的吸收。

（二）氨基酸提高内部微量营养物质的转移

氨基酸螯合物对微量营养物质在植物体内的转移也很重要。很多研究表明，一种非蛋白质氨基酸——烟草胺，负责韧皮部微量营养物的传输。烟草胺被证明即使外部施用，对于植物的生理过程也具有积极的作用，因而可以称之为生物刺激素。特别的，外部施用烟草胺增加谷物中锌和铁的含量，这对人类营养健康有重要的意义。

第四节　氨基酸在肥料与农药中的应用

植物对氨基酸的吸收、转运、代谢，以及氨基酸在肥料和农药上的应用国内外均有报道。植物可直接吸收土壤中的氨基酸分子，其吸收后的转运、分配、代谢因氨基酸种类而异，产生的生理效应也不相同。氨基酸农药即无害农药，具有易被日光分解或被自然界微生物降解，在土壤中、植物体内不留残毒，其降解产物还可作为农作物的营养物质，能够提高农作物的品质和产量，施用这类农药，人畜安全，没有公害。主要品种有：杀虫剂、杀菌剂、除草剂、农药稳定剂、植物生长促进剂、脱叶剂等。氨基酸是合成蛋白质的前体物质，以氨基酸为螯合剂，可以将微量元素螯合起来作为一种新型肥料应用于农业生产。氨基酸肥具有改善土壤状况、促进植株生长发育、增强抗逆性和提高作物产量的作用。

一、氨基酸螯合剂

氨基酸金属螯合物是一种新型的营养添加剂，可以为动植物提供必需氨基酸，同时也提供金属微量元素。从 20 世纪 70 年代开始，对氨基酸金属螯合物的研究从未停止，开发了多种高效、节约的氨基酸金属螯合物制备工艺，其应用范围也逐步扩展。在医药、农业、畜牧业等领域，氨基酸金属螯合物得到了广泛应用。氨基酸金属螯合物具有较强的抗氧化性，在提供必需营养元素的同时，可以防止脂肪的氧化酸败或维生素的氧化破坏，增加其吸收效果和利用率。

在螯合反应过程中，金属阳离子与氨基酸上的带有负电荷的供电子基团以共价键的形式结合形成氨基酸金属螯合物，在通常情况下形成了一种较为稳定的环状分子结构。锌、铜、钙、铁及稀土金属镧等金属元素，都能够在氨基酸金属螯合物结构中承担中心金属离子的作用。氨基酸分子中所含的氨基、羧基、巯基等可作为氨基酸金属螯合物中的供电子配位基团配体。氨基酸金属螯合物中既含有金属阳离子与氨基酸上的供电子基团所形成的共价键，也有与氧形成的离子键，这种化学键的结合方式与金属无机盐有着明显的不同。由于氨基酸分子结构不同，与金属离子螯合产物的分子构造也不尽相同，多以五元环与六元环结构存在。通常情况下 α-氨基酸与金属离子结合生成氨基酸金属螯合产物多为五元环结构，β-氨基酸与金属离子结合生成的螯合产物多为六元环结构。

氨基酸金属螯合物在农业中的应用更为广泛。早期微量元素的施用多通过金属无机盐的形式，此类肥料施用后，造成微量元素固化，不易被农作物吸收，同时也会引起土壤板结，对农作物生长造成不良影响。研究发现，以氨基酸金属螯合物形态存在的微量元素的使用效果更好，其使用效果较金属无机盐提高 2~5 倍。氨基酸金属螯合物肥料不仅为农作物提供所需营养物质与必需微量金属元素，提高农作物的品质，起到增产增收的作用。氨基酸金属螯合物具有抑菌杀虫作用，氨基酸金属螯合物微肥的使用可增强农药的使用效果，减少农药的用量，保护环境，维持生态平衡，对发展绿色农业、有机农业有着重要的意义。大田试验结果表明：在蒙山县种植玉米，在正常施肥的情况下，喷洒含有氨基酸螯合锌和氨基酸螯合铁的水溶肥料，玉米根茎健壮，具有明显的抗倒伏、抗旱、抗病虫害能力，玉米颗粒饱满，增产增收。

近年来，随着化学工业的发展，利用动物毛发和植物边角料提取各种氨基酸和制造氨基酸肥料，使氨基酸和氨基酸肥料的成本大大降低。以氨基酸作为螯合剂，将微量元素螯合起来已作为一种新型肥料应用于农业生产。氨基酸肥料具有明显的提高产量、改善品质、降低农药残留和保护生态环境等作用。另外，由于氨基酸肥生产工艺继续改进，原料来源不断增加，生产成本越来越低，从而为廉价获取氨基酸螯合物提供了保证。

二、氨基酸农药

氨基酸农药有良好的防治病虫害效果，不但减少了农业生产环节与农民劳动强度，还解决了化学农药污染环境和易使病菌、害虫产生抗药性的问题。同时可减少化肥和化学农药用量，环境相容性好，氨基酸农药易被日光分解或被自然界微生物降解，在土壤中、植物体内不留残毒，其降解产物还可作为农作物的营养物质，提高农作物的品质和产量，施用这类农药，人畜安全，没有公害；氨基酸肥具有促进植株生长发育、增强抗逆性、改善土壤状况和提高作物产量的作用。1974年印度辛哈发现蛋氨酸能防治水稻根瘟病。陈海芳等研制出"活性氨基酸铜配合物杀菌剂"——"双效灵"，对棉花枯萎病、水稻稻瘟病、小麦赤霉病等都有很好的防治效果。因该杀菌剂本身含有大量的氨基酸，故对植物生长有较明显的促进作用。黎植昌等又推出混合氨基酸稀土配合物，其突出特点是在农产品中残留低、性质稳定、毒性低。

活性氨基酸除草剂的研究发展异常迅速。草甘膦是美国孟山都公司1971年开发出的一种氨基酸除草剂。它能够有效控制世界上危害最大的78种杂草中的76种，其衍生物及一些基本结构与之相仿的物质也常具有除草功能。

目前，氨基酸农药和肥料已结合在一起，既可以杀虫灭菌，又能够促进作物增产，提高农产品品质，使农业增产增收。可以预料，随着人们对农业可持续发展重视程度的提高，特别是植物有机营养研究的不断深入，氨基酸将在农业生产中发挥越来越重要的作用。

三、氨基酸表面活性剂

氨基酸是两性化合物，可用其开发成绿色环保的表面活性助剂。当前氨基酸表面活性剂衍生自简单氨基酸，具有广泛的结构多样性，从而在物理化学性质中具有独特的可调节功能，在医药、润滑剂、化妆品等领域应用广泛。

氨基酸表面活性剂是由氨基酸基团和残基R组成的一类表面活性剂，通过改变氨基酸基团或残基R可以衍生出多种多样的表面活性剂。在自然界中总共有20种标准氨基酸，它们负责植物生长和所有生理反应，它们仅在残基R的基础上彼此不同，有些是非极性疏水的，有些是极性亲水的，有些是碱性的，有些是酸性的。氨基酸表面活性剂按替代基团分类：① N-酰基氨基酸表面活性剂；② N-烷基氨基酸表面活性剂。N-酰基氨基酸表面活性剂应用范围较广，属于离子型表面活性剂，不同的 N-酰基氨基酸表面活性剂水溶液中存在的离子类型有所不同，故可以根据这一特性对 N-酰基氨基酸表面活性剂进行分类，可以分为以下几种：① 阴离子型氨基酸表面活性剂，如图 13-1-a 所示；② 阳离子型氨基酸表面活性剂，如图 13-1-b 所示；③ 两性型氨基酸表面活性剂，如图 13-1-c 所示；④ 非离子型氨基酸表面活性剂，如图 13-1-d 所示。

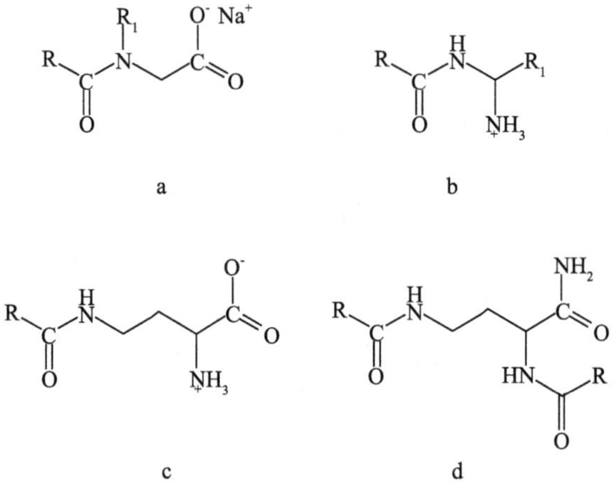

图 13-1 不同种类 N-酰基氨基酸表面活性剂的结构式

氨基酸表面活性剂具有良好的表面活性，通常具有较低的 cmc 值。Roy 等研究了 3 种 N-酰基氨基酸表面活性剂：N-丙烯酰胺基十一烷酰基-L-丝氨酸钠（SAUS）、N-丙烯酰胺基十一烷酰基-L-天冬酰胺酸钠（SAUAS）和 N-丙烯酰胺十一烷基-L-谷氨酰胺钠（SAUGL）的聚集行为，3 种 N-AASs 的 cmc 的数量级为 10^{-3} mol/L，具有很好的表面活性。Bajani 等测得 SLS 与 SLG 的 γcmc 分别为 33 mN/m 和 27 mN/m，能够很好地降低水的表面张力。

氨基酸表面活性剂低毒易降解，作为液体肥料的表面活性助剂无疑是最适合的。Zhang 等研究了氨基酸表面活性剂的生物降解性，发现很容易分解成氨基酸和脂肪酸而生物降解。Akinari 等研究了氨基酸表面活性剂的物理化学性质和生物降解性，发现氨基酸表面活性剂在 14 d 内的微生物降解率为 57%~73%。另外氨基酸表面活性剂可以作为杀虫剂、除草剂和植物生长抑制剂，在肥料中应用能提升肥料的功能性。一项美国专利研究了草坪农药，其由自柏科植物提取的精制油和氨基酸衍生的表面活性剂溶液的混合物制成，其中氨基酸衍生的表面活性剂占所述溶液重量的 20%~50%，这种混合物具有良好的杀虫功效。

第十四章　氨基酸水溶肥的施用技术与应用实例

氨基酸水溶肥以其具有可有效刺激作物生长发育，提高作物体内酶活力，增强作物的抗病抗逆能力，具有生根、保花、保果等功效，包括快速提高主根、侧根、毛细根的增生速度；持久性养根、壮根，增加根系的生长活力；大幅度提升根系对肥水的吸收和利用率，达到主根健壮、侧根密集、毛细根空前增多的效果；对盐化、酸化的土壤具有显著的缓冲能力，保护根系健康成长，避免因根系活力下降造成作物脱水、脱肥和早衰现象。氨基酸水溶肥能有效提高作物的抵抗能力，冬天可抗寒保护幼苗给予幼苗根系温度、夏天抗旱使得植株细胞水分不易散失、还能抗光照不足、抗盐碱能力，防止作物倒伏、早衰；除此之外氨基酸水溶肥可使僵、弱、黄苗尽快复绿、复壮，重新得到健康快速成长。因此，氨基酸水溶性肥料在其应用技术上主要根据其所具备的功能划分为改土促根型、抗逆型、保花保果型等，还可以作物应用区别为设施蔬菜专用、大田作物专用型。

第一节　设施菜田专用氨基酸水溶肥施用技术

一、设施菜田专用氨基酸水溶肥施用技术概括

氨基酸水溶性肥料的应用多以改土套餐施肥中一个环节体现，总体的效果通过最终的效果进行评价，而改土套餐施肥技术的优势也在于可以很好地协调各种类型肥料的优势，统筹安排使其结果达到最大化体现。

现在的改土套餐施肥是考虑作物完全营养解决方案下的施肥方案，因此不可能简单、机械化地重复实施。制定改土套餐施肥方案时，首先要考虑整个生长体系中是否存在作物生长障碍问题。在土壤方面，要考虑土壤的连作障碍问题，可在施肥套餐中加土壤改良剂进行改良，这一方面可以考虑的就是以某种或某几种特定功能氨基酸为主要功能的设施土壤改良剂，主要考虑其改土促根功能的应用；在肥料用量和配比方面，要考虑"大配方小调整"的施肥原则，合理调控养分配比；在产品选择方面，要考虑有机肥和化肥的搭配问题：首先，有机肥、化肥的养分确定，有机肥通常做基肥施用，化肥既可以作基肥也可以作追肥；其

次，基肥和追肥的分配比例；最后，追肥分配中要考虑灌溉方式及叶面肥的补充。这就要考虑到全程有机液体肥的安排，即以氨基酸母液作为载体，添加大量元素中微量元素或其他功能性氨基酸，包括聚天门冬氨酸的磷素活化作用、γ-氨基酸的抗逆性、聚谷氨酸的保水性能等。

二、全程氨基酸水溶性肥料应用实例分析

设施番茄提质增效全程氨基酸水溶肥套餐施肥技术实施

2018 年 4—11 月期间，在通州开展塑料大棚番茄提质增效全程氨基酸水溶肥套餐施肥试验。依据示范区土质条件和大棚番茄春、秋茬不同生育期的需水需肥规律，以及番茄生产的目标产量，调配氮、磷、钾、钙、镁及氨基酸促根液体套餐肥，并制定灌溉施肥协同管理方案。番茄示范区有 4 栋塑料大棚，每栋面积 667 m²，全部采用膜下滴管系统，利用水肥一体机集中管理控制，通过设定每棚的灌溉施肥日期、启动时间、施肥量和灌溉量，实现了自动完成多栋大棚的配肥和施肥灌溉。在春、秋茬塑料大棚番茄生产上进行全程氨基酸水溶肥套餐肥示范应用，使用效果良好，套餐肥施用合理，水肥一体机性能可靠，省工省力，番茄产量和品质较常规施肥灌溉均有提高，示范效果优良。

1. 全程氨基酸水溶肥套餐施肥概况与内容

种植的番茄采用两个不同的施肥处理：常规施肥管理（conventional fertilization，CF）和优化施肥管理（optimized fertilization，OF）。优化施肥处理为示范内容，根据示范基地土壤土质条件和大棚番茄春、秋茬不同生育期的需水需肥规律以及番茄生产的目标产量，调配氮、磷、钾、钙、镁及氨基酸促根液体套餐肥，并制定灌溉施肥协同管理策略，采用水肥一体化方式实施水肥管理。示范温室有 4 栋塑料大棚，每栋大棚长度为 77 m，跨度为 8 m。利用水肥一体机集中管理控制，通过设定每棚的灌溉施肥日期、启动时间、施肥量和灌溉量，自动完成多栋大棚的配肥和施肥灌溉（图 14-1）。常规施肥处理为对照，基地自主施肥，在 1 栋大棚室内进行。春茬两处理施肥安排如表 14-1 所示。由表 14-1 可以看出，底肥配比不合理，造成磷肥施用量过多。这是由于示范开始时，基地已经施好底肥，追肥时采用优化套餐施肥。秋茬则完全测土合理施用底肥和追肥。

供试番茄品种为"17504"，测定其植株生物量、含水量、氮磷钾含量，果品质量。在数据处理时，优化施肥（OF）处理取 4 个棚平均值与常规施肥（CF）处理进行比较。秋茬番茄生产还未结束，测试正在进行中。以下示范结果分析为春茬番茄的结果。

图 14-1　水肥一体化示范温室

表 14-1　常规施肥管理（CF）和优化施肥管理（OF）施肥安排

处理	施肥	日期	种类	用量（kg）	氮含量（kg）	速效磷含量（kg）	速效钾含量（kg）
CF	底肥	3/10	磷酸二铵（15 - 40 - 0）（≥57.0%）	50	7.50	10.95	
			过磷酸钙（≥12%）	25		1.56	
	追肥	5/6	尿素（46.7%）	7.5	3.50		
			硫酸钾（44.8%）	7.5			3.36
			硫酸镁（Mg：20%）	0.5			
			硫酸锌（Zn：40.37%）	0.25			
			硼砂	0.4			
		6/12	水溶肥（6-8-34）	7.5	1.20	0.60	2.55
	总量				12.20	13.12	5.91
OF	底肥	3/10	磷酸二铵（≥57.0%）	50	7.50	10.95	
			过磷酸钼（≥12%）	25		1.56	
	追肥	5/15	氨基酸促根功能水溶肥	4			
		5/25	水溶肥（120 - 70 - 100 + B）（2%）	4	0.48	0.28	0.40
		6/20	水溶肥（140-50-190）	10	1.40	0.50	1.90
		6/20	钙镁清液肥	4			
	总量				9.38	13.30	2.30

2. 全程氨基酸水溶肥套餐施肥试验示范结果

（1）植株各组分生物量

如表14-2所示，植株干物质积累量是体现土壤—作物系统生产力最重要的指标之一，实验结果显示，OF 处理叶干重较 CF 处理增加 8.76%，第二穗果干重较 CF 处理增加 18.00%，OF 处理植株总干重较 CF 处理增加 6.51%。OF 处理的根干重为 7.60 g，较 CF 处理的根干重增加 23.79%；这导致了 OF 处理的地上/地下干物质比值比 CF 处理降低了 9.98%（OF：19.09、CF：17.19），根干重显著升高可能与 OF 处理追加促根功能水溶肥有关。OF 处理总产量较 CF 处理提高 4.8%。

表14-2　常规施肥管理（CF）和优化施肥管理（OF）对植株生物量的影响

处理	根干重（g）	茎干重（g）	叶干重（g）	第二穗果干重（g）	第四穗果干重（g）	地上/地下干重（g）	总干重（g）	总产量（kg/亩）
CF	7.60	47.77	91.12	15.20	13.07	19.09	174.77	5 825
OF	9.41	46.42	99.10	17.94	13.26	17.19	186.14	6 105

（2）氮肥偏生产力

氮肥偏生产力（partial factor productivity from applied N，PFPN，kg/kg），指单位投入的肥料氮所能生产的作物籽粒产量，即 $PFPN=Y/F$，Y 为施加氮肥后所获得的产量，F 为氮肥投入量。

如表14-3所示，OF 处理氮肥偏生产率较 CF 处理增加了 60.42%，OF 处理显著降低了 N 养分的投入量，但未造成起减产，且显著提高了肥料利用效率。

表14-3　常规施肥管理（CF）和优化施肥管理（OF）对氮肥偏生产力的影响

处理	产量（Y）（kg）	施氮量（F）（kg）	氮肥偏生产力（PFPN）
CF	5 380	12.20	440.98
OF	5 638	7.97	707.40

（3）土壤理化性质

常规施肥管理（CF）和优化施肥管理（OF）施用相同底肥，即认为施加追肥前两处理土壤理化性质近似相等。两处理的采收期均为 2018 年 6 月 18 日至 2018 年 6 月 28 日。本试验选择 5 月 15 日（基肥后，追肥前）和 7 月 4 日（收获后）测定土壤氮、磷、钾含量。

如图14-2所示，CF 处理中收获后土壤全氮含量（0.84 g/kg）较追肥前

（0.69 g/kg）增加 21.06%，OF 处理中，收获后土壤氮含量（0.77 g/kg）较追肥前（0.69 g/kg）增加 10.43%，这表明收获后仍有大量的氮肥留存在土壤中。

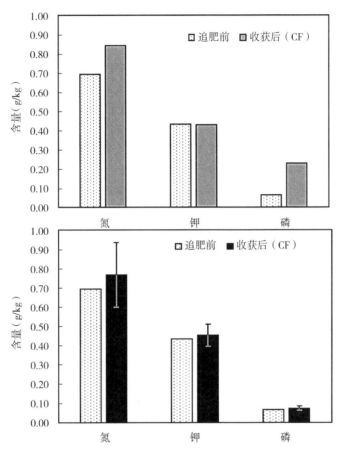

图 14-2　常规施肥管理（CF）和优化施肥管理（OF）中追肥前和收获后土壤氮磷钾含量变化

（4）植株各组分氮磷钾含量

如图 14-3 所示，优化施肥管理（OF）与常规施肥管理（CF）相比，根中氮、钾含量分别增长 21.66%、31.00%，磷含量降低 10.70%；茎中氮、磷、钾含量分别降低 1.36%、32.75%、18.83%；叶中氮含量增长 7.36%，磷、钾含量分别降低 47.69%、18.90%；果实中氮、磷、钾含量分别增长 12.55%、5.08%、10.81%。两处理棚室磷施用量要远高于常规施肥水平，但植株中磷含量却不高，且追肥前和收获后土壤磷含量处于较低水平，可推测大部分磷流失，磷损失较大。

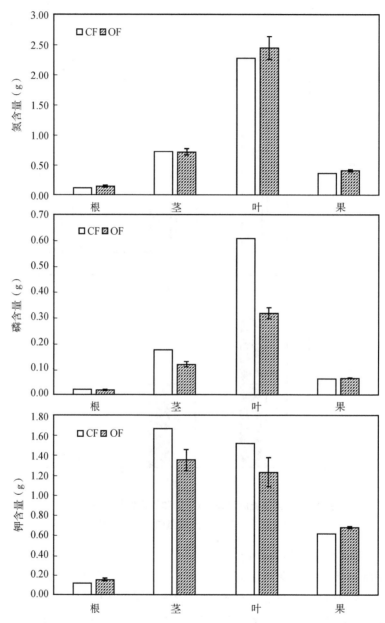

**图14-3 常规施肥管理（CF）和优化施肥管理（OF）
对植株各组分氮磷钾含量的影响**

（5）果实品质

如图 14-4 所示，在常规施肥管理（CF）和优化施肥管理（OF）中，OF 处理中第二穗果中可溶性糖含量较 CF 处理增加 17.6%，可滴定酸含量较 CF 处理减少 6.99%，糖酸比较 CF 处理增加 26.82%，亚硝酸盐含量较 CF 处理减少了 18.2%；OF 处理中第二、第四穗果的维生素 C 含量较 OF 处理分别增加了 7.45%、16.78%；OF 处理中第四穗果的硝酸盐含量较 OF 处理减少 50.62%，可溶性固形物含量增加 7.2%。以上结果显示，OF 明显改善了番茄果实的品质。

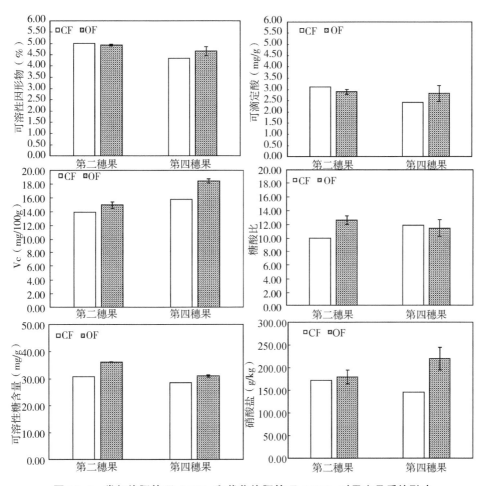

图 14-4　常规施肥管理（CF）和优化施肥管理（OF）对果实品质的影响

综上结果表明，番茄全程氨基酸水溶肥套餐施肥示范效果优良，套餐施肥显著提高了肥料利用效率，增加番茄产量，改善了番茄果实的品质。

三、改土套餐施肥技术的整体应用效果分析

根据改土套餐施肥技术的操作内容，2015—2017 年，在北京各郊区以及天津宁河区、静海区、汉沽区进行了设施果类蔬菜套餐施肥示范点试验达 40 亩，约 31 个设施，涉及日光温室和春大棚的冬春茬、秋冬茬、越冬长茬番茄、黄瓜、茄子和辣椒四种果类蔬菜。

以天津原种场为例，2017 年以冬春茬番茄设计了 2 个处理，即常规施肥处理和改土套餐优化施肥处理。针对该日光温室为 10 年老棚，在冬春茬首先以改土为目的，添加了硅、钙、钾、镁肥作为土壤调理剂，同时搭配生物有机肥和氨基酸液体肥，根据番茄各生育期养分需求特点合理搭配施用，并确定大量元素肥的施用量，具体施肥方案见表 14-4。

表 14-4 改土套餐施肥示范点施肥方案

处理	常规施肥（kg/亩）			改土套餐施肥（kg/亩）		
	N	P_2O_5	K_2O	N	P_2O_5	K_2O
追肥方案	18.18	13	30.28	14.1	6.6	21
基肥方案	商品有机肥 3 000 kg/亩，复合肥（20-20-20）50 kg			商品有机肥 4 000 kg/亩，硅钙钾镁肥 100 kg/亩		
其他	安格力（中微量元素肥）根动力、硝酸镁、硝酸钙			氨基酸液体肥（游离氨基酸≥100 g/L，Fe+Zn+B≥20 g/L）、有机生物液体肥、钙镁清液肥		

表 14-5 改土套餐施肥示范点经济效益分析（追肥）

处理	产量（kg）	N 偏生产力（kg/kg）	P_2O_5 偏生产力（kg/kg）	K_2O 偏生产力（kg/kg）
常规施肥	11 663.39 b	641.6	897.2	385.2
套餐施肥	12 453.32 a	883.2	1 886.9	593.0

注：图列数据后小写字母表示在 0.05 水平上的差异显著性。

由表 14-4、表 14-5 可以看出，通过套餐施肥技术可显著提高番茄产量，比对照常规施肥增产 6.8%，其追肥氮、磷、钾养分偏生产力分别提高 37.7%、110.3%、53.9%。

根据冬春茬口的试验结果，该基地希望在同一棚内继续进行套餐施肥优化试验，秋冬茬试验供试作物为番茄，优化方案根据土壤检测结果为土壤养分含量即

氮、磷、钾均超过农学阈值，以及常规施肥中农户施用高磷高钾肥过多的现象，并且由于拮抗作用会导致果实钙镁吸收受阻现象，秋冬茬套餐施肥着重针对此进行了二次优化，大量元素肥开花期改为氮∶磷∶钾比例为1∶0.2∶1，结果期为1∶0.3∶1.3的配方；同时配以硅钙钾镁肥的叶面喷施，以防因钾素的拮抗作用引起的钙镁吸收受阻现象；苗期、末期仍以氨基酸促根肥为主进行套餐施肥方案设计。结果显示，优化套餐施肥方案较常规施肥处理相比，节约氮、磷、钾投入分别为73.6%、88.5%、75.9%，产量无显著差异。

综合以上结果显示，优化套餐施肥增产比例较套餐施肥增产比例虽然较低，但却大量节约肥料的投入，经济效益更加明显。该试验结果也表明适当减少大量元素肥的施用，配施土壤改良剂，并在关键时期配合以合理的方式投入功能性肥料的改土套餐组合模式可有效提高经济效益。

同时根据其他各试验效益分析（表14-6），综合来看，改土套餐优化施肥较常规施肥平均增产6.8%，减少化肥养分用量氮、磷、钾分别为19.7%、28.6%、22.7%，这表明改土套餐施肥技术可有效进行示范推广。

表14-6　改土套餐施肥在北京天津示范点综合效益分析

时间	地点	作物	面积（亩）	增产（%）	节肥（%）		
					N	P_2O_5	K_2O
2015年	北京密云县杨新庄	茄子	0.7	0.6	3.7	28.0	26.2
	北京密云县高岭镇	茄子	0.5	5.7	3.1	14.5	20.8
	北京密云县农业技术示范基地	黄瓜	0.7	6.7	14.9	33.9	7.4
	北京大兴区孙家场	茄子	1.2	15.9	3.0	18.8	22.8
	北京大兴区孙家场	黄瓜	0.7	6.5	27.4	38.6	17.6
	北京房山泰华芦村北京种植专业合作社	黄瓜	0.75	12.9	3.5	20.5	1.4
2016年	北京大兴区北顿垡村	茄子	0.9	2.2	41.0	48.1	66.1
	北京密云区十里铺镇杨兴庄村	番茄	0.8	1.1	2.1	32.9	29.6
	北京通州区台湖镇农业种植园区	番茄	0.8	7.8	-36.5	-4.3	8.2

（续表）

时间	地点	作物	面积（亩）	增产（%）	节肥（%）		
					N	P$_2$O$_5$	K$_2$O
2017年	北京房山泰华芦村种植专业合作社	黄瓜	3	2.9	19.1	46.5	49.1
	北京房山西场村	番茄	1.5	-0.1	55.5	41.8	—
	北京通州通农种业有限责任公司	番茄	6	0.6	59.3	39.7	—
	北京密云翠龙森蔬菜种植合作社	番茄	6	26.2	43.4	-0.7	—
	天津市宁河区原种场	黄瓜	0.5	6.8	22.4	49.2	30.6
	天津市宁河区原种场	番茄	0.5	0.8	73.6	88.5	75.9

第二节　大田棉花专用氨基酸水溶肥施用技术

棉花是新疆维吾尔自治区（简称"新疆"）的主要经济作物之一，种好棉花，提高棉花产量和品质，对新疆地区经济持续、快速、健康发展有着十分重要的意义。水肥一体化、智能灌溉、机械采棉是新疆棉花产业新的发展目标，积极研究和推广水肥一体化、智能灌溉、机械采棉技术是确保新疆地区棉花生产持续发展的迫切需要，是解决棉花种植、施肥、管理、收获劳动力紧缺、降低拾花劳动强度、扩大经营规模、提高劳动生产率、加速实现棉花生产规范化、科学化、技术化、机械化、现代化的战略措施。为规范水肥一体化、智能灌溉、机械采棉、机采棉栽培技术措施，保障棉花高产、优质，总结近年来新疆周边团场及沙湾县水肥一体化、智能灌溉、机械采棉、机采棉的生产经验，特制订了本技术规范以指导新疆地区棉花标准化生产。

随着新疆地区规模化生产进程的加速，人工成本成为限制规模化、标准化、自动化的主要因素，而液体肥料的应用是田间解放人工的主要途径，液体肥料的优势在于：不需要耗费人力物力运输、贮藏、搬运、搅拌肥料；比传统固体水溶肥料营养更加全面，以氮、磷、钾为主要原料，可添加多种生物活性物质和中微量元素，此外还溶入适量的腐植酸、氨基酸、有机质或小分子物质可满足作物生长各阶段对营养的需求；液体肥料含有丰富的有机质，更加注重土壤健康问题，追求有机+无机相结合方式施肥，可提高土壤有机质含量、改善土壤理化性状、增强作物抗逆性，种养结合，良性循环；液体肥料含有功能性微生物菌群，能够抑制有害微生物和部分病原微生物的生长繁殖，减少其侵染作物根际的机会，同时还能释放土壤中被固定的养分，提高肥料利用率；将肥料生产为作物可以直接吸收利用的离子液态，缩短了作物对养分吸收利用时间，提高了作物对养分的吸收利用率。

目前，在新疆地区已经有企业进行布局液体肥料的推广，而作物主要针对棉花，部分企业目前主要考虑的是布局，在全疆范围内布点，主要以液体肥灌为主要布局重点，配方肥料逐步改进，而其配方的主要优势在于高浓度减少运输成本，劣势在于配方对于作物的需肥规律不是非常拟合，另外其原料优势也有显著的作用；另一部分企业同样以研究示范为推广手段，主要在跟兵团连队进行推广示范，其优势在于配方调整非常符合作物需肥规律，添加有效的抑病菌，有效预防生育期病害的发生，缺点在于液体肥料配方养分含量低运输成本偏高。

新疆膜下滴灌棉花的发展液体肥的基础在于以下几点。

（1）原料优势。新疆地区有充足的液体肥料氨基酸载体资源，同时新疆地区是全国最大的尿素产区，临近青海盐湖钾矿，氮钾资源丰富。

（2）市场资源。新疆地区棉花种植面积巨大，全程机械化、水肥一体化甚至智能化推广力度较大，水肥一体化条件下的液体水溶肥更具优势。

（3）液体肥生产优势。在液体肥生产方面，尤其是相对于新疆地区液体肥来说，传统的液体肥生产技术已经不适宜于目前的发展，传统上的液体肥生产主要是大量元素螯合中微量元素，其技术点在于升温加螯合剂（比如氨基酸、糖醇等），一般价格会比较贵，每吨液体肥生产成本在 4 000~8 000 元不等，而在新疆地区发展液体肥必须保证价格够低，在生产技术上一般不会考虑田间螯合剂成分，而选用氨基酸有机液在一定程度上代替了螯合剂，如果生产浓度不大直接在生产中添加尿素、一铵、氯化钾以及微量元素进行简单的混料，随配随用即可解决可能产生的沉淀问题，因此在生产上不存在技术的产权，只是存在建厂以及教授生产熟悉能够单独生产，关键在于研究作物需肥规律所形成的专有化配方，而目前我们已经掌握棉花生产中 4 个时期所用肥料的配方比例并已经在地块进行尝试，且取得了一定的效果。

一、传统模式下新疆膜下滴灌棉花肥料产品与施用技术

传统模式下的棉花施肥均以传统经验作为施肥参考，所选肥料种类多以单质肥料和复合肥为主，施肥方式以压力施肥器为主，施肥均匀度差、劳动力需求大、利用率低。

传统模式下膜下滴灌棉花基肥多结合耕翻亩施磷酸二铵 20~25 kg 或三料磷肥 25~30 kg、硫酸钾 8~12 kg、尿素 5~8 kg，对于基础肥力较好的土地，可减

量施用基肥。后期追肥均随水滴施，按棉花生长发育各阶段对养分的需求合理供应，遵循前期高氮中磷低钾、中期高氮中磷中钾、后期高氮中磷高钾原则，整个生育期可随水滴肥9~11次，出苗水时每亩施磷酸二氢钾500~1 000 g或水溶性磷酸二铵1~2 kg，以达到压盐、早出苗、促壮苗的目的；蕾期滴水、滴肥坚持少量的原则，对长势偏弱的棉花，适度滴水1~2次，随水滴施尿素1~2 kg/亩，并结合根外追肥，促进弱苗生长，对长势正常的棉花，应在初花期后，酌情滴施棉花滴灌专用肥1~2 kg/亩，即第一次滴施尿素（1~2）kg+磷酸二氢钾（0.5~1）kg，第二次尿素（2~2.5）kg+磷酸二氢钾（0.5~1）kg，第三次尿素（2.5~3）kg+磷酸二氢钾（0.5~1）kg；花铃期是棉花一生中生长发育最旺盛的时期，是需水、需肥的高峰期，同时也是产量形成的关键期，滴水周期7~8 d，肥料以棉花滴灌专用肥为主，滴施专用肥6~8 kg/亩，做到一水一肥，早衰棉田适当增加尿素用量，可加施尿素2~3 kg/亩，提高棉花增产潜力；从棉花开始吐絮到采收完毕滴水1~2次，滴水周期8~10d，同时，随水滴施棉花滴灌专用肥1~2kg/亩。

二、新疆膜下滴灌棉花专用氨基酸水溶肥产品与施用技术及案例分析

（一）范围

本技术规定了滴灌随水施肥技术的应用方法。

本技术适用于新疆棉花膜下滴灌。

（二）目标产量

单产籽棉400~450 kg/亩。

（三）准备条件

1. 土壤条件

以中等肥力土壤为标准。

2. 肥料施用

前茬作物秸秆还田，适量施用有机肥作基肥，生育期所需的其他化肥全部随水施用氨基酸水溶肥。

3. 施肥罐的选择与安装

在首部安装具有回流搅拌功能、可控流量和时间的施肥控制系统。

4. 播种与铺管

一般情况北疆地区4月上、南疆地区3月下旬可大量播种。机采棉：膜宽120 cm，膜上两个边行10 cm，中间行66 cm，株距10 cm，滴灌带铺设在地膜中间。人工采棉：行株距配置和铺设滴灌带方式：膜宽110 cm，膜上两个边行20 cm，中间行40 cm，膜间结合部60 cm，株距10 cm，滴灌带铺设两行棉花中

间，一膜两管。采用膜上点播，机械铺管、铺膜、播种一次完成。

5. 滴水

棉花生育期滴灌适宜灌溉定额为 3 000~3 300 m^3/hm^2（视天气降雨情况），滴水次数一般 12 次左右，滴灌周期 7~10 d。

（四）随水施肥

1. 出苗水

建议不论是否干播湿出的棉田，均采用滴水出苗且出苗水带肥。出苗水一般 10 m^3/亩，带氨基酸水溶肥 5~6 kg/亩，促苗早发，幼苗期不缺肥。

2. 苗期肥

在出苗~现蕾期间，滴水定额每次 13~15 m^3/亩，随水施用苗期专用氨基酸水溶肥 2 次，每次 12~15kg/亩。

3. 蕾期肥

在现蕾~始花期间，滴水定额每次 20 m^3/亩，随水施用蕾期专用氨基酸水溶肥 2 次，每次 15~18 kg/亩。

4. 花期肥

在始花~盛花期间，滴水定额每次 22 m^3/亩，随水施用花期专用氨基酸水溶肥 3 次，每次 18~20 kg/亩。

5. 铃期肥

从盛花到开始吐絮期间，滴水定额每次 22 m^3/亩，随水施用铃期专用氨基酸水溶肥 3 次，每次 10~14 kg/亩。

6. 吐絮期施肥

从开始吐絮到完全吐絮成熟，滴水定额每次 20 m^3/亩，随水施用吐絮期专用氨基酸水溶肥 2 次，每次 6~8 kg/亩。

7. 微肥的施用

根据对土壤的测定结果，适量施用相应微肥。

（五）注意事项

（1）随水施肥应注意，微滴灌肥的加入应在开始滴水 1.0 h 后至停水前 1.0 h 之间，施肥尽量保持均匀，注入时间应在 3 h 以上。杜绝快速注入、施肥不匀。

（2）随水施肥应尽量做到少量多次，并根据土壤养分诊断结果及棉花的长势长相适当调整专用肥配方及施肥量。

（3）应用随水施肥技术，应注意有机肥的投入和秸秆还田，以提高土壤耕种性能。

（六）应用效果实例

1. 新疆生产建设兵团液体肥示范效果分析

2017 年在新疆生产建设兵团第七师 8 个团场 15 个连队实施，实施面积 1 000 hm²，涉及职工 150 户，种植作物为棉花，品种为杂交棉鲁研棉 24 号和中棉 75 号，种植模式为一膜三行。由示范团场投资建设了 16 个 25 m³ 玻璃钢施肥罐，并配备施肥控制系统。

（1）棉花各生育阶段调查分析

① 苗期调查分析。

从各示范团场棉花苗期调查分析，出苗水滴施氨基酸水溶肥的示范田平均出苗率比对照提高 3.5%，说明出苗水滴施氨基酸水溶肥能够改善土壤环境、促进种子萌发，从而提高了出苗率，同时满足苗期养分需求并增强抗逆性。

② 蕾期调查分析。

从各示范团场棉花蕾期调查分析，示范田棉花株高、主茎叶片数、果枝台数和蕾数等生长情况均好于对照田。其中株高高于对照田 9.49%，主茎叶片数高于对照田 12.59%，果枝台数增加 13.92%，蕾数高于对照田 15.09%。

③ 花铃期调查分析。

从各示范团场棉花花铃期调查分析，示范田棉花生长指标较对照田有明显提高，其中结铃数较对照田提高 5.48%，果枝台数较对照田提高 10%，蕾数较对照田提高 5.26%~18.18%。

④ 铃期调查对比分析。

从各示范团场棉花花铃期调查分析，示范田棉花生长指标较对照田有明显提高，其中结铃数较对照田提高 5.35%~68%，果枝台数较对照田提高 2.70%~10.70%，蕾数较对照田提高 5.88%~21.83%。

⑤ 吐絮期调查对比分析。

截至调查日期（9 月 11—13 日），氨基酸水溶肥棉花示范田平均吐絮率为 71.9，常规肥平均吐絮率为 55.6%，氨基酸水溶肥棉花吐絮率高于常规肥 16.3%，田间表现为生育期提前 5 d 以上。

（2）产量及成本分析

① 测产情况。

氨基酸水溶肥示范棉田平均单产 471.35 kg/亩，常规肥平均单产 417.61 kg/亩，氨基酸水溶肥较常规肥平均亩增产 49.22 kg，增产率 12.8%。单铃重情况：氨基酸水溶肥棉花示范田平均单铃重 5.95 g，常规肥棉花平均单铃重 5.59 g，示范田单铃重增加 0.36 g，增加率 6.44%。

② 实收产量情况。

截至 2017 年 11 月 2 日，各团场上报部分氨基酸水溶肥示范田和常规肥对照田实收数据，氨基酸水溶肥示范田实收平均单产 419.0 kg/亩，常规肥对照田实收平均单产 391.5 kg/亩，氨基酸水溶肥示范田较常规肥对照田平均亩增产 27.5 kg，增产 7.0%，增产效果明显。

③ 肥料投入与节本情况。

氨基酸水溶肥按棉花各生育期养分需求共施用 13 次，共计亩施肥量 142 kg，平均亩投肥成本 142 元/（氨基酸水溶肥示范价格按 1.0 元/kg），常规肥亩平均投肥成本 226.45 元，氨基酸水溶肥亩投入成本减少 84.45 元，节约肥料成本 37.3%。

根据肥料投入调查结果，并按照 2017 年七师指导收购价（3129B）籽棉 7.12 元/kg 计算，氨基酸水溶肥较常规肥亩节本为 84.45 元，亩增产 27.5 kg，亩增收 195.8 元，亩节本增收合计为 280.25 元。

2. 新疆高产棉花氨基酸液体肥套餐水肥一体化技术集成示范试验规划田间执行情况分析

针对新疆规模化棉花生产对肥水供应的特殊要求，结合当地膜下滴灌水肥一体化技术和新疆土壤的盐渍化、干旱胁迫及棉花生长养分需求特征等因素，采用膜下滴灌水肥一体化技术和课题研发的功能性水溶肥料、配套的专用肥料在新疆沙湾地区开展对比性示范，提出节本增效、抗逆高产的棉花栽培技术模式。

（1）基本情况

示范地点：沙湾县五道河子村，新疆沙湾双泉农业合作社。

基肥投入：10 kg/亩尿素、17 kg/亩磷酸二铵，共计 70 元/亩。

追肥投入：苗期肥料有机液体肥有机肥 5 kg，菌肥 1 kg。

平均产量：2017 年获得 350 kg/亩的棉花产量。

水源模式：井灌、河灌（全程为膜下滴灌水肥一体化）。

定植品种：新陆早 61 号，新陆早 61-2 号，新陆早 70 号，一膜三行，每行两排，行间距 66 cm，两排间距 10 cm，株距 4~5 cm，每亩定植 1.3 万~1.4 万株，铺三条滴灌带，流量 1.38 L/h

基础土壤测试（表 14-7）：

表 14-7　土壤样品测试结果

	有机质	碱解氮（mg/kg）	速效磷（mg/kg）	速效钾（mg/kg）	pH 值	EC 值（μs/cm）
柳条沟条田	9.51	37.77	32.04	212.98	9.29	55.67
1、2、3 号条田	12.03	46.10	32.10	405.73	9.00	84.90
东中条田	10.43	40.22	43.97	377.23	8.91	57.83

（2）目标产量为 400 kg/亩的棉花养分需求特征及配肥方案

按照棉花 400 kg/亩目标产量的养分需求和当地土壤的特点，一般肥料施用量为：纯氮（N）用量 20 kg/亩，纯磷（P_2O_5）施用量 12 kg/亩，纯钾（K_2O）施用量 6 kg/亩。

沙湾棉花各生育期养分需求比例见表 14-8。

表 14-8　棉花各生育期养分需求比例　（％）

	N	P_2O_5	K_2O
苗期	5	4	2
蕾期	11	9	10
花期	28	24	36
铃期	56	63	52

按照 400 kg/亩棉花产量为目标产量，施肥推荐数量见表 14-9。

表 14-9　2018 年新疆沙湾棉花的施肥推荐数量　（kg/亩）

	N	P_2O_5	K_2O
推荐用量	20	12	6
基肥量	6.47×0.6	7.82×0.7	0
追肥量	16.12	6.53	6

（3）追肥用的示范肥料产品

采用三款功能性氨基酸液体肥料产品（命名为 1 号、2 号、3 号），产品按照氨基酸水溶性肥料的微量元素型登记标准生产，最终形成完整的棉花生产液体肥套餐肥方案（表 14-10）。

表 14-10　功能水溶肥追肥配方及投肥比例

时期	肥料种类	用量（kg）	养分需求比例		
			N（％）	P_2O_5（％）	K_2O（％）
蕾期	1 号产品	36	28.4	23.9	38
花期	2 号产品	90	57.5	63.8	45
铃期	3 号产品	25	14.1	12.3	17

（4）执行方案

① 计划执行

田间管理方案

日期	农事安排
3 月 25—30 日	翻地，平整土地，打除草剂，每亩用 48% 的氟乐灵 100~120 g 兑水 30 kg，边喷边耙（耙深 3~5 cm），使药剂与土壤均匀混合，做到喷施均匀，以提高除草效果
4 月 1—7 日	整地准备播种
4 月 19 日	播种（一膜三行，每行两排，行间距 66 cm，两排间距 10 cm，株距 4~5 cm，定植 1.3 万~1.4 万株每亩，铺三条滴灌带，流量 1.38），铺水带，播种后及时压膜封洞，为防止大风揭膜在膜上每隔 5 m 左右压一条土带，同时开展在地边地角补种压膜等工作
4 月 24 日	分区开始出苗水，氨基酸液体肥 5 kg，6 h
4 月 30 日 5 月 15 日	中耕作业、封土、再次中耕中耕深度由浅到深，第一次一般 8~10 cm，后一次深度 12 cm 左右，中耕一般进行 2 次，达到促苗早发，在出苗率在 60%~70% 时钩苗并注意压土
5 月 15 日、6 月 7 日、6 月 19 日	5 月 15 日 0.5g/亩，6 月 7 日 0.8~1 g/亩，6 月 19 日 2~2.5 g/亩
6 月 14—17 日	灌头水，6 h，12 kg/亩 1 号液体肥
6 月 29 日至 7 月 3 日	灌二水，6 h，16 kg/亩 1 号液体肥
7 月 13—15 日	灌三水，3 h，20 kg/亩 2 号液体肥
7 月 23—26 日	灌四水，3 h，30 kg/亩 2 号液体肥
7 月 26—27 日	灌五水，3 h，25 kg/亩 2 号液体肥
7 月 30 日	灌六水，3 h，15 kg/亩 2 号液体肥
8 月 2 日	灌七水，3 h，20 kg/亩 2 号液体肥
8 月 9 日	灌八水，3 h，15 kg/亩 3 号液体肥
8 月 16 日	灌九水，3 h，5 kg/亩 3 号液体肥
8 月 22 日	灌十水，1 h，不施肥
9 月 5—10 日	打脱叶剂加乙烯利
9 月 20—25 日	再次打脱叶剂加乙烯利
10 月初	开始采收棉花

注：灌水时间按需求另计。

② 实际执行情况

a. 1/2/3 号条田

田间管理方案

日期	农事安排
3月25—30日	翻地，平整土地，打除草剂，每亩用48%的氟乐灵100～120 g兑水30 kg，边喷边耙（耙深3~5 cm），使药剂与土壤均匀混合，做到喷施均匀，以提高除草效果
4月1—7日	整地准备播种
4月19—21日	播种（一膜三行，每行两排，行间距66 cm，两排间距10 cm，株距4~5 cm，定植1.3万～1.4万株每亩，铺三条滴灌带，流量1.38），铺水带，播种后及时压膜封洞，为防止大风揭膜在膜上每隔5 m左右压一条土带，同时开展在地边地角补种压膜等工作
4月24—28日	分区开始出苗水，有机液体肥5 kg，菌肥1 kg，6 h
4月30日 5月15日	中耕作业、封土、再次中耕中耕深度由浅到深，第一次一般8~10 cm，后一次深度12 cm左右，中耕一般进行2次，达到促苗早发
5月1、15日、6月7日、6月19日	5月1日2 g/亩；5月15日0.5 g/亩；6月7日0.8～1 g/亩；6月19日2～2.5 g/亩
6月14—17日	灌头水，6 h，12 kg/亩1号液体肥
7月1—4日	灌二水，6 h，16 kg/亩1号液体肥
7月11—15日	灌三水，3 h，20 kg/亩2号液体肥
7月23—26日	灌四水，3 h，30 kg/亩2号液体肥（减量施肥20 kg）
7月26—27日	灌五水，3 h，25 kg/亩2号液体肥（减量施肥20 kg）
7月30日	灌六水，3 h，15 kg/亩3号液体肥
8月7—10日	灌七水，3 h，15 kg/亩3号液体肥
8月20—23日	灌八水，3 h，20 kg/亩3号液体肥
8月28日	灌九水，2 h，不施肥
9月4—6日	打脱叶剂加乙烯利
9月16—18日	再次打脱叶剂加乙烯利
10月初	开始采收棉花

b. 上街路东条田与东中条田

田间管理方案

日期	农事安排
3 月 25—30 日	翻地，平整土地，打除草剂，每亩用 48%的氟乐灵 100~120 g 兑水 30 kg，边喷边耙（耙深 3~5 cm），使药剂与土壤均匀混合，做到喷施均匀，以提高除草效果
4 月 1—7 日	整地准备播种
4 月 19—21 日	播种（一膜三行，每行两排，行间距 66 cm，两排间距 10 cm，株距 4~5 cm，定植 1.3 万~1.4 万株每亩，铺三条滴灌带，流量 1.38），铺水带，播种后及时压膜封洞，为防止大风揭膜在膜上每隔 5 m 左右压一条土带，同时开展在地边地角补种压膜等工作
4 月 24—28 日	分区开始出苗水
4 月 30 日 5 月 15 日	中耕作业、封土、再次中耕中耕深度由浅到深，第一次一般 8~10 cm，后一次深度 12 cm 左右，中耕一般进行 2 次，达到促苗早发
5 月 1、15、6 月 7 日、6 月 19 日	5 月 1 日 2 g/亩；5 月 15 日 0.5 g/亩；6 月 7 日 0.8~1 g/亩；6 月 19 日 2~2.5 g/亩
6 月 14—17 日	灌头水，6 h，12 kg/亩 1 号液体肥
6 月 27 日至 7 月 4 日	灌二水，6 h，16 kg/亩 1 号液体肥
7 月 5—12 日	灌三水，3 h，20 kg/亩 2 号液体肥
7 月 15—20 日	灌四水，3 h，30 kg/亩 2 号液体肥
7 月 22—24 日	灌五水，3 h，25 kg/亩 2 号液体肥
7 月 25—28 日	灌六水，3 h，15 kg/亩 3 号液体肥
8 月 2—7 日	灌七水，3 h，20 kg/亩 3 号液体肥
8 月 15—19 日	灌八水，3 h，18 kg/亩 3 号液体肥
8 月 28 日	灌九水，2 h，不施肥
9 月 4—6 日	打脱叶剂加乙烯利
9 月 16—18 日	再次打脱叶剂加乙烯利
10 月初	开始采收棉花

（5）施肥状况分析

由表 14-11、表 14-12 可以看出，追肥的实际用量各地块均超过了推荐用量，试验地块用量与推荐用量平齐，且在长势上与其他地块并无差异，较正常施肥地块减肥 9.6%。

由表 14-13 可以看出，柳树沟条田施肥情况为常规对照处理，1/2/3 号条田、上街路东条田、东中条田、试验田施肥量较柳树沟条田分别减少了22.36%、29.27%、26.12%、29.41%，主要为氮、磷含量远高于液体肥处理，

表14-11 肥料用量分析

分类	地块	面积(亩)	头水(kg/亩)	二水(kg/亩)	三水(kg/亩)	四水(kg/亩)	五水(kg/亩)	六水(kg/亩)	七水(kg/亩)	八水(kg/亩)	总量(t)	平均(kg/亩)
						用量						
推荐用量	123号	500	12	16	20	30	25	15	15	10	71.5	143
	上街路东	238	12	16	20	18	18	15	15	10	29.5	124
	东中	529	12	16	20	18	18	15	15	10	65.6	124
实际用量	123号	420	11.7	17.7	22.5	30	25	15	15	20	65.5	156
	上街路东	238	14.1	15	19.9	22.25	24.4	15	20	18	35.4	148
	东中	529	14.1	15.5	19.6	22.25	26.5	15	20	18	80.1	151
	试验	80	11.7	17.7	22.5	20	20	15	15	20	11.2	141

表14-12 肥料种类用量分析

(kg)

地块	头水 有机液体肥	头水 棉花专用肥	头水 尿素	二水 有机液体肥	二水 棉花专用肥	二水 尿素	三水 棉花有机液体肥	三水 棉花专用肥	三水 尿素	四水 棉花有机液体肥	四水 棉花专用肥	四水 尿素	五水 有机液体肥	五水 尿素	五水 一铵	五水 硫酸钾	六水 有机液体肥	六水 尿素	六水 一铵	六水 硫酸钾	七水 有机液体肥	七水 尿素	七水 一铵	七水 硫酸钾	八水 有机液体肥	八水 尿素	八水 一铵	八水 硫酸钾
柳树沟条田 1、2、3号	3	2	2.5	3	3	0	3	3	0	3	2	2.5	3		3.3	6.5	3		3.3	6.5	4		3.3	6.5	4		3.3	6.5
上街路东			11.7			17.7			22.5			30		25				15				15				20		
东中条田			14.1			15			19.9			22.25		24.4				15				20				18		
			14.1			15.5			19.6			22.25		26.5				15				20				18		

但钾用量略低于液体肥处理，在养分分配上常规追肥有一定的偏差，所以会导致肥料的浪费，也说明即使是常规追肥也有一定的改进优势。同时，在追肥价格上试验田施肥量较柳树沟条田分别减少了10%，液体水溶肥全生育期施肥推荐不施用底肥以及额外田间中微量元素以及抗菌肥，这一块在基肥方面传统肥料添加成本为70元/亩，中微量加菌肥投入成本在20元左右，那么常规肥料的年投入成本在350元左右，而液体肥不需要后期再添加微量元素以及菌肥，所以液体肥在成本上存在非常大的优势。

表14-13　追肥投入养分及亩投入分析

地块	N（kg）	P_2O_5（kg）	K_2O（kg）	总量（kg）	追肥投入（元/亩）
1、2、3号	15.89	8.91	9.92	34.72	265.2
上街路东	14.38	8.08	9.17	31.63	251.6
东中条田	14.99	8.42	9.63	33.04	256.7

总体来看，全程氨基酸液体肥料从施用方便程度以及人工成本上都优于固体肥料，在精确使用方面，液体肥料可以根据作物需求添加不同肥料种类，做到精准化施肥，避免常规施肥条件下肥料种类不协调造成的浪费现象，同时常规施肥不合理导致投入生产成本提高，产量未能达到施入肥料所应取得的结果，而从之前研究发现，合理调配液体肥配方，既能促进棉花对肥料的吸收利用，又能准确适时地为满足棉花各个时期的营养需求，同时，液体肥料选用氨基酸母液作为载体，螯合多种棉花所需的中微量元素，以及抑病功能性物质，最终达到提高棉花产量及品质的效果。因此，在规模化条件下选用有机液体肥对沙湾地区地力条件（有机质缺乏、氮磷含量偏低、pH值偏高）下，选用酸性有机液体肥作为肥料来源是完全复合当地生产及作物环境的。

第十五章　氨基酸水溶性肥料的发展趋势

氨基酸类活性物质的市场需求量逐年增长，未来国内外关于氨基酸类产品的研究已经不仅局限于田间的效果、评价，更多的是关于原料开发、提取、纯化以及生物作用机制等方面的研究，深入到通过分子生物学的方法开展作物激素调控、抗逆基因的调控和表达等方面的研究越来越多，而这些机理的探究将为氨基酸的应用奠定良好的基础。在复配技术方面，目前广泛应用的界面聚合反应的微胶囊化技术、化学稳定技术、化学表面活性剂以及药剂学等技术，可以有效地解决复配稳定性等问题，为发展复合化产品剂型的开发提供技术支撑。同时加强原料筛选及分析技术，确保复配前了解所用原料的性质，并根据产品原料性质进一步与市场需求相结合开发特定功能的氨基酸水溶肥产品。

随着精准施肥和绿色农业的发展，对高效和高度复合化的肥料提出更高的要求。"水溶肥+"的施肥模式越来越受到人们的欢迎，市场对水溶肥的功能提出了更高的要求，水溶肥功能化的实现离不开活性增效载体和功能活性物质的添加。所以现在单一营养型氨基酸水溶肥已经不能满足人们的需求，人们更加追求肥料的多功能化，功能化的实现往往需要与专性活性物质或生物刺激素、生物农药相结合，更加有利于市场化的功能定位以及产业应用，未来以肥料为载体的活性增效物质与化肥协同作用的混配产品将受到市场的欢迎。功能活性物质的种类丰富，主要来源有植物提取、微生物发酵和人工合成三个途径。越来越多的研究深入到"氨基酸水溶肥+"的新型肥料产品，例如"氨基酸增效剂产品""氨基酸水溶肥+农药"的药肥产品、"氨基酸水溶肥+微生物菌种"的土壤改良型产品、"氨基酸水溶肥+植物激素"生理调控类型的产品以及适用于"氨基酸水溶肥+服务"作物专用型的套餐施肥产品。

在现代农业种植模式中，已经不再是传统的全养分的添加模式，而是根据土壤障碍问题和特定作物养分累积和吸收规律来制定改土套餐施肥方案。套餐施肥具有节本增效、配方灵活的特点，有利于推进精准施肥，实现资源高效、环境友好的农业发展目标。

第一节　氨基酸肥料增效剂

把关键和特定功能的活性物质开发作为肥料增效剂产品，开发成 A+B 型产品，A 产品为营养型产品，B 产品为增效剂产品，产品销售时既可以将 A+B 型复配成水溶肥料产品一起销售，也可以将 B 型产品作为单独产品销售，由于增效剂是关键活性物质，在肥料中的添加量较少，更有利于降低运输成本和贮存，肥料体系中成分复杂，对增效活性物质的稳定性要求更高；增效剂的销售范围更加广泛，对于农场大户，在施肥时可以自己配肥，选择肥料增效剂与水溶肥原料混合后施用，一方面降低了购买肥料的成本，另一方面提升了肥效，减少了施肥成本。对于一些中小型肥料企业，自主研发能力较差，可以根据自己需求，进一步复配成不同类型的产品，产品方案的选择更多，提升产品的创新性。肥料增效剂具有多方面的优点，更能适应市场需求。

肥料增效剂是指一类以增加养分有效性为目的的活性物质。通过固持氮和活化土壤中难以利用的磷、钾元素来增加对作物养分的供给，并在调节植物生理功能中起到一定作用。通常是将它添加到常规肥料中，可以适当减少肥料施用量，提高肥料的利用率。目前肥料增效剂种类很多，从功能上可分为硝化抑制剂、脲酶抑制剂、养分活化剂、保水剂等。从组成上可分为有机活化剂、无机活化剂、生物活化剂或混合活化剂等。

目前，氨基酸作为肥料增效剂产品越来越多，能够促进植物养分的吸收，改善植物或植物根际的营养利用效率、提高植物抗非生物胁迫的能力、改进作物品质、促进土壤或根际的养分有效吸收等。氨基酸类活性物质种类丰富，不同种类的氨基酸其功效差别很大，不同链长的多肽类和聚合类的氨基酸类活性物质作用机制又差别很大。所以可以进一步将氨基酸类物质细分并整合出氨基酸肥料增效剂。例如聚合类氨基酸具有良好的保水特性，可以作为保水剂应用；一些特定分子链的小分子多肽具有良好的生物活性，具有抗氧化作用，对作物抗逆具有不错的应用效果；谷氨酸、天冬氨酸、蛋氨酸具有不错的螯合性，可以复配成氨基酸螯合剂，一些氨基酸微量元素螯合物不仅能够提高微量元素的生物有效性，而且具有杀虫效果。增效剂产品的开发要与氨基酸的原料特点相结合，这就需要我们挖掘氨基酸类活性物质的功能性，根据功能性设计产品的卖点，从而更加有利于产品在市场中的定位。

第二节 氨基酸微生物肥料

微生物是土壤中最活跃的组分，促生长细菌通常在根际系统中与作物根系互生，具有促进作物生长作用，如假单胞菌属、伯克霍尔德菌属、肠杆菌属、柠檬酸杆菌属和沙雷氏菌属，可以产生酸性磷酸酶和植酸酶，酸化占土壤有机磷60%的植酸盐（肌醇六磷酸），促进其转化利用。接种外源假单胞菌属和芽孢杆菌也可以促进有机磷的转化和植物的吸收利用。这些功能菌还可以合成葡萄糖酸、柠檬酸等有机酸，用其羟基和羧基螯合磷酸盐中的阳离子，释放磷酸根离子，改善作物磷素营养；同时降低土壤 pH 值，使难溶性无机磷溶解。一些细菌会产生铁载体来螯合铁，从而增加植物对铁的吸收量。许多独立生存的具有固氮作用的促生长细菌，如固氮螺菌，能够提高小麦总氮含量 7%~12%。接种固氮螺菌可以增加水培高粱的次生根数量和长度，主要是由于固氮螺菌产生的类植物激素物质起作用。促生菌通过产生植物激素（生长素、细胞分裂素、赤霉素和乙烯等）来调节多种生理过程，包括生根、根伸长和根毛的形成等，进而改变根系结构，促进作物的生长。促生菌的代谢产物具有抑病效果，提高作物抗病能力，还可以抑制土壤根结线虫，防治根腐病、青枯病、枯萎病等多种土传病害。在高盐土壤上，草莓植株通过接种枯草芽孢杆菌等促生菌，能够提高草莓的产量。接种固氮螺菌属显著提高油菜地上部和根系重量。

目前，微生物菌种及其代谢产物在肥料中的应用越来越多，氨基酸和菌种相结合的氨基酸菌肥产品可以发挥更好的协同增效的效果，当前应用范围较广的微生物主要见表 15-1，市场中超过 50% 的应用实例中采用复合菌剂。越来越多的研究认为微生物的代谢产物具有同样的功能，通过微生物发酵获得代谢产物，例如申嗪霉素是由具有促进植物生长和广谱抑制各种农作物病原菌的荧光假单胞菌经生物发酵、培养而分泌的一种活性物质，具有促生和广谱抑菌效果。利用代谢产物相比于直接利用菌种，其目标性和专一性更强，也不用考虑菌种在产品中失活的问题，产品的稳定性更高。

表 15-1 常用功能微生物及作用

种类	作用
哈茨木霉 *Trichoderma harzianum*	可防治疫霉病、纹枯病、立枯病等土传病害；分泌赤霉素等植调剂
淡紫拟青霉 *Paecilomyces lilacinus* (Thom.) Samson	防治根结线虫；分泌多种功能酶，促生抗病；降解残留农药

种类	作用
枯草芽孢杆菌 *Bacillus subtilis*	产生枯草菌素、多粘菌素、短杆菌肽、几丁质等抑菌物，减少作物病害；分泌纤维素酶、淀粉酶、脂肪酶、蛋白酶等功能酶
酵母菌 *Yeast*	分泌促生长物质，改良土壤、促根抗病、提升作物品质
胶质芽孢杆菌 *Bacillus mucilaginosus Krassilnikov*	解磷、解钾、解硅功能；分泌植调剂及多种酶，增强抗病性
地衣芽孢杆菌 *Bacillus licheniformis*	解磷、解钾；分泌蛋白酶、脂肪酶、淀粉酶等功能性酶；产生抗菌活性物质
黑曲霉 *Aspergillus niger*	产生高活性的酸性纤维素酶，快速降解木质纤维素转为小分子物质；通过代谢作用将有机物转为腐植酸
绿色木霉 *Trichoderma viride*	能分泌高活性纤维素酶，降解木质纤维素转为可利用的腐植酸

第三节　氨基酸药肥产品

　　水肥一体化技术是现代集约化灌溉农业的一个关键因素，它起源于无土栽培技术，是一项集成的高效节水、节肥技术，是目前设施农业中解决节水灌溉和施肥问题的有效手段。水肥一体化是农业集约化重点发展的技术，而液体肥又是药肥一体化的发展方向，因而水、肥、药一体化将是未来农业发展的大趋势。随着一系列国家政策的发布，水肥一体化技术得到了迅速发展和大力推广，国际上已经普遍使用的全水溶性肥料得到了我国企业更多的关注，并大力开展相应的研发工作。此外，农业可持续发展的大趋势，精准农业概念的提出，高效、省时、经济型农业发展的观点，也倡导农民在水肥一体化基础之上，进行水、肥、药的结合。在水肥药一体化的大趋势下，药肥的出现有望在政策的引领下蓬勃发展。

　　规模经营的农户更愿意接受省力、省事、高效的种植方式，合理的水肥药一体化方案与喷灌、滴灌结合将会平衡施肥用药，提高生产效益，减少农药化肥的使用量，减少劳动量，减少生产成本，真正实现高产高效。药肥的出现迎合农业规模经营的趋势，这种趋势对药肥的发展有很好的推动作用。农业农村部发布2020年农药化肥"零增长"政策，主要是调结构、精准施肥、限制基础肥料的发展，鼓励高效的、新型的功能性肥料及有机肥的发展。在此背景下，药肥尤其是水溶性药肥迎来了发展的契机，未来追求的水溶肥的多功能化，氨基酸水溶肥产品可以往药肥方向发展。

第四节 专用型氨基酸水溶肥与套餐施肥服务相结合

基于氨基酸水溶性肥料的产品配方是专门设计的，因此其配方特点也反映了作物基肥的施用影响、不同作物水分和养分需求规律等差异化。肥料的施用过程必须围绕根区水肥供应，实现满足作物生长的水肥同步供应，结合灌溉施肥设备和技术特点，研究和集成不同区域和作物生产条件下的高效水肥协同供应模式；企业要开发相关配套的产品，结合个性化的农化服务，开展套餐化施肥模式和对应的农化服务模式研究，推动"基肥+追肥+叶面施肥"的多元化应用，以满足现代农业对水溶性肥料的极大需求。作物解决方案近几年在农资市场引起广泛关注，它是以作物为对象，从整地、选种、播种开始到作物生长管理、收获、储存，乃至产品链等，全程统筹采用综合土肥水药管理技术，预防和减少对农作物产生的危害。其中具体包括植保解决方案、作物营养解决方案、土地改良解决方案、农业机械解决方案、综合应用解决方案等。植物营养解决方案的推行是农化行业的趋势和未来，目前作物营养解决方案理念已经越来越被企业所接受，但是如何真正地将作物营养解决方案从理念变成实践，需要克服的困难和面临的挑战重重，农化企业在发展的过程中任重而道远。这种把着眼点聚焦于作物和种植者而不是经销商和零售商的商业思维模式是大势所趋。

一、改土套餐施肥技术

改土套餐施肥是指在传统测土配方施肥及套餐施肥（满足作物在不同生长阶段营养平衡、土壤改良和省力化施肥需要的系列肥料组合）的基础上，注重土壤改良与肥料的有机搭配，最终达到改土、促生、提质增效、肥料的合理利用的目的。

改土套餐肥具有改良土壤环境、养分全面、浓度高、增产节本显著、配方灵活的优点，还可根据作物营养、土壤肥力和产量水平等条件的不同而灵活改变，弥补了一般通用型复合肥因固定养分配比而造成某种养分不足或过剩的缺点。

改土套餐肥是新时期的一种过渡，符合时代要求。肥料行业正从产品型行业向服务型行业转变。目前，国家正大力倡导化肥减施、过渡、创新和复配，农民需要更有针对性的服务。当前小农户小规模种植现象普遍，过于精细化的配方难以推广，改土套餐施肥是服务小农户的有效手段。

二、改土套餐施肥原则与产品选择

制定的改土套餐施肥方案要遵循以下几个原则：第一，要解决作物生长障碍问题；第二，根据作物目标产量和土壤养分供应情况，确定养分供应量；第三，明确有机肥和化肥分配比例，采用有机肥时，要考虑有机肥及调理剂中含有的养分，其次再用化肥补充；第四，水肥一体化技术和肥料的搭配，明确采用大水漫灌及喷灌时应搭配的肥料产品；第五，明确采用穴施、撒施等不同施肥方式时，肥料的施用位置；第六，选择合适的施肥时间，覆膜作物为降低后期追肥成本，可选用缓控释肥。

选择适宜高效的肥料，形成满足土壤改良、平衡营养和省力化施肥需求的产品组合和配套施肥技术，是制定科学施肥套餐的必要前提条件。在选择套餐肥产品时，基肥以改土壮苗为目的，根据土壤现状，选用土壤调理剂、有机肥、微生物肥料等改土产品，如粪肥、硅钙钾镁肥、有机菌肥、腐植酸型生物有机肥等，或者根据作物养分需求特性，选择合适的复合肥料、缓控释肥等肥料；追肥以补充充足营养、解决生理障碍为目的，尤其在设施农业条件下，应通过水肥一体化等先进手段，多施用水溶性较好的硝基肥、水溶肥、液体肥等速效肥来补充营养、促进作物生长。还可以根据作物生长情况及遭遇到的外部逆境环境，可选择施用具有功能性作用的肥料，如提升作物抗寒、抗旱、抗霾（寡照）等作用的叶面肥，含有腐植酸、氨基酸、海藻酸等生物刺激功能的肥料等。

其主要的原则在于：针对各地区栽培过程中存在的一系列土壤问题，在改良土壤的基础上施用功能性的水溶性肥料，以求达到改土、提质、增效的目的。

（1）针对性：针对特定地区特定问题提出解决方案，包括改土、防病、抑菌等功能性肥料及土壤改良剂的选择必须具有针对性。

（2）专一性：每一个产品方案均为某个地区、某一季作物条件下的产品组合，而非广谱性方案设计。

（3）功能性：所用推荐产品均考虑其功能性，做到产品功能到位（线虫、根肿、酸化等）。

三、改土套餐施肥方案的制定

改土套餐施肥方案的制定必须是在了解作物需肥总量的情况下，根据作物生长过程中可能出现的土壤障碍问题、作物健康问题，在有针对性地选择功能性产品的基础上，结合灌溉、栽培等方面的措施达到产品方案的具体化和可操作化。改土套餐施肥方案制定时需考虑几个关键原则：与栽培结合、与物候结合，要考虑肥料在土壤中转化的过程，追肥与灌溉的结合等。

　　同时还需注意一种作物的一种改土套餐施肥方案不可在不同区域随意推广，因土壤条件变化、作物品种不同、物候期不同，甚至栽培管理中是否覆膜问题，都会导致肥料套餐组合不同。

　　其主要的流程在于以下几个方面。

　　（1）作物需肥规律

　　根据不同的土壤状况，不同作物不同时期所需养分含量不同。如土壤状况良好情况下，每生产 1 000 kg 番茄果实需要吸收 N 2.2~2.8 kg、P 0.2~0.3 kg、K 3.5~4.0 kg、Ca 1.1~1.5 kg、Mg 0.2~0.4 kg。

　　（2）土壤测定结果

　　根据土壤测定结果可基本划分为 3 个等级：新菜田无障碍土壤、老菜田无障碍土壤、老菜田有障碍土壤。根据土壤障碍问题制定专用功能性肥料配方。

　　（3）前期施肥状况

　　套餐施肥技术本着节本增效的原则，充分考虑当地施肥习惯，以循序渐进的方式改善施肥状况、提高作物经济价值。

　　（4）作物产量需肥量

　　根据实际生产需要和实践经验，通过作物需肥规律，计算作物最优目标产量下的养分需求量。

　　（5）施肥套餐组合

　　根据作物需肥规律，以目标产量制定作物所需养分含量，作为施肥基本依据，同时结合土壤状况、前期施肥习惯进行套餐施肥配方的调整依据，设计套餐施肥组合方案。

第五节　氨基酸水溶性肥料产品发展趋势

　　生物刺激素类物质的快速发展为我国水溶性肥料产业注入了新的活力，带动了复合型和功能性新产品的研发，因此有关新的生物刺激素类物质种类和功能的发现是今后研究的热点，而分子生态研究技术的应用将有利于探明生物刺激素类物质在促进作物生长、提高养分吸收以及抗逆性反应方面的作用机理，这些技术也为发现有益反应标记物创造了条件，这些标记物也可被用于更多生物刺激素产品的研发。在复配技术方面，通过界面聚合反应的微胶囊化技术、化学稳定技术、表面活性剂化学以及药剂学等技术，将有效地解决功能载体和活性物质稳定复配等问题，为发展功能型水溶性肥料产品提供技术支撑。

　　针对化肥过量供给和长年连作导致的土壤盐渍化、土壤酸化、土传病害严重、养分供给失衡、植物抗性降低等问题，功能型水溶性肥料的发展是今后市场发展的热点。一些功能性物质如生物刺激素类物质目前在市场上已经得到很好的认识和发展。

　　普遍应用于水溶性肥料的生物刺激素物质主要有腐植酸类、海藻提取物、氨基酸类似物、酚类化合物、甲壳素等抗逆促生型生物刺激素和保水、减少蒸腾、提高固氮、抗盐等复杂有机高分子助剂等。欧洲是生物刺激素等功能性产品最大的市场，2015 年欧洲以生物刺激素等为主的功能性物质的使用面积达 300 万 hm^2。从 2015 年 11 月 16—19 日在意大利举行的国际生物刺激剂大会所提交的大会报告看，国外的研究已经不仅局限于田间的效果、评价，更多的是关于功能性物质的原料开发、提取、纯化以及生物作用机制等方面的研究，特别是深入到影响作物激素调控，抗逆基因的调控和表达等方面的研究越来越多。

　　现代农业对新型肥料的要求是肥料高效化、施肥模式化、水肥一体化、配方简单化、产品功能化、成本节约化、生态环保型。未来，规模化农业对肥料需求的实质是："专业的产品组合" + "专业的技术服务"，即作物生产完全解决方案。

　　功能型与营养型相结合是未来水肥一体化技术的新需求。一方面，满足作物营养生长需求；另一方面，解决作物生产障碍问题。随着我国障碍土壤与作物生产问题的出现以及水肥一体化技术的推广，多功能液体肥在我国具有重要的发展意义，其主要的发展趋势是：一是功能性物质机理研究与液体肥研制相结合；二是水肥药结合，不断完善液体肥生产工艺；三是具有杀虫杀菌作用的天然药肥产品、生物型有机液体肥产品等具有多重功能的液体肥将不断发展。

参考文献

班宜民，李洪亮，陈贤义，等，2003. 氨基酸钾肥在小麦上的应用效果［J］. 河南农业科学（9）：26.

毕军，夏光利，毕研文，等，2005. 植物源药肥的研究及开发应用前景［J］. 中国农学通报（3）：272-274.

卜小莉，黄啟良，王国平，等，2006. 触变性及其在农药悬浮体系中的应用前景［J］. 农药，45（4）：231-236.

蔡路昀，吴晓洒，励建荣，2015. 水产品加工副产物中的活性肽研究进展［C］// 全国海洋与陆地多糖多肽及天然创新药物研发学术会议.

曹小闯，金千瑜，2015. 高等植物对氨基酸态氮的吸收与利用研究进展［J］. 应用生态学报，26（3）：919-929.

常清琴，侯武群，王志宏，等，2003. 清液型液体复合肥料的应用与研制［J］. 磷肥与复肥，18（6）：59.

陈飞，陈盼盼，咸漠，等，2015. 生物酶法提取米糠蛋白的研究进展［J］. 氨基酸和生物资源，37（4）：7-11.

陈靖宇，1995. 复合肥料造粒技术和设备［J］. 化肥工业（2）：3-8.

陈宁，2007. 氨基酸工艺学［M］. 北京：中国轻工业出版社，18-105.

陈清，陈宏坤，2016. 水溶性肥料生产与施用［M］. 北京：中国农业出版社.

陈清，张强，常瑞雪，等，2017. 我国水溶性肥料产业发展趋势与挑战［J］. 植物营养与肥料学报，23（8）：1642-1650.

陈清，张强，常瑞雪，等，2017. 我国水溶性肥料产业发展趋势与挑战［J］. 植物营养与肥料学报，23（6）：1642-1650.

陈清，周爽，2014. 我国水溶性肥料产业发展的机遇与挑战［J］. 磷肥与复肥，29（6）.

成家壮，2007. 农药悬浮剂物理稳定性的控制［J］. 广州化工，34（6）：4-5.

崔春，2018. 食物蛋白质控制酶解技术［M］. 北京：中国轻工业出版社.

戴肖南，侯万国，李淑萍，2002. 无机电解质及聚合物对 Mg-Al-混合金属氢氧化物-高岭土分散体系触变性的影响［J］. 应用化学（4）：338-341.

党悦栋，2008. 肉鸡行业发展状况和信贷支持对策［J］. 农业发展与金融（10）：37-38.

董立峰，李慧明，王智，等，2013. pH 值等因素对不同农药悬浮剂稳定性的影响［J］. 河南农业科学（2）：89-92.

范镇基，1992. 氨基酸农药的新进展［J］. 氨基酸杂志（3）：14-16.

冯建国，路福绥，李明，2009. 悬浮液的稳定性与农药水悬浮剂研究开发现状［J］. 农药研究与应用，13（3）：12-19.

冯建国，路福绥，李明，等，2009. 悬浮液的稳定性与农药水悬浮剂研究开发现状[J]. 农药研究与应用（3）：12-19.

付强强，郑瑞永，李万和，等，2019. 固体水溶性肥料生产工艺现状[J]. 磷肥与复肥，34（5）：20-22.

高鹏，简红忠，魏样，等，2012. 水肥一体化技术的应用现状与发展前景[J]. 现代农业科技（8）：250-250.

关连珠，张婷婷，曹洪亮，等，2013. 聚天冬氨酸对土壤中锌存在形态的影响[J]. 中国土壤与肥料（4）：26-29.

郭国平，徐玮，李建军，等，2012. 水稻专用药肥应用效果[J]. 磷肥与复肥（2）：79-80.

韩文静，梁颖超，张广昊，等，2019. 利用味精及副产品发酵产聚谷氨酸条件研究[J]. 食品与发酵科技，55（3）：39-42.

杭波，杨晓军，陈养平，等，2012. 无机肥料配合腐植酸铵、复硝酚钠对玉米生长的影响[J]. 腐植酸（5）：25-28.

郝丽霞，邵彦坡，刘希玲，2017. 50%戊唑醇水悬浮剂的研究[J]. 今日农药（1）：19-21.

何林，慕立义，王金信，2002. 40%氰·莠悬浮剂的物理稳定性研究[J]. 农药（4）：22-24.

胡庆发，马军伟，符建荣，等，2013. 多功能药肥对茄子黄萎病的防治效果及茄子产量品质的影响[J]. 浙江农业学报（2）：315-318.

季相今，解占军，等，2003. 除草药肥研究概况[J]. 杂粮作物，23（3）：176-177.

江波，2008. GABA（γ-氨基丁酸）——一种新型的功能食品因子[J]. 中国食品学报（2）：1-4.

姜雯，周登博，张洪生，等，2007. 不同施肥水平下聚天冬氨酸对玉米幼苗生长的影响[J]. 玉米科学（5）：121-124.

蓝亿亿，茶正早，2007. 药肥的研究进展[J]. 陕西农业科学，53（6）：105-108.

冷一欣，黄春香，朱晓玉，等，2009. 聚天冬氨酸对肥料与农药的增效作用[J]. 江苏农业科学（2）：263-264.

黎植昌，1985. 氨基酸农药的新进展[J]. 西南师范大学学报（自然科学版）（4）：77-80.

黎植昌，刘炽清，1990. 混合氨基酸稀土配合物的研究（Ⅲ）——MAR 在防治柑橘、棉花和蔬菜病害上的应用[J]. 氨基酸杂志（2）：12-15.

黎植昌，1990. 混合氨基酸稀土配合物的研究[J]. 氨基酸杂志，2（12）：150

李代红，傅送保，操斌，2012. 水溶性肥料的应用与发展[J]. 现代化工，32（7）：12-15.

李德广，杜相革，2009. 甘氨酸螯合铜的合成及表征研究[J]. 安徽农业科学（5）：

1897-1898.

李国平, 宗伏霖, 刘绍仁, 等, 2015. 药肥问题调研与分析 [J]. 农药科学与管理, 36 (1)：3-7.

李辉, 2005. 六种新型生物药肥及其使用方法 [J]. 西北园艺 (3)：32.

李志荣, 刘钊杰, 1991. 具有生物活性的有机磷化合物研究——O,O-二烷基-N-烷基-N-[（二烷胺基羰基）甲基] 硫代磷酰胺酯的合成、性质和杀螨活性 [J]. 华中师范大学学报（自然科学版）(3)：303-307.

梁长梅, 郭平被, 2001. 除草药肥的研究进展及应用前景 [J]. 世界农业 (12)：30-31.

梁俊峰, 谢丙炎, 张宝玺, 等, 2003. β-氨基丁酸、茉莉酸及其甲酯诱导辣椒抗 TMV 作用的研究 [J]. 中国蔬菜 (3)：4-7.

林海琳, 崔英德, 尹国强, 2000. 含农药复合肥的研究进展 [J]. 广州化工, 28 (4)：117~120.

刘海燕, 吕爱敏, 刘淑萍, 2006. 聚天冬氨酸的生产工艺及研究动态 [J]. 煤炭与化工 (1)：39-40.

刘敬娟, 陈中赫, 2006. 氨基酸营养液的制备及其在蔬菜上的应用试验 [J]. 现代农业科技 (10)：25, 28.

刘清, 姚惠源, 张晖, 2004. 生产 γ-氨基丁酸乳酸菌的选育及发酵条件优化 [J]. 氨基酸和生物资源 (1)：40-43.

鲁俊, 甘舟, 梁英, 等, 2011. 聚天冬氨酸合成工艺研究 [J]. 云南化工, 38 (3)：6-8.

陆树云, 2006. γ-聚谷氨酸的生物合成及提取工艺研究 [D]. 南京：南京工业大学.

路福绥, 2007. 农药水悬浮剂的研究开发 [J]. 山东农药信息 (5)：17-20.

慕康国, 张文吉, 李建强, 等, 2000. 农药与肥料相互作用的研究与实践 [J]. 世界农业 (4)：39-41.

穆杰, 徐阳春, 沈其荣, 2005. 废弃鸡毛化学降解工艺研究 [J]. 生态与农村环境学报, 21 (2)：77-80.

穆杰, 徐阳春, 沈其荣, 2006. 复合氨基酸微量元素螯合肥制备工艺研究 [J]. 植物营养与肥料学报, 12 (6)：896-901.

齐利民, 2017. 胶体与界面化学 [J]. 科学通报 (6)：455-456.

邱德文, 2010. 蛋白质生物农药 [M]. 北京：科学出版社.

任汝佳, 鞠晓鹏, 慕康国, 2016. 我国药肥产业现状与发展趋势分析 [J]. 磷肥与复肥, 31 (9)：15-19.

沙家骏, 等, 1992. 苯霜灵, 国外新农药品种手册 [M]. 北京：化学工业出版社, 193.

沈飞, 韩效钊, 王忠兵, 等, 2010. 液体药肥制备技术的研究 [J]. 安徽化工 (1)：32-34.

沈广, 2008. 国家宏观经济政策与家禽业可持续发展 [C] // 2008 首届中国白羽肉鸡产业发展大会会刊.

沈其荣, 李荣, 刘红军, 等, 2014. 一种利用病死猪蛋白生产的液体氨基酸复合物及其应用：CN 103804032 A［P］.

石峰，2006. 微生物制备 γ-聚谷氨酸的研究［D］. 杭州：浙江大学.

孙雯雯，2010. γ-聚谷氨酸的发酵生产及分离提纯工艺研究［D］. 哈尔滨：哈尔滨工业
　大学.

汤家芳，周丸元，刘芝兰，等，1996. 活性氨基酸农药［J］. 氨基酸和生物资源，18
　（4）：44-50

汤建伟，许秀成，2000. 农药—化肥合剂的开发与研制［J］. 磷肥与复肥，15（2）：
　19-20.

涂宗财，2012. 淡水水产品加工废弃物的高值化综合利用［C］// 2012 年中国农业工程
　学会农产品加工及贮藏工程分会学术年会暨江西省食品科学技术学会学术年会.

汪宝卿，李召虎，杜风沛，等，2005. 肥料和农药缓释/控释技术研究［J］. 应用化工，
　34（9）：519-523.

汪芳安，黄泽元，王海滨，2002. 蛋氨酸亚铁的合成及性质的研究［J］. 武汉工业学院学
　报（3）：59-62.

王国亮，1989. 新型生化农药——氨基酸农药［J］. 湖北化工（3）：45-46.

王晶，陈丽，曹张军，等，2007. 一株羽毛角蛋白降解菌的分离与鉴定［J］. 农业环境科
　学学报，26（b03）：105-109.

王丽哲，2000. 水产品实用加工技术［M］. 北京：金盾出版社.

王明道，杨成运，吴云汉，等，2003. 化学添加剂对 Bt 防治棉铃虫的增效作用［J］. 河
　南农业科学（5）：25-27.

王祺，李艳，张红艳，等，2017. 生物药肥功能及加工工艺评述［J］. 磷肥与复肥，32
　（8），13-17.

王小会，2008. 新型农药—肥料功能合剂的研究与开发［D］. 郑州：郑州大学.

魏凤仙，高方，李绍钰，等，2014. 膨化法与微生物发酵处理法对豆粕营养价值的影响
　［J］. 河南农业科学，43（4）：123-127.

魏凌云，钱建强，魏鹏，2009. 谷氨酸螯合钙的合成条件研究［J］. 氨基酸和生物资源
　（3）：43-46.

吴文君，2004. 生物农药及其应用［M］. 北京：化学工业出版社.

吴勇，高祥照，杜森，2011. 大力发展水肥一体化加快建设现代农业［J］. 中国农业信息
　（12）：19-22.

吴玉群，史振声，李荣华，等，2006. 植物氨基酸液肥对甜玉米产量及生理指标的影响
　［J］. 玉米科学（5）：130-133.

肖进新，肖子冰，2015. 生物表面活性剂［J］. 日用化学品科学（9）：5-11，15.

谢丙炎，李惠霞，冯兰香，2002. β-氨基丁酸诱导辣椒抗疫病作用研究［J］. 园艺学报，
　29（2）：265-268.

谢丙炎，李惠霞，冯兰香，2002. β-氨基丁酸诱导甜（辣）椒抗疫病作用的研究
　［J］. 园艺学报（2）：137-140.

徐宇，肖化云，郑能建，等，2016. 植物组织中游离氨基酸在盐胁迫下响应的研究进展 [J]. 环境科学与技术，39（7）：40-47.

杨士林，2009. 聚天冬氨酸合成与阻垢技术 [M]. 哈尔滨：黑龙江大学出版社.

杨士林，黄君礼，张玉玲，等，2002. 聚天冬氨酸制造工艺研究进展 [J]. 环境工程学报，3（9）：38-41.

杨士林，黄君礼，赵哲，2007. 沉淀法合成聚天冬氨酸技术研究 [C] // 国际现代化工技术论坛暨全国化工应用技术开发热点研讨会.

杨宇红，陈霄，谢丙炎，2005. β-氨基丁酸诱导植物抗病作用及其机理 [J]. 农药学学报，7（1）：07-13

姚红杰，王景华，郭平毅，2001. 除草药肥的研究进展 [J]. 山西农业大学学报（3）：308-309.

姚青，刘晓迪，顾振红，等，2014. 一株假单胞菌 Pseudomonas otitidis H3 及其应用：CN103695355A [P].

姚日生，2008. 药用高分子材料 [M]. 第二版. 北京：化学工业出版社.

尹君静，陈迎丽，杨鸿波，2014. 戊唑醇在水中光解特性研究 [J]. 贵州科学（3）：92-93，96.

张夫道，孙羲，1984. 氨基酸对水稻营养作用的研究 [J]. 中国农业科学（5）：61-66.

张洪昌，金汇源，丁云梅，2006. 氨基酸无公害药肥的研制 [J]. 磷肥与复，21（1）：52-54

张家宏，王守红，2000. 除草药肥的研究进展及其产业化开发应用 [J]. 农药（9）：45-46.

张景龄，陈世智，吕海燕，1985. 有生物活性的含磷化合物研究 [I] ——含有不对称基本结构的 O,O—二烷基硫代磷酰氨基酸酯的合成 [J]. 华中师范大学学报（自然科学版）（3）：55-57.

张克旭，1992. 氨基酸发酵工艺学 [M]. 北京：中国轻工业出版社.

张强，常瑞雪，胡兆平，等，2018. 生物刺激素及其在功能水溶性肥料中应用前景分析 [J]. 农业环境与发展，35（2）：111-118.

张伟国，1997. 氨基酸生产技术及其应用 [M]. 北京：中国轻工业出版社.

张小燕，杜建强，李亚萍，等，2002. 复合氨基酸螯合铜的制备工艺研究 [J]. 西北大学学报：自然科学版，32（1）：36-38.

张晓辉，王志民，冯有善，2000. 处理废弃羽毛的新工艺—膨化法 [J]. 饲料研究（11）.

张晓鸣，杜宣利，刘当慧，1997. 蛋氨酸锌络合物合成工艺的研究 [J]. 中国粮油学报，12（2）：48-53.

张振兴，刘永峰，刘毅，等，2014. 废弃鱼骨中蛋白质的提取分离及酶解工艺研究 [J]. 海洋科学，38（6）：31-36.

章汝平，何立芳，1998. 用后道味精母液提取谷氨酸后的废液生产 r-氨基丁酸 [J]. 长沙电力学院学报（自然科学版）（4）：3-5.

赵景联，1989. 固定化大肠杆菌细胞生产 γ-氨基丁酸的研究［J］. 生物工程学报（2）：124-128.

赵晓行，2017. 解淀粉芽孢杆菌 YP-2 产 γ-聚谷氨酸的 pH 调控及变温发酵研究［D］. 郑州：河南农业大学.

郑纪慈，计小江，李超英，等，2000. 水稻除草药肥黄尿素的除草功能与氮肥增效作用［J］. 浙江农业学报，12（3）：151-156.

周程爱，杨宇红，梁俊峰，等，2007. β-氨基丁酸诱导植物抗病作用的研究［J］. 湖南农业大学学报：自然科学版，33（1）：68-71.

朱宪，杨磊，赵亮，等，2008. 近临界水中羽毛水解制备氨基酸的工艺优化研究［J］. 高校化学工程学报，22（6）：1032-1036.

Adebiyi A P, Jin D H, Ogawa T, et al., 2005. Acid hydrolysis of protein in a microcapillary tube for the recovery of tryptophan［J］. Bioscience Biotechnology & Biochemistry, 69（1）：255-7.

Allain C, Cloitre M, 1993. Effects of gravity on the aggregation and the gelation of colloids［J］. Advances in colloid and interface science, 46：129-138.

Armando T Quitain, Hiroyuki Daimon, Koichi Fujie, et al., 2006. Microwave-Assisted Hydrothermal Degradation of Silk Protein to Amino Acids［J］. Industrial & Engineering Chemistry Research, 45（13）：4471-4474.

Buchanan B B, Gruissem W, 2015. Biochemistry and Molecular Biology of Plants［M］. Wiley Blallcwell, offord.

Butstraen C, Salaün F, 2014. Preparation of microcapsules by complex coacervation of gum Arabic and chitosan. Carbohydrate Polymers, 99：608-616.

Chalamaiah M, Dinesh K B, Hemalatha R, et al., 2012. Fish protein hydrolysates：proximate composition, amino acid composition, antioxidant activities and applications：a review.［J］. Food Chemistry, 135（4）：3020-38.

Claudianos C, 2002. jhe in Gryllus Assimilis Cloning, 55（4-5）：183-191.

Cleto S, Jensen J V, Wendisch V F, et al., 2016. Corynebacterium glutamicum Metabolic Engineering with CRISPR Interference（CRISPRi）［J］. Acs Synthetic Biology, 5（5）：375.

Cohen Y, 2002. β-aminobutyric acid-induced resistance against plant pathogens［J］. Plant Dis, 86（5）：448-457.

Cohen Y, Gisi U, 1994. Systemic translocation of ^{14}C-DL-β-aminobutyric acid in tomato plants in relation to induced resistance against Phytophthora infestans［J］. Physiological and Molecular Plant Pathology, 45：441-456.

Cohen Y, Niderman T, Mosinger E, et al., 1994. β-Amino-butyric acid induces the accumulation of patho-genesis- related proteins in tomato plants and resistance to late bright caused by *Phytophthora infestans*［J］. Plant Physiology, 104：59-66.

Cohen Y, Reuveni M, Baider A, 1999. Local and systemi c activity of BABA（DL-β-aminon-butyric acid) against Plasmopara viticola in grapevines. Eur [J]. J Plant Pathol (105): 351 – 361.

Davies J, Binner J G P, 2000. Coagulation of electrosterically dispersed concentrated alumina suspensions for paste production [J]. Journal of the European Ceramic Society, 20: 1555-1567.

Diesveld R, Tietze N, Furst O, et al., 2008. Activity of exporters of Escherichia coli in *Corynebacterium glutamicum*, and their use to increase L-threonine production [J]. Journal of Molecular Microbiology & Biotechnology, 16 (3-4): 198-207.

DO J H, CHANG H N, LEE S Y, 2001. Efficient recovery of γ – poly (glutamic acid) from highly viscous culture broth [J]. Biotechnology & bioengineering, 76 (3): 219-223.

Ernest C. Foernzler, Alfred N. Martin, Gilbert S. Banker, 1960. The effect of thixotropy on suspension stability [J]. Journal of the American Pharmacists Association, 49 (4): 249-252.

Faers M A, Kneebone G R, 1999. Application of rheological measurements for probing the sedimentation of suspension concentrate formulations [J]. Pesticide science, 55 (3): 312-325.

Fountoulakis M, Lahm H W, 1998. Hydrolysis and amino acid composition of proteins [J]. Journal of Chromatography A, 826 (2): 109.

Garcia-Martinez A M, Tejada M, Dia A I, 2010. Enzymatic Vegetable Organic Extracts as Soil Biochemical Biostimulants and Atrazine Extenders [J]. Journal of Agricultural & Food Chemistry, 58 (17): 9697-9704.

Gerstl Z, Mingelgrin U, 1998. Controlled Release of Pesticides into Water from Clay – Polymer Formulations [J]. Agric. Food Chem, 46 (9): 3803-3809.

Gupta R K, Chang A C, Griffin P, et al., 1997. Determination of protein loading in biodegradable polymer microspheres containing tetanus toxoid [J]. Vaccine, 15 (6-7): 672.

Hannu Aijala, 1999 – 12 – 07. Aqueous fertilzer suspension containing at leastphosphate ions and calcium or magnesium ions and a use of the suspension: US, 5997602. [p].

Hannu Aijala, Thomas Ahlnas, 1998 – 12 – 22. Suspension fertilizer suitable forirrigation fertilizer, and a process for its preparation: US, 5851260. [p].

Harbour P J, Dixon D R, Scales P J, 2007. The role of natural organic matter in suspension stability: 1. Electrokinetic – rheology relationships [J]. Colloids and Surfaces A: Physicochemical and Engineering Aspects, 295 (1): 38-48.

Hong J K, Hwang B K, Kim C H, et al., 1999. Induction of local and systemic resistance to colletotrichum coccodes in pepper plants by DL – beta – amino – n – butyric acid [J]. Journal of Phytopathology, 147: 193-198.

IVANOVICS G, ERDOS L, 1937. Ein beitrag zum wesen der kaspelsubstanz des milzbrandbazillus [J]. Z Immuntatsforsch, 90: 5-19

Jakab G, Cottier V, Toquin V, et al., 2001. β-aminobutyric acid-induced resistance in plants [J]. Eur J Plant Pathol, 107: 29-37.

Jian G, Fu Q, Zhou D, 2012. Particles size effects of single domain $CoFe_2O_4$ on suspensions stability [J]. Journal of Magnetism and magnetic Materials, 324 (5): 671-676.

Jun Yang, Fang Wang, Tianwei Tan et al., 2008. Synthesis and characterization of a novel soil stabilizer based on biodegradable poly (aspartic acid) hydrogel [J]. Korean Journal of Chemical Engineering, 25 (5): 1076-1081.

Kechaou E S, Dumay J, Donnay-Moreno C, et al., 2009. Enzymatic hydrolysis of cuttlefish (Sepia officinalis) and sardine (*Sardina pilchardus*) viscera using commercial proteases: effects on lipid distribution and amino acid composition [J]. Journal of Bioscience & Bioengineering, 107 (2): 158.

Kobayashl A, Fujisawa E, Kobu S, 1997. An improved simulation mod el for nutrient release from coated urea with Gaussian correction, 3: A mechanism on nutrient release from resin-coated fertilizers and its estimation by kinetic methods [J]. Japanese Journal of Soil Science and Plant nutrient, 68 (5): 8-13.

Kshetri P, Roy S S, Sharma S K, et al., 2019. Transforming Chicken Feather Waste into Feather Protein Hydrolysate Using a Newly Isolated Multifaceted Keratinolytic Bacterium *Chryseobacterium sediminis*, RCM-SSR-7 [J]. Waste & Biomass Valorization (10): 1-11.

Lammens T M, Franssen M C R, Scott E L, et al., 2012. Availability of protein-derived amino acids as feedstock for the production of bio-based chemicals [J]. Biomass & Bioenergy, 44 (5): 168-181.

Lee Y S, Phang L Y, Ahmad S A, et al., 2016. Microwave-Alkali Treatment of Chicken Feathers for Protein Hydrolysate Production [J]. Waste & Biomass Valorization (7): 1-11.

Li D, Liu B, Yang F, et al., 2016. Preparation of uniform starch microcapsules by premix membrane emulsion for controlled release of avermectin [J]. Carbohydrate Polymers, 136: 341-349.

Luckham P F, 1989. The physical stability of suspension concentrates with particular reference to pharmaceutical and pesticide formulations [J]. Pesticide science, 25 (1): 25-34.

Luo Z T, Guo Y, Liu J D, et al., 2016. Microbial synthesis of poly-γ-glutamic acid: Current progress, challenges, and future perspectives [J]. Biotechnology for biofuels, 9 (1): 1-12.

Mahmoudreza O, Abdolmohammad A, Ali M, et al., 2009. The effect of enzymatic hydrolysis time and temperature on the properties of protein hydrolysates from Persian sturgeon (*Acipenser persicus*) viscera [J]. Food Chemistry, 115 (1): 238-242.

Mahr R, Gatgens C, Gatgens J, et al., 2015. Biosensor-driven adaptive laboratory evolution of L-valine production in *Corynebacterium glutamicum* [J]. Metabolic Engineering, 32: 184.

Malcolm A. Faers, 2003. The importance of the interfacial stabilising layer on the macroscopic flow properties of suspensions dispersed in non-adsorbing polymer solution [J]. Advances in Colloid and Interface Science, 106 (1): 23-54.

Manuel F P, 2000. Controlled Release of Carbofuran from an Alginate Bentonite Formulation: Water Release Kinetics and Soil Mobility [J]. Agrlc. Food Chem, 48 (3): 938-943.

Manuel F P, 2004. Use of Activated Bentonites in Controlled Re lease Formulations of Atrazlne [J]. Agric. Food Chem (52): 3888-3893.

Matsuo K, Okada N, Nakagawa S, 2013. Application of Poly (γ-Glutamic Acid) -Based Nanoparticles as Antigen Delivery Carriers in Cancer Immunotherapy [M] // Bio-Nanotechnology. John Wiley & Sons, Ltd.

Nagai T, Koguchi K, Itoh Y, 1997. Chemical analysis of poly-γ-glutamicacid produced by plasmid-free Bacillus subtilis (natto): Evidence that plasmids are not involved in poly-γ-glutamic acid production [J]. Journal of general & applied microbiology, 43 (3): 139-143.

Nanda A, Ola M, Bhasker R, et al., 2010. Formulation and evaluation of an effervescent, gastroretentive drug-delivery system [J]. Pharmoceutical Technology, 10 (34): 60-71.

Oort A J P, V an Ande l O M, 1960. A spects in chemo therapy [J]. Mededel OpzGent, 25: 961-992.

Ovissipour M, Kenari A A, Motamedzadegan A, et al., 2012. Optimization of Enzymatic Hydrolysis of Visceral Waste Proteins of Yellowfin Tuna (*Thunnus albacares*) [J]. Food & Bioprocess Technology, 5 (2): 696-705.

Papav izasG C, Davey C B, 1963. Effect of amino compounds and related substances lacking sulfur on A phanomyces root rot of peas [J]. Phytopathology, 53: 116-122.

Paul F. Luckham, Michael A. Ukeje, 1999. Effect of Particle Size Distribution on the Rheology of Dispersed Systems [J]. Journal of Colloid and Interface Science, 220 (2): 347-356.

Reuven M, Zahavi T, Cohen Y, 2001. Controlling downy mildew (*Plasmopara viticola*) in field-grown grapevine with β-aminobutyric acid (BABA) [J]. Phytoparasitica, 29: 125-133.

ReuvenM, Zahav i T, Cohen Y, 2001. Controlling downy mildew (Plasm opara viticola) in field-grown grapevine with β-aminobutyricacid (BABA) [J]. Phytoparasitica, 29: 125-133.

Romero García J M, Acien Fernandez F G, Fernandez Sevilla J M, 2012. Development of a process for the production of L-amino-acids concentrates from microalgae by enzymatic hydrolysis. [J]. Bioresource Technology, 112 (3): 164.

Rubio F C, Escobar E M G, Tello P G, 1998. Influence of enzymes, pH and temperature on the kinetics of whey protein hydrolysis [J]. Food Science & Technology International, 4 (4): 79-84.

Schiavon Michela, Ertani Andrea, Nardi Serenella, 2008. Effects of an alfalfa protein hydrolysate on the gene expression and activity of enzymes of the tricarboxylic acid (TCA) cycle and nitrogen metabolism in Zea mays L [J]. Journal of Agricultural and Food Chemistry,

56 (24): 11800-11808.

Shailasree S, Sarosh B R, Vasanthi N S, et al., 2001. Seed treatmeat with β–aminobutyric acid protects *Pennisetum glaucum* systemically from *Sclerospora graminicola* [J]. Pest Manag Sci, 57: 721-728.

Shoji S, Kanno H, 1994. Use of polyolefin–coated fertilizers for increasing fertilizer eficiency and reducing nitrate leaching and nitrous oxide emissions [J]. Fertilizer Research, 39 (1): 147-152.

Taiz L, Zeiger E, 2014. Plant Physiology and Development [M].

Tang C H, Wang X S, Yang X Q, 2009. Enzymatic hydrolysis of hemp (*Cannabis sativa* L.) protein isolate by various proteases and antioxidant properties of the resulting hydrolysates. [J]. Food Chemistry, 114 (4): 1484-1490.

Tata Narasinga Rao, Yasuo Komoda, 1997. Nobuyuki Sakai, Photoeffects on Electrorheological Properties of TiO_2 Particle Suspensions [J]. Chemistry Letters, 26 (4): 36-38.

Teixeira W F, Fagan E B, Soares L H, et al., 2017. Foliar and Seed Application of Amino Acids Affects the Antioxidant Metabolism of the Soybean Crop [J]. Frontiers in Plant Science (8): 327.

Tokihiko Nanjo, Masatomo Kobayashi, Yoshu Yoshiba, 1999. Antisense suppression of proline degradation improves tolerance to freezing and salinity in Arabidopsis thaliana [J]. FEBS Letters. Volume 461, Issue 3, 205-210.

Tsugita A, Scheffler J J, 1982. A rapid method for acid hydrolysis of protein with a mixture of trifluoroacetic acid and hydrochloric acid. [J]. European Journal of Biochemistry, 124 (3): 585.

Vogt M, Haas S, Klaffl S, et al., 2014. Pushing product formation to its limit: metabolic engineering of Corynebacterium glutamicum for L–leucine overproduction. [J]. Metabolic Engineering, 22 (3): 40-52.

Vol. N, 1994. Protein Hydrolysates: Properties and Uses in Nutritional Products [J]. Food Technology, 48 (10): 67.

Westall F C, Scotchler J, Robinson A B, 1972. Use of propionic acid–hydrochloric acid hydrolysis in Merrifield solid–phase peptide synthesis [J]. Journal of Organic Chemistry, 37 (21): 3363-5.

Xu Z, Zhang H, Chen H, et al., 2013. Microbial Production of Poly–γ–Glutamic Acid [M] // Bioprocessing Technologies in Biorefinery for Sustainable Production of Fuels, Chemicals, and Polymers. John Wiley & Sons, Ltd.

Young RW et al., 1961. O. O–Dlalkgls–(arbanloylalkyl) phosphorodlthates [J], T orgChemistry, 26, 2281-2288.

Zhang S, Reddy S, Kokalis-Burelle, et al. , Lack of induced systemic resistance in Peanut to late spot disease by plant growth–promoting rhizokacteria and chemical elicitors [J]. Plant

Dis, 2001, 85: 879-884.

Zhang W F, Zhang F, Raziuddin R, et al., 2008. Effects of 5-aminolevulinic acid on oilseed rape seedling growth under toxicity stress [J]. Journal of Plant Growth Regulation, 27 (2): 159-169.

Zhang Y J, 1995. Production and characteristics of protein hydrolysates from capelin (*Mallotus villosus*) [J]. Food Chemistry, 53 (95): 285-293.

Zhu G, Zhu X, Xiao Z, et al., 2015. A review of amino acids extraction from animal waste biomass and reducing sugars extraction from plant waste biomass by a clean method [J]. Biomass Conversion & Biorefinery, 5 (3): 309-320.